SQL学习指南

（第3版）

［美］艾伦·博利厄（Alan Beaulieu）著

杨云 译

Beijing · Boston · Farnham · Sebastopol · Tokyo

O'Reilly Media, Inc. 授权人民邮电出版社出版

人民邮电出版社

北京

图书在版编目（ＣＩＰ）数据

SQL学习指南 / （美）艾伦·博利厄
(Alan Beaulieu) 著；杨云 译. -- 3版. -- 北京：
人民邮电出版社，2022.4
ISBN 978-7-115-58380-2

Ⅰ. ①S… Ⅱ. ①艾… ②杨… Ⅲ. ①关系数据库系统
—指南 Ⅳ. ①TP311.132.3-62

中国版本图书馆CIP数据核字(2021)第267913号

◆ 著　　　　[美] 艾伦·博利厄（Alan Beaulieu）
　　译　　　　杨　云
　　责任编辑　傅道坤
　　责任印制　王　郁　胡　南

◆ 人民邮电出版社出版发行　　北京市丰台区成寿寺路 11 号
　　邮编　100164　电子邮件　315@ptpress.com.cn
　　网址　https://www.ptpress.com.cn
　　北京天宇星印刷厂印刷

◆ 开本：787×1000　1/16
　　印张：20.75　　　　　　　　2022 年 4 月第 3 版
　　字数：424 千字　　　　　　2024 年 10 月北京第 6 次印刷
　　著作权合同登记号　图字：01-2020-7182 号

定价：89.90 元

读者服务热线：（010）81055410　印装质量热线：（010）81055316
反盗版热线：（010）81055315
广告经营许可证：京东市监广登字 20170147 号

内容提要

本书介绍了 SQL 语言的基础知识以及高级特性，包括 SQL 基本查询、过滤、多数据表查询、集合、数据操作、分组和聚合、子查询、连接、条件逻辑、事务、索引和约束、视图等内容。同时，为了适应近年来数据库领域的发展变化，本书针对大数据、SQL 跨平台数据库服务和数据分析等领域的需求，增加了处理大型数据库的实现策略和扩展技术，以及报表和分析工具等内容。

本书内容循序渐进，每章的主题相对独立，并提供了丰富、可扩展的示例，同时还配备精选练习，有利于读者有效学习和快速掌握 SQL 语言。本书适合作为数据库应用开发者和数据库管理员的必备入门书，也可供 SQL 相关从业者查阅和参考。

O'Reilly Media, Inc.介绍

O'Reilly以"分享创新知识、改变世界"为己任。40多年来我们一直向企业、个人提供成功所必需之技能及思想，激励他们创新并做得更好。

O'Reilly业务的核心是独特的专家及创新者网络，众多专家及创新者通过我们分享知识。我们的在线学习（Online Learning）平台提供独家的直播培训、图书及视频，使客户更容易获取业务成功所需的专业知识。几十年来O'Reilly图书一直被视为学习开创未来之技术的权威资料。我们每年举办的诸多会议是活跃的技术聚会场所，来自各领域的专业人士在此建立联系，讨论最佳实践并发现可能影响技术行业未来的新趋势。

我们的客户渴望做出推动世界前进的创新之举，我们希望能助他们一臂之力。

业界评论

"O'Reilly Radar博客有口皆碑。"

——Wired

"O'Reilly凭借一系列非凡想法（真希望当初我也想到了）建立了数百万美元的业务。"
——Business 2.0

"O'Reilly Conference是聚集关键思想领袖的绝对典范。"

——CRN

"一本O'Reilly的书就代表一个有用、有前途、需要学习的主题。"

——Irish Times

"Tim是位特立独行的商人，他不光放眼于最长远、最广阔的领域，并且切实地按照Yogi Berra的建议去做了：'如果你在路上遇到岔路口，那就走小路。'回顾过去，Tim似乎每一次都选择了小路，而且有几次都是一闪即逝的机会，尽管大路也不错。"

——Linux Journal

资源与支持

本书由异步社区出品，社区（https://www.epubit.com/）为您提供相关资源和后续服务。

提交勘误

作者和编辑尽最大努力来确保书中内容的准确性，但难免会存在疏漏。欢迎您将发现的问题反馈给我们，帮助我们提升图书的质量。

当您发现错误时，请登录异步社区，按书名搜索，进入本书页面，单击"提交勘误"，输入勘误信息，单击"提交"按钮即可。本书的作者和编辑会对您提交的勘误进行审核，确认并接受后，您将获赠异步社区的 100 积分。积分可用于在异步社区兑换优惠券、样书或奖品。

扫码关注本书

扫描下方二维码，您将会在异步社区微信服务号中看到本书信息及相关的服务提示。

与我们联系

我们的联系邮箱是 contact@epubit.com.cn。

如果您对本书有任何疑问或建议，请您发邮件给我们，并请在邮件标题中注明本书书名，以便我们更高效地做出反馈。

如果您有兴趣出版图书、录制教学视频，或者参与图书审校等工作，可以发邮件给本书的责任编辑（fudaokun@ptpress.com.cn）。

如果您来自学校、培训机构或企业，想批量购买本书或异步社区出版的其他图书，也可以发邮件给我们。

如果您在网上发现有针对异步社区出品图书的各种形式的盗版行为，包括对图书全部或部分内容的非授权传播，请您将怀疑有侵权行为的链接发邮件给我们。您的这一举动是对作者权益的保护，也是我们持续为您提供有价值的内容的动力之源。

关于异步社区和异步图书

"异步社区"是人民邮电出版社旗下 IT 专业图书社区，致力于出版精品 IT 图书和相关学习产品，为作译者提供优质出版服务。异步社区创办于 2015 年 8 月，提供大量精品 IT 技术图书和电子书，以及高品质技术文章和视频课程。更多详情请访问异步社区官网 https://www.epubit.com。

"异步图书"是由异步社区编辑团队策划出版的精品 IT 专业图书的品牌，依托于人民邮电出版社近 40 年的计算机图书出版积累和专业编辑团队，相关图书在封面上印有异步图书的 LOGO。异步图书的出版领域包括软件开发、大数据、AI、测试、前端、网络技术等。

异步社区

微信服务号

目录

前言

编程语言一直在不断地发展变化，如今所使用的编程语言很少有十年以上的历史，其中为数不多的例子包括：COBOL，目前仍大量应用于大型机环境中；Java，诞生于 20 世纪 90 年代中期，已成为最流行的编程语言之一；C，在操作系统和服务器开发以及嵌入式系统中依然颇受欢迎。在数据库领域，SQL 的根源可以追溯到 20 世纪 70 年代。

SQL 最初是一种为生成、操作和检索关系型数据库的数据而创建的语言，而关系型数据库已经有 40 多年的历史。但在过去的十年间，Hadoop、Spark 和 NoSQL 等数据平台已经获得了众多的关注，吞食了关系型数据库的市场。然而，正如本书最后几章所讨论的那样，SQL 语言也在不断演变，以便从各种平台检索数据，无论这些数据是存储在数据表、文档还是平面文件中。

为什么要学习 SQL

无论是否会用到关系型数据库，只要你从事数据科学、商业智能或其他数据分析领域的工作，都可能需要了解 SQL 以及 Python 和 R 等语言/平台。数据无处不在，铺天盖地，通常以迅猛之势出现在你的面前，能够从这些数据中提取出有意义信息的人才在市场上供不应求。

为什么选择本书

有很多书会把读者当作新手或者门外汉，这类书的内容往往流于表面。另一种书则属于参考指南，会事无巨细地描述语言中每个语句的各种写法，如果你非常清楚自己要干什么，但是需要了解明确的语法，那么这类指南可以助你一臂之力。本书则另辟蹊径，努力寻找这两者的平衡点，从 SQL 语言的背景开始，逐步学习基础知识，然后进阶探索一些能让读者一鸣惊人的高级特性。此外，本书最后一章展示了如何在非关系型数据库中查询数据，这是入门书中很少涉及的话题。

本书的组织结构

本书共分为 18 章和 2 个附录，具体内容如下。

第 1 章：背景知识，探讨计算机化数据库的发展历史，包括关系模型和 SQL 语言的兴起。

第 2 章：创建和填充数据库，演示如何创建 MySQL 数据库、生成本书中示例所需的数据表并向其中填充数据。

第 3 章：查询入门，介绍 select 语句并进一步演示最常见的子句（select、from、where 等）。

第 4 章：过滤，演示可以在 select、update 或 delete 语句的 where 子句中使用的各种条件。

第 5 章：多数据表查询，介绍查询如何通过数据表连接使用多个数据表。

第 6 章：使用集合，专门介绍集合以及如何在查询中运用集合。

第 7 章：数据生成、操作和转换，演示一些用于操作或转换数据的内建函数。

第 8 章：分组和聚合，介绍如何聚合数据。

第 9 章：子查询，介绍子查询（作者个人的偏爱）并展示了其用法以及应用场景。

第 10 章：再谈连接，进一步探讨各种类型数据表的连接。

第 11 章：条件逻辑，探讨如何在 select、insert、update 和 delete 语句中使用条件逻辑（即 if-then-else）。

第 12 章：事务，介绍事务并展示其用法。

第 13 章：索引和约束，探讨索引和约束相关的内容。

第 14 章：视图，介绍如何构建可以使用户远离数据复杂性的界面。

第 15 章：元数据，演示数据字典的效用。

第 16 章：分析函数，涵盖各种分析函数，用于生成排名、小计以及其他在报表生成和分析中经常使用的值。

第 17 章：处理大型数据库，演示各种用于简化大型数据库管理和遍历的技术。

第 18 章：SQL 和大数据，探讨 SQL 语言的变化，以便从非关系型数据平台中检索数据。

附录 A：示例数据库的 ER 图，介绍用于本书中所有示例的数据库模式。

附录 B：练习答案，提供每章练习的答案。

致谢

感谢我的编辑 Jeff Bleiel，正是在你的帮助下，本书才顺利付梓，同时感谢 Thomas Nield、Ann White-Watkins 和 Charles Givre，感谢你们帮我审阅书稿。还要感谢 Deb Baker、Jess Haberman 以及参与本书出版事务的 O'Reilly Media 公司的其他同仁。最后，感谢我的妻子 Nancy、女儿 Michelle 和 Nicole，感谢你们的激励与鼓舞。

第 1 章

背景知识

在着手干活之前，为了更好地理解关系型数据库和 SQL 语言的演进历程，还是有必要研究一下数据库技术的历史。因此，我将先介绍一些基本的数据库概念，回顾计算机化数据存储和检索的历史。

 如果有读者急着想开始编写 SQL 查询，可以直接跳到第 3 章，不过我建议随后再回头阅读前两章，以便更好地了解 SQL 语言的历史和功用性。

1.1　数据库简介

数据库就是一组相关信息。例如，电话簿就是一个数据库，其中包含了生活在某一地区内所有人的姓名、电话号码和地址。尽管电话簿肯定是最为普及且常用的数据库，但它也存在以下问题。

- 查找电话号码的时候费时间，尤其是电话簿里包含大量联系人的时候。

- 电话簿仅使用姓/名作为索引，所以要想查找居住在特定地址的联系人时就不实用了，尽管理论上是可行的。

- 从电话簿被印刷好的那一刻起，随着地区居民的流动、个人电话号码的更改、住址的更换，电话簿中的信息会变得越来越不准确。

电话簿的种种缺点同样体现在所有的手工数据存储系统上，比如存储在文件柜中的患者记录。由于纸质数据库使用不便，一些早先开发的计算机应用程序就是数据库系统，采用了计算机化的数据存储和检索机制。由于数据库系统使用电子化代替纸张存储数据，因此能够更快地检索数据、以多种方式编制索引，并为用户群提供即时信息。

早期的数据库系统用磁带存储被管理的数据。磁带的数量通常远多于磁带机，因此在请求特定数据时，需要由技术人员手动装卸磁带。由于那个时代的计算机内存很小，对同一数据的多次请求往往需要多次读取磁带。尽管这些数据库系统比起纸质数据库有了很大的改进，但与如今的数据库技术相差甚远（现代数据库系统能够管理 PB 级的数据，利用服务器集群进行访问，每个服务器在高速内存中缓存的数据可达数十 GB，不过我讲的可能有点超前了）。

1.1.1　非关系型数据库系统

 本节介绍了关系型数据库出现之前的一些背景信息，如果读者急于学习 SQL，可以直接跳到下一节。

在计算机化数据库系统发展的最初几十年里，数据以各种形式存储并展现给用户。例如，在层次数据库系统中，以一个或多个树形结构来表示数据。图 1-1 展示了以树形结构表示的 George Blake 和 Sue Smith 的银行账户数据。

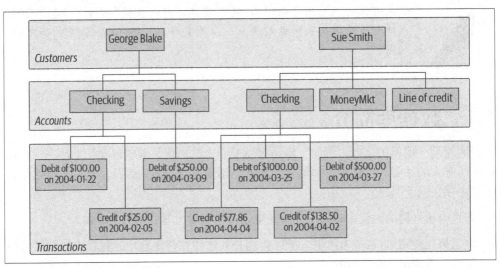

图 1-1　账户数据的层次化视图

George 和 Sue 的数据树都包含了各自的账户以及交易信息。层次数据库系统提供了定位特定客户信息树的工具，并能够遍历该树找到所需的账户和/或交易。树中的每个节点都具有 0 个或 1 个父节点，以及 0 个、1 个或多个子节点。这种配置称为单根层次结构。

另一种数据管理方式是网状数据库系统，它表现为多个记录以及定义不同记录之间关系的多个链接。图 1-2 展示了 George 和 Sue 的账户在此系统中的视图。

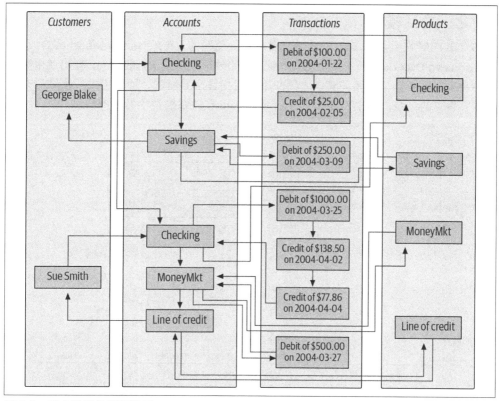

图 1-2　账户数据的网状视图

为了查找 Sue 的 MoneyMkt 账户交易信息，需要执行以下步骤：

1. 查找 Sue Smith 的客户记录；

2. 沿着 Sue Smith 的客户记录链接找到其账户列表；

3. 遍历账户列表直至找到 MoneyMkt 账户；

4. 沿着 MoneyMkt 账户记录链接找到其交易列表。

网状数据库系统的一个值得注意的特性是图 1-2 最右侧的一组 product 记录。注意，每个 product 记录（Checking、Savings 等）都指向一个 account 记录列表，以指定这些账户记录的产品类型。因此 account 记录可以通过多个入口（customer 记录或 product 记录）进行访问，这使得网状数据库具有多根层次的特点。

层次数据库和网状数据库依然活跃在今天，不过通常只能在大型机世界中找到。另外，层次数据库已在目录服务领域中重获新生，比如 Microsoft 的 Active Directory 和开源的 Apache Directory Server。然而，在 20 世纪 70 年代初，一种表示数据的全新方式开始生根，这种方式更为严谨，且易于理解和实现。

1.1.2 关系模型

1970 年，IBM 研究院的 E.F.Codd 博士发表了一篇题为"A Relational Model of Data for Large Shared Data Banks"（大型共享数据银行的数据关系模型）的论文，提出使用数据表集合来表示数据，但相关实体之间并不是用指针来导航的，而是借助冗余数据来链接不同表中的记录。图 1-3 展示了 George 和 Sue 在关系模型中的账户信息。

Customer

cust_id	fname	lname
1	George	Blake
2	Sue	Smith

Account

account_id	product_cd	cust_id	balance
103	CHK	1	$75.00
104	SAV	1	$250.00
105	CHK	2	$783.64
106	MM	2	$500.00
107	LOC	2	0

Product

product_cd	name
CHK	Checking
SAV	Savings
MM	Money market
LOC	Line of credit

Transaction

txn_id	txn_type_cd	account_id	amount	date
978	DBT	103	$100.00	2004-01-22
979	CDT	103	$25.00	2004-02-05
980	DBT	104	$250.00	2004-03-09
981	DBT	105	$1000.00	2004-03-25
982	CDT	105	$138.50	2004-04-02
983	CDT	105	$77.86	2004-04-04
984	DBT	106	$500.00	2004-03-27

图 1-3　账户数据的关系视图

图 1-3 中包含了 4 个数据表：Customer、Product、Account、Transaction。首先查看图中顶部的 Customer 表，该表共有 3 列：cust_id（客户的 ID 号）、fname（客户的名字）、lname（客户的姓氏）。Customer 表共有 2 行，分别为 George Blake 和 Sue Smith 的数据。数据表的列数视不同的数据库服务器而异，但数量通常足够大，无须为此担心（比如 Microsoft SQL Server 允许最多 1,024 列的数据表）。至于数据表的行数，相较于受数据库服务器的限制，更多是受限于物理设备（比如，可用的磁盘空间大小）和可维护

性（比如，多大的数据表才不会造成管理方面的麻烦）。

关系型数据库中每个数据表都包含能够唯一标识某一行的信息［称为主键（primary key）］，以及完整描述实体所需的额外信息。再来看 Customer 表，每位客户的 cust_id 列都保存着不同的数字；比如，George Blake 可由客户 ID #1 来唯一标识。其他客户都不能够获得这个标识符，在 Customer 表中，不再需要其他信息来定位 George Blake 的数据。

每种数据库服务器都提供了相应的机制来生成用作主键的唯一数字，所以你不用操心跟踪已分配的数字。

尽管也可以选择使用 fname 列和 lname 列共同作为主键（由两个或多于两个列组成的主键称为复合主键），但在银行账户中出现两个或多个人同名的情况是很常见的事。因此，我选择 cust_id 列作为 Customer 表的主键。

在本例中，选择 fname/lname 作为主键，称之为自然键（natural key），选择 cust_id 作为主键，则称之为代理键（surrogate key）。使用哪一种键取决于数据库设计人员，但在本例中，该怎么选择是显而易见的，因为人的姓氏（last name）可能会改变（比如有的人结婚后使用其配偶的姓氏），而主键列在被赋值后是绝不允许被修改的。

一些数据表中还包含了导航到其他数据表的信息，这就是之前提到的"冗余数据"。例如，Account 表中的 cust_id 列包含了已开设过账户的客户的唯一标识，product_cd 列则包含了该账户所关联产品的唯一标识。这些列称为外键（foreign key），其作用与层次化和网状的账户信息形式中不同实体之间的连线一样。如果要查找特定账户记录，想知道开户人的详细信息，可以获取 cust_id 列的值，用该值在 Customer 表中查询相应的行（用关系型数据库的专业术语来说，该过程称为连接，我们会在第 3 章对其进行介绍，在第 5 章和第 10 章展开深入讨论）。

同样的数据存储多次，看起来似乎是一种浪费，但是对于该存储什么样的冗余数据，关系模型十分清晰。例如，在 Account 表中加入一列，用于已开设账户的客户的唯一标识符，这种做法没有问题，但如果在表中再增加客户的名字和姓氏，就不合适了。如果客户改名了，需要确保数据库中仅有一处保存了客户的姓名；否则，可能出现数据在一处更改了，而在另一处没有更改，造成数据库中数据不可靠。适合保存姓名的是 Customer 表，只有 cust_id 的值应该来自其他表。在一列中包含多种信息，比如在 name 列中包含姓氏和名字，或是在 address 列中包含街道、城市、州和邮政编码信息，同样不合适。改进数据库设计以确保独立信息仅出现在一处（外键除外）的过程称为规范化（normalization）。

回到图 1-3 中的 4 个数据表，你也许想知道如何使用这些表来查找 George Blake 的支票账户（checking account）交易。首先，在 Customer 表中找到 George Blake 的唯一标识符。然后，在 Account 表中找到满足以下条件的行：cust_id 列包含 George 的唯一标识符，product_cd 列与 Product 表中 name 列等于"Checking"的行匹配。最后，定位到 Transaction 表中 account_id 列与 Account 表中唯一标识符匹配的行。这个过程看起来挺复杂，其实使用 SQL 语言的话，一个命令就能搞定，很快你就会看到。

1.1.3 术语

前几节介绍了一些新术语，是时候给出正式的定义了。表 1-1 中列出了本书后续要用到的术语及其定义。

表 1-1 术语及其定义

术语	定义
实体	数据库用户关注的对象，包括客户、部门、地理位置等
列	数据表中存储的数据片段
行	列的集合，共同用于完整地描述某个实体或对某个实体的操作。也称为记录
表	行的集合，要么保存在内存中（非持久性），要么保存在永久存储中（持久性）
结果集	非持久性数据表的别称，通常是 SQL 查询的结果
主键	用于唯一标识数据表中各行的一列或多列
外键	用于唯一标识其他数据表中某行的一列或多列

1.2 什么是 SQL

Codd 基于对关系模型的定义，他提出了一种叫作 DSL/Alpha 的语言，用于操作关系数据表中的数据。在 Codd 的论文发表后不久，IBM 委托一个小组根据 Codd 的想法建立一个原型。这个小组创建了 DSL/Alpha 的简化版本 SQUARE。经过对 SQUARE 的改进，产生了 SEQUEL 语言，最终该语言被命名为 SQL。尽管 SQL 最初是用于操作关系型数据库中的数据，但如今已经演变为一种可以处理各种数据库技术的语言（正如你将在本书结尾看到的）。

SQL 现在已有 40 多年的历史，其间经历了很大的变化。20 世纪 80 年代中期，美国国家标准协会（American National Standards Institute，ANSI）开始制定 SQL 语言的第一个标准，该标准最终于 1986 年发布。随后经过改进，陆续在 1989 年、1992 年、1999 年、2003 年、2006 年、2008 年、2011 年、2016 年发布了新版本。在改良核心语言的同时，SQL 语言中还添加了一些新特性，引入了面向对象功能等。之后的标准侧重于相关技术的集成，比如可扩展标记语言（XML）和 JavaScript 对象表示法（JSON）。

SQL 与关系模型相辅相成，因为 SQL 查询的结果就是数据表（在该上下文中，也叫作结果集）。所以，在关系型数据库中，新的永久性数据表可以通过存储查询的结果集来创建。同样，查询可以使用永久性数据表和其他查询的结果集作为输出（我们会在第 9章讨论相关细节）。

最后强调一点：SQL 并不是某种缩写［尽管很多人坚持认为它表示"Structured Query Language"（结构化查询语言）］。在提及该语言时，可以使用独立的字母（S.Q.L）或使用"sequel"。

1.2.1　SQL 语句分类

SQL 语言被划分为若干部分：我们在本书中研究的部分包括 SQL 模式语句(SQL schema statement)，用于定义存储在数据库中的数据结构；SQL 数据语句（SQL data statement），用于操作之前使用 SQL 模式语句定义的数据结构；SQL 事务语句（SQL transaction statement），用于启动、结束、回滚事务（相关概念会在第 12 章介绍）。例如，要想在数据库中创建新表，可以使用 SQL 模式语句 create table，要在新表中填充数据，则需要使用 SQL 数据语句 insert。

下面给出创建数据表 corporation 的 SQL 模式语句：

```
CREATE TABLE corporation
 (corp_id SMALLINT,
  name VARCHAR(30),
  CONSTRAINT pk_corporation PRIMARY KEY (corp_id)
 );
```

该语句创建出一个包含两列数据（corp_id 和 name）的表，其中 corp_id 列作为该表的主键。这个语句的具体细节（比如 MySQL 可用的数据类型）我们留待在第 2 章中仔细研究。接下来的 SQL 数据语句向 corporation 表中插入了一行关于 Acme Paper Corporation 的数据：

```
INSERT INTO corporation (corp_id, name)
VALUES (27, 'Acme Paper Corporation');
```

该语句向 corporation 表中添加了一行数据，其中 corp_id 列的值为 27，name 列的值为 Acme Paper Corporation。

最后是一个简单的 select 语句，检索刚才创建好的数据：

```
mysql< SELECT name
    -> FROM corporation
    -> WHERE corp_id = 27;
+-----------------------+
| name                  |
+-----------------------+
| Acme Paper Corporation |
+-----------------------+
```

通过 SQL 模式语句所创建的所有数据库元素都被存储在一个名为"数据字典"（data dictionary）的特殊表集合内。这些关于数据库的数据被称为"元数据"，我们将在第 15 章介绍。与用户创建的数据表一样，数据字典表也可以通过 select 语句查询，从而允许在运行时查看数据库中当前的数据结构。例如，用户需要创建展示上月新增账户的报表，那么既可以在 Account 表中硬编码事先已经知道的列名，也可以通过查询数据字典确定当前有哪些列，然后每次动态地生成报表。

本书大部分篇幅将聚焦于 SQL 语言中与数据相关的部分，包括 select、update、insert、delete 命令。SQL 模式语句将在第 2 章中说明，这将引导你完成一些简单的数据表的设计和创建。一般来说，除了语法，对于 SQL 模式语句无须进行太多的讨论，而 SQL 数据语句，尽管数量寥寥，但包含了大量值得仔细研究的地方。因此，虽然我会介绍不少 SQL 模式语句，但本书的大多数章节还是把重点放在 SQL 数据语句上。

1.2.2 SQL：一种非过程化语言

如果你有编程经验，肯定已习惯了定义变量和数据结构、使用条件逻辑（if-then-else）和循环结构（do while...end）、把代码分解为可复用的小片段（对象、函数、过程）。代码经过编译后执行，其执行结果精确地（其实，并非总是精确地）符合预期。无论是使用 Java、Python、Scala 或其他过程化语言，你都可以完全控制程序的行为。

 过程化语言定义了所预期的结果以及生成该结果的实现机制或过程。非过程化语言同样定义了所预期的结果，但是生成结果的过程则留给外部代理来实现。

对于 SQL，你需要放弃部分已经习惯的控制权，因为 SQL 语句只定义了必要的输入和输出，至于如何执行语句，则由名为优化器（optimizer）的数据库引擎组件来处理。优化器的工作是检查 SQL 语句，考虑数据表的配置以及可用的索引，并决定最有效的执行路径（好吧，也未必总是最有效的）。大多数数据库引擎都允许你通过指定优化器提示（optimizer hint）来影响优化器的决策，比如建议使用特定的索引等，但大多数 SQL 用户从来不需要深入到该复杂层面，把这种事交给数据库管理员或性能调优专家来处理就行了。

因此，单凭 SQL 无法编写完整的应用程序，除非你只是编写简单的脚本来处理某些数据，否则需要将 SQL 与编程语言集成起来。一些数据库厂商已经为用户考虑了这些，比如 Oracle 的 PL/SQL 语言、MySQL 的存储过程语言以及 Microsoft 的 Transact-SQL 语言。在这些语言中，SQL 数据语句是该语言语法的一部分，允许无缝地将数据库查询与过程化语句集成到一起。如果你使用的是 Java 或 Python 这种非数据库特定语言，则需要使用工具集/API 才能在代码中执行 SQL 语句。有些工具集由数据库厂商提供，有些则由第三方厂商或开源代码提供者所创建。表 1-2 展示了将 SQL 集成到特定语言的部分可用选择。

表 1-2　SQL 集成工具集

语言	工具集
Java	JDBC (Java Database Connectivity)
C#	ADO.NET (Microsoft)
Ruby	Ruby DBI
Python	Python DB
Go	Package database/sql

如果仅仅需要交互式执行 SQL 命令，所有的数据库厂商都提供了至少一种简单的命令行工具，用于向数据库引擎提交 SQL 命令并检查执行结果。大多数厂商还提供了图形化的工具，其中包含一个显示 SQL 命令的窗口以及一个显示 SQL 命令执行结果的窗口。此外，SQuirrel 等第三方工具可以通过 JDBC 连接到很多不同的数据库服务器。因为本书中的示例都是在 MySQL 数据库中执行的，所以我选择使用 MySQL 安装自带的命令行工具来运行示例和格式化运行结果。

1.2.3　SQL 示例

之前答应过要展示一个能够返回 George Blake 的支票账户所有交易的 SQL 语句，下面就是这些 SQL 语句：

```
SELECT t.txn_id, t.txn_type_cd, t.txn_date, t.amount
FROM individual i
  INNER JOIN account a ON i.cust_id = a.cust_id
  INNER JOIN product p ON p.product_cd = a.product_cd
  INNER JOIN transaction t ON t.account_id = a.account_id
WHERE i.fname = 'George' AND i.lname = 'Blake'
  AND p.name = 'checking account';

+--------+-------------+---------------------+--------+
| txn_id | txn_type_cd | txn_date            | amount |
+--------+-------------+---------------------+--------+
|     11 | DBT         | 2008-01-05 00:00:00 | 100.00 |
+--------+-------------+---------------------+--------+
1 row in set (0.00 sec)
```

现在先不涉及过多的细节，该查询查找满足两个条件的行，即 individual 表中姓名为 George Blake 的行和 product 表中的 name 列为 checking 的行，并通过 account 表将两者关联起来，然后分 4 列返回 transaction 表中提交到该账户的所有交易信息。如果你恰好知道 George Blake 的 account_id 为 8，product_cd 为'CHK'，就可以简单地根据客户 ID 在 account 表中找到 George Blake 的支票账户，并使用账户 ID 找出相应的交易：

```
SELECT t.txn_id, t.txn_type_cd, t.txn_date, t.amount
FROM account a
  INNER JOIN transaction t ON t.account_id = a.account_id
```

```
WHERE a.cust_id = 8 AND a.product_cd = 'CHK';
```

在随后的章节中，我会逐一介绍以上查询中涉及的所有概念（而且远不止这些），但这里仅展示一下其基本结构。

上述查询包含三种不同的子句：select、from 和 where。几乎所有查询至少都会包含这三种子句，尽管还有更多子句可用于实现更具体的目标。它们的用途如下所示：

```
SELECT /* 一个或多个东西 */ ...
FROM   /* 一处或多处 */ ...
WHERE  /* 一个或多个条件 */ ...
```

 大多数 SQL 实现将位于 "/*" 和 "*/" 之间的文本视为注释。

在构建查询时，通常首先要确定需要哪些数据表，接着将其加入 from 子句。然后，向 where 子句加入条件，将数据表中不需要的数据过滤掉。最后，确定要检索数据表中的哪些列并将其加入 select 子句。下面这个简单的示例展示了如何查找姓氏为 "Smith" 的所有客户：

```
SELECT cust_id, fname
FROM individual
WHERE lname = 'Smith';
```

该查询搜索 individual 表，在其中找出 lname 列匹配字符串'Smith'的所有行，并返回这些行的列 cust_id 和 fname。

除了查询数据库，很可能还需要在数据库中插入和修改数据。下面这个简单的例子，展示了如何在 product 表中插入新行：

```
INSERT INTO product (product_cd, name)
VALUES ('CD', 'Certificate of Depysit')
```

糟糕，这里把 "Deposit" 拼错了。无妨，可以使用 update 语句来解决：

```
UPDATE product
SET name = 'Certificate of Deposit'
WHERE product_cd = 'CD';
```

注意，与 select 语句一样，update 语句也包含了 where 子句。原因在于 update 语句必须标识出要修改的行，在本例中，只需要指定 product_cd 列与字符串'CD'相匹配的那些行。因为 product_cd 列是 product 表的主键，所以 update 语句只会修改一行（或者一行都不修改，如果数据表中不存在该值的话）。不管什么时候执行 SQL 数据语句，都会接收到来自数据库引擎的反馈，说明有多少行受到该语句的影响。如果使用交互式工具

（比如之前提到的命令行工具），那么会接收到来自下列语句的反馈信息：

- select 语句返回的行数；

- insert 语句创建的行数；

- update 语句修改的行数；

- delete 语句删除的行数。

如果你使用了过程化语言以及之前提到的某种工具集，当你执行 SQL 数据语句之后，可以使用工具集提供的调用来获取语句的执行结果。一般而言，最好是检查一下执行结果，以免语句执行后出现意想不到的结果（比如忘了在 delete 语句中加入 where 子句，这会把整个数据表的行全部清空！）

1.3　什么是 MySQL

商业化的关系型数据库已经有 30 多年的历史了。其中一些比较成熟且流行的商业产品包括：

- Oracle 公司的 Oracle Database；

- Microsoft 公司的 SQL Server；

- IBM 公司的 DB2 Universal Database。

这些数据库服务器的功能都差不多，尽管其中有些长于处理海量或超大吞吐量的数据库，而有些更适合处理对象、大文件或 XML 文档等。所有这些服务器都很好地遵从了最新的 ANSI SQL 标准。这是一件好事，本书将展示如何编写无须进行任何修改（或仅需要极少量的修改）就能够在这些平台上运行的 SQL 语句。

除了商业数据库服务器，开源社区以创建出能够与之抗衡的竞品为目标，在过去的 20 年中也开展了大量的活动，其中最常用的两个开源数据库服务器是 PostgreSQL 和 MySQL。MySQL 是免费的，其下载和安装过程都非常简单。因此，本书的所有示例均在 MySQL（8.0 版）上运行，并使用命令行工具格式化查询结果。即使你已经使用了其他数据库服务器，而且根本不打算使用 MySQL，我也强烈建议你安装最新版的 MySQL 服务器，加载样本模式和数据，用本书中的数据和示例进行实验。

然而，请牢记以下注意事项：

> 本书并不是一本关于 MySQL 如何实现 SQL 的书。

确切地说，本书旨在教授编写不加修改或稍作修改就能运行在 MySQL 以及 Oracle Database、DB2、SQL Server 新近版本上的 SQL 语句。

1.4　跨平台 SQL

从本书第 2 版到第 3 版的这十年间，数据库领域发生了诸多变化。尽管关系型数据库依然被大量使用，并且还将持续使用一段时间，但新的数据库技术已经涌现出来，以满足 Amazon 和 Google 等公司的需求，其中包括 Hadoop、Spark、NoSQL、NewSQL，这些分布式的可扩展系统通常部署在商品服务器集群上。详细探讨这些技术超出了本书的范围，但它们与关系型数据库都存在一个共同点：SQL。

因为各种组织机构经常使用多种技术存储数据，有必要将 SQL 从特定的数据库服务器中抽取出来，提供一种能够跨数据库的服务。例如，报表可能需要将存储在 Oracle、Hadoop、JSON 文件、CSV 文件、Unix 日志文件中的数据汇总在一起。新一代工具已经出现，以应对这种挑战，其中最有前途的工具之一是 Apache Drill，它是一款开源查询引擎，允许用户编写查询，以访问存储在大多数数据库或文件系统中的数据。我们将在第 18 章探究 Apache Drill。

1.5　内容前瞻

接下来的 4 章的主要目标是介绍 SQL 数据语句，重点放在 select 语句的三个主要子句。此外，你将看到很多使用 Sakila 模式（在第 2 章中介绍）的示例，本书中所有的示例都围绕其展开。这是因为使用同一个已熟悉的数据库，可以使读者更易于洞察到问题的核心，而不是每次都需要从头了解所使用的数据表。如果读者觉得总是使用同一组数据表有点乏味，可以向示例数据库中添加新数据表，或者干脆自己建一个数据库来练手。

把基础打牢之后，剩余的章节将深入更多的概念，其中大多数概念相互独立。因此，如果你发现自己有些地方搞不明白，可以直接跳过去，随后再重新学习。待你阅读完成本书并练习了所有的示例后，就已经在成为一名经验丰富的 SQL 从业者的路上迈出了坚实的一步。

第 2 章

创建和填充数据库

本章提供了创建第一个数据库所需的信息，以及为本书的示例创建数据表和相关数据的信息。你还将学习各种数据类型以及如何使用其创建数据表。因为书中的示例均运行于 MySQL 数据库，所以本章内容在一定程度上偏向于使用 MySQL 的特性和语法，不过大多数概念同样适用于其他数据库服务器。

2.1 创建 MySQL 数据库

如果你想用本书示例中的数据进行练习，有两种方法：

- 下载并安装 MySQL Server 8.0 或以上版本，加载 Sakila 样本数据库；

- 通过 katacoda 网站访问 MySQL Sandbox。需要注册一个 Katacode 账号（免费），然后单击 Start Scenario 按钮。

如果选择第二种方法，一旦启动场景，就会安装并启动 MySQL 服务器，然后加载 Sakila 模式和数据。这些准备好之后，就会出现一个标准的 mysql>提示符，然后便可以开始查询样本数据库了。这显然是最简单的方法，我预计大多数读者都会选择这种方法。如果你觉得不错，就可以直接阅读下一节了。

如果你喜欢有自己的数据副本，并希望进行的任何修改都是永久性的，或是对安装 MySQL 服务器感兴趣，可以选择第一种方法，也可以选择使用托管在 Amazon Web Services 或 Google Cloud 等环境中的 MySQL 服务器。不管是哪种情况，都需要自行安装和配置，不过这已经超出了本书的范围。准备好数据库之后，按照下列步骤来加载 Sakila 样本数据库。

首先，运行命令行客户端 mysql，输入密码，然后执行下述步骤。

1. 进入异步社区，找到本书的页面，从中下载 sakila database。

2．把文件放入本地目录下，比如 C:\temp\sakila-db（换成你自己的目录路径，后两步要用到）。

3．输入 source c:\temp\sakila-db\sakila-schema.sql，然后按 Enter 键。

4．输入 source c:\temp\sakila-db\sakila-data.sql，然后按 Enter 键。

现在，你就得到了一个包含本书示例所需的全部数据的可用数据库。

> Sakila 数据库包含一家虚构的电影租借公司的数据，其中有商店、库存、电影、客户、付款等数据表。虽然真实的电影租借商店基本上已成为过去，但我们可以忽略数据表 staff 和 address，把数据表 store 改名为 streaming_service，将商店重新包装成一家流媒体电影公司。不过本书中的示例还是坚持使用原先的脚本（script）[①]（双关语）。

2.2　使用命令行工具 mysql

除非你使用的是临时数据库会话（2.1 节中提到的第二种方法），否则需要命令行工具 mysql 才能与数据库交互。为此，打开一个 Windows 或 Unix shell，执行 mysql。例如，如果你使用 root 账号登录，需要执行下列命令：

```
mysql -u root -p;
```

然后会要求输入密码，密码无误后，就会出现 mysql>提示符。要想查看所有可用的数据库，使用下列命令：

```
mysql> show databases;
+--------------------+
| Database           |
+--------------------+
| information_schema |
| mysql              |
| performance_schema |
| sakila             |
| sys                |
+--------------------+
5 rows in set (0.01 sec)
```

因为要使用 Sakila 数据库，所以要通过 use 命令指定数据库：

```
mysql> use sakila;
Database changed
```

---

① "script" 一词也有"电影剧本"之意。

启动命令行工具 mysql 的时候，可以同时指定要使用的用户名和数据库：

```
mysql -u root -p sakila;
```

这样就不必每次启动工具时都输入 use sakila;。现在，会话已经建立，数据库也指定好了，接下来就可以执行 SQL 语句并查看执行结果了。例如，如果你想知道当前日期和时间，执行下列查询：

```
mysql> SELECT now();
+---------------------+
| now()               |
+---------------------+
| 2019-04-04 20:44:26 |
+---------------------+
1 row in set (0.01 sec)
```

now()是 MySQL 的内建函数，可以返回当前日期和时间。如你所见，命令行工具 mysql 会使用由字符+、−、|组成的矩形来格式化查询结果。结果输出完毕之后（在本例中，结果只有一行），mysql 还会显示返回的行数以及执行该 SQL 语句的时长。

缺失的子句

某些数据库服务器要求查询语句中必须包含 from 子句，并在其中至少指明一个数据表，比如广泛使用的 Oracle Database。如果只是调用函数，Oracle 为此提供了一个特殊的数据表 dual，该数据表仅由名为 dummy 的一列组成，并且只包含一行。为了与 Oracle Database 兼容，MySQL 也提供了 dual 数据表，之前获取当前日期和时间的查询也可以写作：

```
mysql> SELECT now()
           FROM dual;
+---------------------+
| now()               |
+---------------------+
| 2019-04-04 20:44:26 |
+---------------------+
1 row in set (0.01 sec)
```

如果你没有使用 Oracle Database，也不需要与其保持兼容，那么完全可以忽略 dual 数据表，只使用不包含 from 子句的 select 语句。

用了命令行工具 mysql 之后，只需要输入 quit;或 exit;就可以返回 Windows 或 UNIX shell。

2.3　MySQL 数据类型

一般来说，所有流行的数据库都能够存储同样的数据类型，比如字符串、日期、数值等。它们之间的差异通常在于一些特殊的数据类型，比如 XML、JSON 文档或者空间数据（spatial data）。因为本书介绍的是 SQL，而且你将遇到的列中 98%都属于简单数据类型，所以本章只涉及字符型、日期型和数值型。使用 SQL 查询 JSON 文档留待第 18 章讨论。

2.3.1　字符型数据

字符型数据可以使用定长或变长字符串来存储，两者的不同点在于定长字符串会使用空格向右填充，并始终占用同样数量的字节；变长字符串不需要向右填充，且占用的字节数不固定。在定义字符型的列时，必须指定该列所能存储字符串的最大长度。例如，如果希望存储最大长度为 20 个字符的字符串，可以使用下面的定义方式：

```
char(20)    /* 定长 */
varchar(20) /* 变长 */
```

采用定长字符串的列，目前允许的最大长度为 255 字节，而采用变长字符串的列，最大长度则为 65,535 字节。如果需要存储更长的字符串（比如电子邮件、XML 文档等），则要使用某种文本类型（mediumtex 和 longtext），本节随后会讲到。一般来说，如果列中存储的所有字符串长度都一样（比如州的缩写），应该使用 char 类型；如果字符串长度各不相同，则应该使用 varchar 类型。char 和 varchar 类型的用法在主流数据库服务器中都差不多。

 在 Oracle Database 中使用 varchar 时会导致异常。Oracle 用户在定义变长字符串列的时候应该使用 varchar2。

1．字符集

对于使用拉丁字母的语言，其字符数量很少，只需要单字节就能存储每个字符。其他一些语言，如日语和韩语，则包含了大量字符，需要多字节来存储每个字符，这种字符集称为多字节字符集。

MySQL 可以使用各种字符集存储数据，无论是单字节还是多字节。可以使用 show 命令查看数据库服务器所支持的字符集，如下所示。

```
mysql> SHOW CHARACTER SET;
+----------+-------------------------------+-------------------+--------+
| Charset  | Description                   | Default collation | Maxlen |
+----------+-------------------------------+-------------------+--------+
```

```
| armscii8  | ARMSCII-8 Armenian              | armscii8_general_ci  |       1 |
| ascii     | US ASCII                        | ascii_general_ci     |       1 |
| big5      | Big5 Traditional Chinese        | big5_chinese_ci      |       2 |
| binary    | Binary pseudo charset           | binary               |       1 |
| cp1250    | Windows Central European        | cp1250_general_ci    |       1 |
| cp1251    | Windows Cyrillic                | cp1251_general_ci    |       1 |
| cp1256    | Windows Arabic                  | cp1256_general_ci    |       1 |
| cp1257    | Windows Baltic                  | cp1257_general_ci    |       1 |
| cp850     | DOS West European               | cp850_general_ci     |       1 |
| cp852     | DOS Central European            | cp852_general_ci     |       1 |
| cp866     | DOS Russian                     | cp866_general_ci     |       1 |
| cp932     | SJIS for Windows Japanese       | cp932_japanese_ci    |       2 |
| dec8      | DEC West European               | dec8_swedish_ci      |       1 |
| eucjpms   | UJIS for Windows Japanese       | eucjpms_japanese_ci  |       3 |
| euckr     | EUC-KR Korean                   | euckr_korean_ci      |       2 |
| gb18030   | China National Standard GB18030 | gb18030_chinese_ci   |       4 |
| gb2312    | GB2312 Simplified Chinese       | gb2312_chinese_ci    |       2 |
| gbk       | GBK Simplified Chinese          | gbk_chinese_ci       |       2 |
| geostd8   | GEOSTD8 Georgian                | geostd8_general_ci   |       1 |
| greek     | ISO 8859-7 Greek                | greek_general_ci     |       1 |
| hebrew    | ISO 8859-8 Hebrew               | hebrew_general_ci    |       1 |
| hp8       | HP West European                | hp8_english_ci       |       1 |
| keybcs2   | DOS Kamenicky Czech-Slovak      | keybcs2_general_ci   |       1 |
| koi8r     | KOI8-R Relcom Russian           | koi8r_general_ci     |       1 |
| koi8u     | KOI8-U Ukrainian                | koi8u_general_ci     |       1 |
| latin1    | cp1252 West European            | latin1_swedish_ci    |       1 |
| latin2    | ISO 8859-2 Central European     | latin2_general_ci    |       1 |
| latin5    | ISO 8859-9 Turkish              | latin5_turkish_ci    |       1 |
| latin7    | ISO 8859-13 Baltic              | latin7_general_ci    |       1 |
| macce     | Mac Central European            | macce_general_ci     |       1 |
| macroman  | Mac West European               | macroman_general_ci  |       1 |
| sjis      | Shift-JIS Japanese              | sjis_japanese_ci     |       2 |
| swe7      | 7bit Swedish                    | swe7_swedish_ci      |       1 |
| tis620    | TIS620 Thai                     | tis620_thai_ci       |       1 |
| ucs2      | UCS-2 Unicode                   | ucs2_general_ci      |       2 |
| ujis      | EUC-JP Japanese                 | ujis_japanese_ci     |       3 |
| utf16     | UTF-16 Unicode                  | utf16_general_ci     |       4 |
| utf16le   | UTF-16LE Unicode                | utf16le_general_ci   |       4 |
| utf32     | UTF-32 Unicode                  | utf32_general_ci     |       4 |
| utf8      | UTF-8 Unicode                   | utf8_general_ci      |       3 |
| utf8mb4   | UTF-8 Unicode                   | utf8mb4_0900_ai_ci   |       4 |
+-----------+---------------------------------+----------------------+---------+
41 rows in set (0.04 sec)
```

如果第 4 列 maxlen 的值大于 1，则该字符集为多字节字符集。

在之前版本的 MySQL 服务器中，默认字符集是 latin1，但在版本 8 中改为了 utf8mb4。你可以为数据库中每个字符型的列选择不同的字符集，甚至可以在同一个数据表内存储不同的字符集数据。如果为数据列指定非默认字符集，只需要在类型定义后加上系统支持的字符集名称，例如：

```
varchar(20) character set latin1
```

在 MySQL 中，还可以设置整个数据库的默认字符集：

```
create database european_sales character set latin1;
```

对一本入门书而言，目前已介绍的字符集知识已经足够了，但涉及国际化主题的内容
远不止于此。

2．文本数据

如果需要存储的数据超出了 varchar 类型的最大长度（64KB），则需要使用文本类型。

表 2-1 展示了可用的文本类型及其最大长度。

表 2-1　MySQL 文本类型及其最大长度

文本类型	最大长度/字节
tinytext	255
text	65,535
mediumtext	16,777,215
longtext	4,294,967,295

在选择文本类型时，需要注意下列事项。

- 如果所加载的数据超出了文本列类型的最大长度，会被截断。

- 在加载时，文本列数据尾部的空格不会被删除。

- 在对 text 类型的文本列进行排序或分组时，只使用前 1,024 字节，不过该限制量可
  以根据需要增加。

- 表 2-1 所列的文本类型仅针对 MySQL。对于较大的字符数据，SQL Server 使用
  单一的 text 类型，而 DB2 和 Oracle 使用名为 clob（Character Large Object）的数
  据类型。

- 目前 MySQL 允许 varchar 类型的列的最大长度为 65,535 字节(4.0 版中为 255 字节)，
  一般情况下没有什么必要再使用 tinytext 或 text 类型了。

如果创建的列用于存储形式不限（free-form）的数据，比如使用 notes 列保存客户与公
司客服部门之间的沟通数据，那么使用 varchar 类型通常就足够了。不过如果需要存储
文档，应该选择 mediumtext 或 longtext 类型。

char 和 varchar2 类型的列在 Oracle Database 中的最大长度分别为 2000 字节和 4,000 字节。对于更大的文档，可以选择 clob 类型。SQL Server 可以处理最大长度为 8,000 字节的 char 和 varchar 类型的数据，但可以在定义为 varchar(max) 的列中存储最大长度达 2GB 的数据。

2.3.2 数值型数据

尽管设计单一的数值类型"numeric"似乎也算合理，但实际上数值类型不止一种，分别反映了使用数值的不同方式：

指明客户订单是否已经运送的列

此类型的值称为布尔型，0 表示 false，1 表示 true。

系统生成的事务数据表的主键

此类型的值通常从 1 开始，每次增加 1，最终的值可能非常大。

客户电子购物篮中的商品编号

此类型的值可以是 1 到 200（对于购物狂）之间的正整数。

电路板钻孔机的位置数据

高精度的科学或制造业数据往往需要精确到小数点后 8 位。

为了处理此类型的数据（还有更多类型的数据），MySQL 提供了多种数值类型。最常用的是存储整数的数值类型，在这种类型前面可以加上 unsigned，以通知服务器该列中存储的所有数据均大于或等于 0。表 2-2 展示了 5 种用于存储整数的不同数据类型。

表 2-2　MySQL 的整数类型

类型	signed 的取值范围	unsigned 的取值范围
tinyint	$-128 \sim 127$	$0 \sim 255$
smallint	$-32,768 \sim 32,767$	$0 \sim 65,535$
mediumint	$-8,388,608 \sim 8,388,607$	$0 \sim 16,777,215$
int	$-2,147,483,648 \sim 2,147,483,647$	$0 \sim 4,294,967,295$
bigint	$-2^{63} \sim 2^{63}-1$	$0 \sim 2^{64}-1$

如果使用上述整数类型创建列，MySQL 会为数据分配适合的存储空间，从 1 字节（tinyint）到 8 字节（bigint）。因此，应该选择正好能够容纳要保存的最大数值的类型，以避免浪费存储空间。

对于浮点数（如 3.1415927），可以选择表 2-3 中所示的数值类型。

表 2-3 MySQL 的浮点数类型

类型	取值范围
float(*p*,*s*)	−3.402823466E+38 ～ −1.175494351E−38 和 1.175494351E−38 ～ 3.402823466E+38
double(*p*,*s*)	−1.7976931348623157E+308 ～ −2.2250738585072014E−308 和 2.2250738585072014E−308 ～ 1.7976931348623157E+308

当使用浮点数类型时，可以指定其精度（小数点左右两边所允许的数字位数）和有效位（小数点右边所允许的数字位数），不过这不是必需的。这两个值在表 2-3 中由 p 和 s 表示。如果为浮点数类型的列指定了精度和有效位，记住，超出有效位和/或精度的数据会被四舍五入。例如，一个定义为 float(4,2)的列将会存储 4 位数字，其中 2 位在小数点左边，另外 2 位在小数点右边。因此，该列允许出现数值 27.44 和 8.19，但是 17.8675 将会被四舍五入为 17.87，而如果试图向定义为 float(4,2)的列中存储数值 178.375，则会产生错误。

和整数类型一样，浮点数类型的列也可以被定义为 unsigned，但这只表示禁止列中存储负数，并不会改变该列所存储数据的取值范围。

2.3.3 时间型数据

除了字符串和数值，几乎免不了与日期和/或时间打交道。这种类型的数据称为时间型（temporal）数据，数据库中使用时间型数据的一些示例包括：

- 预期未来要发生的特定事件（比如运送客户订单）的日期；
- 客户订单的运送日期；
- 用户修改数据表中某行的日期与时间；
- 雇员的生日；
- 在数据仓库的 yearly_sales 数据表中对应于每行数据的年份；
- 在汽车装配线上完成线束所需的运行时间。

MySQL 为以上所有情况都提供了合适的数据类型。表 2-4 展示了 MySQL 支持的时间数据类型。

表 2-4 MySQL 的时间数据类型

类型	默认格式	取值范围
date	YYYY-MM-DD	1000-01-01 ～ 9999-12-31
datetime	YYYY-MM-DD HH:MI:SS	1000-01-01 00:00:00.000000 ～ 9999-12-31 23:59:59.999999

类型	默认格式	取值范围
timestamp	YYYY-MM-DD HH:MI:SS	1970-01-01 00:00:00.000000 ~2038-01-18 22:14:07.999999
year	YYYY	1901~2155
time	HHH:MI:SS	−838:59:59.000000~838:59:59.000000

数据库服务器可以用各种方式存储时间型数据，格式化字符串（表 2-4 的第 2 列）的目的在于指明这些数据在被检索时的显示方式，以及在插入或更新时间型数据列时该如何构建日期字符串。因此，如果需要以默认格式 YYYY-MM-DD 向 date 列中插入日期 2005 年 3 月 23 日，可以使用字符串'2005-03-23'。第 7 章将全面探讨如何构建和显示时间型数据。

datetime、timestamp 和 time 类型也允许包含小数点后面最多有 6 位数字的秒数（微秒）。当使用这些数据类型定义列时，可以提供一个 0~6 的数字，例如，如果指定 datetime(2)，则表示允许时间精确到 1/100 秒。

每种数据库服务器所允许的时间类型列的日期范围各不相同。Oracle Datebase 接受的日期范围是公元前 4712 年至公元 9999 年，SQL Server 则只能处理公元 1753 年至公元 9999 年（除非使用 SQL Server 2008 的 datetime2 数据类型，其日期范围从公元 1 年至公元 9999 年）。MySQL 位于 Oracle 和 SQL Server 之间，其时间范围是公元 1000 年至公元 9999 年。对于大多数跟踪当前和未来事件的系统来说，这并没有什么不同，但是如果存储的是历史日期，就需要注意了。

表 2-5 描述了表 2-4 中日期格式的各个组成部分。

表 2-5 日期格式的组成部分

组成部分	定义	取值范围
YYYY	年份，包括世纪	1000~9999
MM	月份	01（1 月）~12（12 月）
DD	日	01~31
HH	小时	00~23
HHH	小时（已逝去的）	−838~838
MI	分钟	00~59
SS	秒	00~59

下面介绍如何使用各种时间类型来实现之前给出的示例。

- 存放客户订单的预期运送时间和雇员生日的列可以使用 date 类型，因为将运送时间精确到秒也不现实，另外也没必要知道某人生日的具体时间。

- 用于存放客户订单实际运送时间的列可以使用 datetime 类型，因为不仅需要跟踪运送日期，具体时间也很重要。

- 记录用户最近何时修改数据表中的特定行，可以使用 timestamp 类型。timestamp 类型存放的信息与 datetime 类型一样（包括年、月、日、时、分、秒），但是当行被添加到数据表或被修改时，MySQL 服务器会自动为 timestamp 类型的列填充当前的日期/时间。

- 只需要存放年份的列可以使用 year 类型。

- 存放完成某项任务所需时间的列可以使用 time 类型。对于这种数据，保存日期部分不仅没必要，还会造成混乱，因为你只对完成任务所花费的小时/分钟/秒数感兴趣。此类信息还可以通过两个 datetime 类型的列来获取（一个存放任务开始的日期/时间，另一个存放任务结束的日期/时间），计算两者的差值就可以得到所花费的时间，但使用单个 time 类型的列显然更简单。

第 7 章将探讨这些时间数据类型的用法。

2.4 创建数据表

现在你已经清楚地知道了 MySQL 数据库中可以存储的数据类型，是时候学习如何使用这些类型来创建数据表了。首先从定义保存个人信息的数据表开始。

2.4.1 第 1 步：设计

设计数据表的一个好方法是先来点头脑风暴，想想把哪些有用的信息纳入表中。下面是我经过短暂思考之后，认为能够描述个人的信息种类：

- 姓名；

- 眼睛颜色；

- 出生日期；

- 地址；

- 喜爱的食物。

这些信息显然还不够详尽，不过目前已经够用了。下一步是指定列名和数据类型。表 2-6 展示了初步设计结果。

表 2-6　person 数据表（初步设计结果）

列	类型	允许的值
name	varchar(40)	
eye_color	char(2)	BL、BR、GR
birth_date	date	
address	varchar(100)	
favorite_foods	varchar(200)	

name、address、favorite_foods 列的类型为 varchar，数据格式不限。eye_color 列只允许 2 个字符，且必须为 BR、BL 或 GR。birth_date 列的类型为 date，这里不需要时间部分。

2.4.2　第 2 步：改进

我们在第 1 章介绍过规范化的概念，也就是在设计数据库时要确保不出现重复列（不包括外键）或复合列。再检查一遍 person 数据表，存在以下问题。

- name 列实际上是一个包含姓氏和名字的复合列。
- 因为不止一个人可以拥有相同的姓名、眼睛颜色、出生日期等，所以 person 数据表中缺少可以保证唯一性的列。
- address 列同样是包含街道、城市、州/省、国家/地区、邮政编码的复合列。
- favorite_foods 列可以包含 0 个、1 个或更多条目的列表，最好是为其创建单独的数据表，在其中加入指向 person 数据表的外键，以便知道特定的食物是哪个人的属性。

考虑到这些问题后，表 2-7 给出了 person 数据表的规范化版本。

表 2-7　person 数据表（二次修改结果）

列	类型	允许的值
person_id	smallint(unsigned)	
first_name	varchar(20)	
last_name	varchar(20)	
eye_color	char(2)	BR、BL、GR
birth_date	date	
street	varchar(30)	
city	varchar(20)	
state	varchar(20)	
country	varchar(20)	
postal_code	varchar(20)	

person 数据表现在已经有了能够保证唯一性的主键（person_id），下一步是构建 favorite_food 数据表，在其中加入指向 person 数据表的外键，如表 2-8 所示。

表 2-8　favorite_food 数据表

列	类型
person_id	smallint(unsigned)
food	varchar(20)

person_id 列和 food 列组成了 favorite_food 数据表的主键，person_id 列也是指向 person 数据表的外键。

这些设计足够了吗？

将 favorite_foods 列移出 person 数据表肯定是个好主意，但这样就算完成设计了吗？假如有人把"pasta"列为喜爱的食物，而另一个人把"spaghetti"列为喜爱的食物呢？[①]两者是同一种东西吗？为了防止此类问题发生，可以让人们从列表中选择他们喜爱的食物（而不是手动输入），这样的话，就需要创建包含 food_id 列和 food_name 列的 food 数据表，然后修改 favorite_food 数据表，使其包含指向 food 数据表的外键。尽管这种设计是完全规范化的，但如果你只是想保存用户所输入的食物名称，那么保持原有的数据表设计即可。

2.4.3　第 3 步：构建 SQL 模式语句

保存个人信息以及个人喜爱食物的两个数据表已经设计完毕，下一步需要生成 SQL 语句，以在数据库中创建数据表。创建 person 数据表的语句如下所示：

```
CREATE TABLE person
 (person_id SMALLINT UNSIGNED,
  fname VARCHAR(20),
  lname VARCHAR(20),
  eye_color CHAR(2),
  birth_date DATE,
  street VARCHAR(30),
  city VARCHAR(20),
  state VARCHAR(20),
  country VARCHAR(20),
  postal_code VARCHAR(20),
  CONSTRAINT pk_person PRIMARY KEY (person_id)
 );
```

在上述语句中，除了最后一项，其他部分的含义显而易见。在定义数据表时，需要告

---

① pasta 和 spaghetti 均指"意大利面"。　　——译者注

知数据库服务器将哪一列或哪几列作为数据表的主键。这可以通过在数据表上创建约束（constraint）来实现。数据表定义中可加入多种类型的约束。上述语句中的约束为主键约束，它创建在 person_id 列上并被命名为 pk_person。

继续讨论约束，对 person 数据表而言，还有另一种约束也能派上用场。在表 2-6 中，我添加了第 3 列，用于展示某些列允许出现的值（比如 eye_color 列的'BR'和'BL'）。可以添加检查约束（check constraint）来限制特定列的值。MySQL 允许在定义列时关联检查约束，如下所示：

```
eye_color CHAR(2) CHECK (eye_color IN ('BR','BL','GR')),
```

检查约束在大多数数据库服务器中都能够如所期望的那样工作，然而，MySQL 虽然允许定义检查约束，但并不强制使用。实际上，MySQL 提供了另一种名为 enum 的字符数据类型，将检查约束并入了数据类型定义：

```
eye_color ENUM('BR','BL','GR'),
```

下面是 person 数据表的定义，其中包含数据类型为 enum 的 eye_color 列：

```
CREATE TABLE person
 (person_id SMALLINT UNSIGNED,
  fname VARCHAR(20),
  lname VARCHAR(20),
  eye_color ENUM('BR','BL','GR'),
  birth_date DATE,
  street VARCHAR(30),
  city VARCHAR(20),
  state VARCHAR(20),
  country VARCHAR(20),
  postal_code VARCHAR(20),
  CONSTRAINT pk_person PRIMARY KEY (person_id)
 );
```

在本章的后续部分，你会看到如果向列中添加了违反检查约束（在 MySQL 中则为枚举值）的数据会有什么后果。

现在就可以使用命令行工具 mysql 运行 create table 语句了。如下所示：

```
mysql> CREATE TABLE person
    -> (person_id SMALLINT UNSIGNED,
    ->  fname VARCHAR(20),
    ->  lname VARCHAR(20),
    ->  eye_color ENUM('BR','BL','GR'),
    ->  birth_date DATE,
    ->  street VARCHAR(30),
    ->  city VARCHAR(20),
    ->  state VARCHAR(20),
    ->  country VARCHAR(20),
```

```
    -> postal_code VARCHAR(20),
    -> CONSTRAINT pk_person PRIMARY KEY (person_id)
    -> );
Query OK, 0 rows affected (0.37 sec)
```

处理完 create table 语句之后，MySQL 服务器返回消息"Query OK, 0 rows affected"，告知用户该语句没有语法错误。

如果你想确认 person 数据表的确已经创建好了，可以使用 describe 命令（或者简写为 desc）查看数据表定义：

```
mysql> desc person;
+-------------+----------------------+------+-----+---------+-------+
| Field       | Type                 | Null | Key | Default | Extra |
+-------------+----------------------+------+-----+---------+-------+
| person_id   | smallint(5) unsigned | NO   | PRI | NULL    |       |
| fname       | varchar(20)          | YES  |     | NULL    |       |
| lname       | varchar(20)          | YES  |     | NULL    |       |
| eye_color   | enum('BR','BL','GR') | YES  |     | NULL    |       |
| birth_date  | date                 | YES  |     | NULL    |       |
| street      | varchar(30)          | YES  |     | NULL    |       |
| city        | varchar(20)          | YES  |     | NULL    |       |
| state       | varchar(20)          | YES  |     | NULL    |       |
| country     | varchar(20)          | YES  |     | NULL    |       |
| postal_code | varchar(20)          | YES  |     | NULL    |       |
+-------------+----------------------+------+-----+---------+-------+
10 rows in set (0.00 sec)
```

执行 describe 命令后输出的第 1 列和第 2 列的含义显而易见，第 3 列显示该列是否可以在插入数据时被忽略。这一点暂时先不讨论（在"什么是 null"部分中略作介绍），留到第 4 章详细讲解。第 4 列显示该列是否作为键（主键或外键），在本例中，person_id 列被标记为主键。第 5 列显示该列如果在插入数据时被忽略，是否向其填充默认值。第 6 列（Extra）显示适用于某列的其他相关信息。

什么是 null？

在某些情况下，不可能或不适合向数据表中的某列提供具体的值。例如，在添加新客户订单数据时，ship_date 列还无法确定。此时，称该列为 null（注意，我并没有说该列等于 null），以指明缺失的值。null 被用于各种无法提供值的情况，比如：

- 不适用；
- 未知；
- 空集。

在创建数据表时，可以指定哪些列允许为 null（默认），哪些列不允许为 null（在类型定义后添加关键字 not null）。

---

person 数据表已经创建好了，接下来创建 favorite_food 数据表：

```
mysql> CREATE TABLE favorite_food
    -> (person_id SMALLINT UNSIGNED,
    -> food VARCHAR(20),
    -> CONSTRAINT pk_favorite_food PRIMARY KEY (person_id, food),
    -> CONSTRAINT fk_fav_food_person_id FOREIGN KEY (person_id)
    -> REFERENCES person (person_id)
    -> );
Query OK, 0 rows affected (0.10 sec)
```

看起来和创建 person 数据表的 create table 语句差不多，除了下列不同：

- 由于一个人可能有多种喜爱的食物（这也是创建本表的首要原因），仅靠 person_id 列不能保证数据的唯一性，因此本表的主键包含两列：person_id 和 food。

- favorite_food 数据表包含了另一种约束，即外键约束（foreign key constraint），它限制了 favorite_food 数据表中 person_id 列的值只能够来自 person 数据表。通过这种约束，当 person 数据表中没有 person_id 为 27 的记录时，不可以向 favorite_food 数据表中添加 person_id 为 27、喜爱食物为比萨饼的数据行。

 如果一开始创建数据表的时候忘了设置外键约束，随后可以通过 alter table 语句添加。

执行 create table 语句之后，使用 describe 查看数据表结构：

```
mysql> desc favorite_food;
+-----------+---------------------+------+-----+---------+-------+
| Field     | Type                | Null | Key | Default | Extra |
+-----------+---------------------+------+-----+---------+-------+
| person_id | smallint(5) unsigned | NO  | PRI | NULL    |       |
| food      | varchar(20)         | NO   | PRI | NULL    |       |
+-----------+---------------------+------+-----+---------+-------+
2 rows in set (0.00 sec)
```

数据表现在已经准备好了，下一步就是添加数据了。

2.5　填充和修改数据表

随着数据表 person 和 favorite_food 的就绪，现在可以开始学习 4 个 SQL 数据语句了：insert、update、delete 和 select。

2.5.1　插入数据

因为这两个数据表中还没有数据，所以第一个要介绍的 SQL 数据语句就是 insert 语句。

该语句由三个主要部分组成：

- 要向其中添加数据的数据表名称；

- 要插入数据的列的名称；

- 要插入的数据。

并不需要向数据表中的每一列提供数据（除非所有列都被定义为 not null）。在某些情况下，未包含在初始 insert 语句中的那些列可以随后通过 update 语句赋值。有时候，某列中的特定行可能始终得不到值（比如在发货前被取消的客户订单，会导致 ship_date 列不再适用）。

1．生成数值型主键数据

在向 person 数据表中插入数据之前，先讨论一下如何生成数值型主键还是有帮助的。除了随机选择数字，还有以下两种选择：

- 找到当前数据表中的最大值，然后加 1；

- 由数据库服务器提供。

尽管第一种选择看起来是合理的，但在多用户环境下会出现问题，因为两个用户可能会在同一时间访问数据表并生成两个相同的主键值。对此，如今市面上所有的数据库服务器都提供了一种安全稳健的方法来生成数值型主键。在一些数据库服务器中，如 Oracle Database，使用称为序列（sequence）的独立模式对象（schema object）；在 MySQL 中，只需简单地为主键列启用自增（auto-increment）特性。通常来说，应该在创建数据表时就完成此项工作，不过这也给了我们一个机会来学习另一个 SQL 模式语句：alter table。该语句用于修改已有的数据表定义：

```
ALTER TABLE person MODIFY person_id SMALLINT UNSIGNED AUTO_INCREMENT;
```

上述语句重新定义了 person 数据表中的 person_id 列。如果查看数据表结构，你会看到出现在 person_id 的 Extra 列中的特性 auto_increment：

```
mysql> DESC person;
+-----------+--------------------+------+-----+---------+----------------+
| Field     | Type               | Null | Key | Default | Extra          |
+-----------+--------------------+------+-----+---------+----------------+
| person_id | smallint(5) unsigned | NO   | PRI | NULL    | auto_increment |
| .         |                    |      |     |         |                |
| .         |                    |      |     |         |                |
| .         |                    |      |     |         |                |
```

向 person 数据表插入数据时，只需向 person_id 列提供 null 值，MySQL 会用下一个可用数值填充该列（默认情况下，MySQL 从 1 开始自增）。

2．insert 语句

一切就绪，可以开始添加数据了。下面的语句在 person 数据表中为 William Turner 创建
了一行：

```
mysql> INSERT INTO person
    ->    (person_id, fname, lname, eye_color, birth_date)
    -> VALUES (null, 'William','Turner', 'BR', '1972-05-27');
Query OK, 1 row affected (0.22 sec)
```

反馈信息（"Query OK, 1 row affected"）表明语句的语法没有问题，已经成功地向数据
库添加了一行（因为这是 insert 语句）。你可以使用 select 语句查看刚才新加入数据表
的数据：

```
mysql> SELECT person_id, fname, lname, birth_date
    -> FROM person;
+-----------+---------+--------+------------+
| person_id | fname   | lname  | birth_date |
+-----------+---------+--------+------------+
|         1 | William | Turner | 1972-05-27 |
+-----------+---------+--------+------------+
1 row in set (0.06 sec)
```

如上所示，MySQL 服务器为主键生成的值为 1。因为现在 person 数据表中只有一行，
所以此处省略了查询条件，只是简单地检索出数据表中的所有行。如果数据表中不止
一行，可以添加 where 子句，检索出 person_id 列值为 1 的行：

```
mysql> SELECT person_id, fname, lname, birth_date
    -> FROM person
    -> WHERE person_id = 1;
+-----------+---------+--------+------------+
| person_id | fname   | lname  | birth_date |
+-----------+---------+--------+------------+
|         1 | William | Turner | 1972-05-27 |
+-----------+---------+--------+------------+
1 row in set (0.00 sec)
```

尽管上述查询指定的是特定的主键值，但是也可以使用数据表中的任意列来搜索行，
下列查询搜索 lname 列为'Turner'的所有行：

```
mysql> SELECT person_id, fname, lname, birth_date
    -> FROM person
    -> WHERE lname = 'Turner';
+-----------+---------+--------+------------+
| person_id | fname   | lname  | birth_date |
+-----------+---------+--------+------------+
|         1 | William | Turner | 1972-05-27 |
+-----------+---------+--------+------------+
1 row in set (0.00 sec)
```

在继续讨论之前，之前的 insert 语句中有几处地方值得一提。

- 没有为任何地址列提供值。这没有关系，因为这些列允许为 null。

- 为 birth_date 列提供的值为字符串，只要符合表 2-4 中列出的格式，MySQL 就会自动将字符串转换为日期。

- 语句中提供的列名和值在数量和类型上必须与数据表定义一致。如果数据表中有 7 列，但只提供了 6 个值，或者所提供的值不能被转换为适用于对应列的数据类型，就会产生错误。

William Turner 还提供了关于他喜爱的 3 种食物的信息，因此还需要 3 个 insert 语句来保存他的食物偏好：

```
mysql> INSERT INTO favorite_food (person_id, food)
    -> VALUES (1, 'pizza');
Query OK, 1 row affected (0.01 sec)
mysql> INSERT INTO favorite_food (person_id, food)
    -> VALUES (1, 'cookies');
Query OK, 1 row affected (0.00 sec)
mysql> INSERT INTO favorite_food (person_id, food)
    -> VALUES (1, 'nachos');
Query OK, 1 row affected (0.01 sec)
```

下面检索 William 喜爱的食物，并使用 order by 子句将食物按字母顺序排序：

```
mysql> SELECT food
    -> FROM favorite_food
    -> WHERE person_id = 1
    -> ORDER BY food;
+---------+
| food    |
+---------+
| cookies |
| nachos  |
| pizza   |
+---------+
3 rows in set (0.02 sec)
```

order by 子句告知服务器如何对查询返回的数据进行排序。如果没有该子句，对于检索得到的数据，无法保证特定的顺序。

为了让 William 不感到孤单，你可以执行另一个 insert 语句，向 person 数据表中添加 Susan Smith：

```
mysql> INSERT INTO person
    -> (person_id, fname, lname, eye_color, birth_date,
    -> street, city, state, country, postal_code)
    -> VALUES (null, 'Susan','Smith', 'BL', '1975-11-02',
```

```
        -> '23 Maple St.', 'Arlington', 'VA', 'USA', '20220');
Query OK, 1 row affected (0.01 sec)
```

Susan 友善地提供了自己的地址，所以相较于 William，我们多插入了 5 列数据。如果再次查询数据表，会发现 Susan 对应行的主键值为 2：

```
mysql> SELECT person_id, fname, lname, birth_date
    -> FROM person;
+-----------+--------+--------+------------+
| person_id | fname  | lname  | birth_date |
+-----------+--------+--------+------------+
|         1 | William | Turner | 1972-05-27 |
|         2 | Susan   | Smith  | 1975-11-02 |
+-----------+--------+--------+------------+
2 rows in set (0.00 sec)
```

可以获取 XML 格式的数据吗？

如果你要和 XML 数据打交道，会很高兴地看到大部分数据库服务器都已经提供了简便的方法来根据查询生成 XML 格式的输出。例如，对于 MySQL，可以在调用 mysql 工具时使用 --xml 选项，所有查询的输出都会自动转换成 XML 格式。下面展示了如何获取 XML 文档格式的食物偏好数据：

```
C:\database> mysql -u lrngsql -p --xml bank
Enter password: xxxxxx
Welcome to the MySQL Monitor...

Mysql> SELECT * FROM favorite_food;
<?xml version="1.0"?>

<resultset statement="select * from favorite_food"
xmlns:xsi="http://www.w3.org/2001/XMLSchema-instance">
  <row>
        <field name="person_id">1</field>
        <field name="food">cookies</field>
  </row>
  <row>
        <field name="person_id">1</field>
        <field name="food">nachos</field>
  </row>
  <row>
        <field name="person_id">1</field>
        <field name="food">pizza</field>
  </row>
</resultset>
3 rows in set (0.00 sec)
```

对于 SQL Server，则无须配置命令行工具，只需要在查询末尾添加 for xml 子句：

```
SELECT * FROM favorite_food
FOR XML AUTO, ELEMENTS
```

2.5.2　更新数据

最初向数据表中添加 William Turner 的相关数据时，未在 insert 语句中加入其地址信息。下列语句展示了随后如何通过 update 语句填充相关的列：

```
mysql> UPDATE person
    -> SET street = '1225 Tremont St.',
    ->   city = 'Boston',
    ->   state = 'MA',
    ->   country = 'USA',
    ->   postal_code = '02138'
    -> WHERE person_id = 1;
Query OK, 1 row affected (0.04 sec)
Rows matched: 1  Changed: 1  Warnings: 0
```

服务器返回两行响应消息："Rows matched: 1"提示数据表中有一行符合 where 子句中给出的条件，"Changed: 1"提示数据表中有一行被修改。因为 where 子句指定了 William 所在行的主键值，所以结果和预期的一模一样。

根据 where 子句中给出的条件，也可以使用单个语句修改多行。考虑下列 where 子句的执行结果：

```
WHERE person_id < 10
```

因为 William 和 Susan 的 person_id 值都小于 10，所以两者对应的行都会被修改。如果省略 where 子句，update 语句会修改数据表中的每一行。

2.5.3　删除数据

William 和 Susan 看起来实在合不来，其中一个人只能离开。因为 William 先来，所以只能删除 Susan 了：

```
mysql> DELETE FROM person
    -> WHERE person_id = 2;
Query OK, 1 row affected (0.01 sec)
```

同样，主键用于期望选定的行，因此只从数据表中删除一行。和 update 语句一样，可以根据 where 子句中给出的条件删除多行，如果忽略 where 子句，则会删除所有行。

2.6　常见错误及响应

到目前为止，本章所有的 SQL 数据语句都符合语法并遵循规则。然而，根据数据表

person 和 favorite_food 的定义，在插入或修改数据时，容易出现不少错误。本节将展示可能遇到的一些常见的错误以及 MySQL 服务器如何响应。

2.6.1　非唯一的主键

由于数据表定义中包含主键约束，因此 MySQL 会确保重复的主键值不会被插入数据表中。下列语句忽略了 person_id 列的自增特性，将 person 数据表中另一行的 person_id 值设为 1：

```
mysql> INSERT INTO person
    -> (person_id, fname, lname, eye_color, birth_date)
    -> VALUES (1, 'Charles','Fulton', 'GR', '1968-01-15');
ERROR 1062 (23000): Duplicate entry '1' for key 'PRIMARY'
```

只要保证 person_id 列的值不同，完全可以创建两个具有相同的姓名、地址、出生日期等列的数据行（至少在当前的模式对象中如此）。

2.6.2　不存在的外键

favorite_food 数据表定义包括在 person_id 列上创建的外键约束。该约束确保 favorite_food 数据表中 person_id 列的所有值都来自 person 数据表。下面展示了如果在创建行时违反这一约束的结果：

```
mysql> INSERT INTO favorite_food (person_id, food)
    -> VALUES (999, 'lasagna');
ERROR 1452 (23000): Cannot add or update a child row: a foreign key constraint
fails ('sakila'.'favorite_food', CONSTRAINT 'fk_fav_food_person_id' FOREIGN
KEY('person_id') REFERENCES 'person' ('person_id'))
```

在这个示例中，由于 favorite_food 数据表的部分数据依赖 person 数据表，因此可以将 favorite_food 数据表视为子表，将 person 数据表视为父表。如果需要向这两个表中插入数据，必须在 favorite_food 中插入数据前，先在 person 中创建一行。

 仅当使用 InnoDB 存储引擎创建数据表时，外键约束才是强制的。我们会在第 12 章讨论 MySQL 的存储引擎。

2.6.3　列值违规

person 数据表中的 eye_color 列将取值限制为'BR'（棕色）、'BL'（蓝色）、'GR'（绿色）。如果你试图错误地对该列设置其他值，会得到如下响应：

```
mysql> UPDATE person
    -> SET eye_color = 'ZZ'
    -> WHERE person_id = 1;
```

```
ERROR 1265 (01000): Data truncated for column 'eye_color' at row 1
```

该错误消息有点不好理解，它可以让你大概了解到，服务器对所提供的 eye_color 列的值不满意。

2.6.4　无效的日期转换

如果用于填充日期类型列的字符串不符合要求的格式，会产生错误。下面的示例中使用的日期格式不符合默认的日期格式（YYYY-MM-DD）：

```
mysql> UPDATE person
    -> SET birth_date = 'DEC-21-1980'
    -> WHERE person_id = 1;
ERROR 1292 (22007): Incorrect date value: 'DEC-21-1980' for column
'birth_date' at row 1
```

一般而言，最好是明确指定格式化字符串，而不是依赖默认格式。下列语句使用 str_to_date 函数指定了格式化字符串：

```
mysql> UPDATE person
    -> SET birth_date = str_to_date('DEC-21-1980' , '%b-%d-%Y')
    -> WHERE person_id = 1;
Query OK, 1 row affected (0.12 sec)
Rows matched: 1  Changed: 1  Warnings: 0
```

数据库服务器和 William 皆大欢喜。（我们让 William 年轻了 8 岁，省下了昂贵的整容手术费！）

本章之前讨论各种各种时间数据类型时，展示过如"YYYY-MM-DD"这样的日期格式化字符串。尽管很多数据库服务器都采用这种格式化风格，但 MySQL 使用"%Y"来指定 4 位数字的年份。下面是一些在 MySQL 中将字符串转换为 datetime 类型时可能会用到的格式化字符：

%a 星期几的简写，比如 Sun、Mon、...

%b 月份名称的简写，比如 Jan、Feb、...

%c 月份的数字形式（0...12）

%d 月份中的天数（00...31）

%f 微秒数（000000...999999）

%H 24 小时制中的小时（00...23）

%h 12 小时制中的小时（01...12）

%i 小时中的分钟数（00...59）

%j 一年中的天数（001…366）

%M 月份的全称（January…December）

%m 月份的数值形式

%p AM 或 PM

%s 秒数（00…59）

%W 星期几的全称（Sunday…Saturday）

%w 一星期中的天数（0=周日；6=周六）

%Y 4 位数字表示的年份

2.7 Sakila 数据库

在本书的剩余部分中，大多数示例都要用到样本数据库 Sakila（可从异步社区下载，具体下载方式可见 2.1 节），它是由一位就职于 MySQL 的热心人士开发的[①]。这个数据库的模型是一家 DVD 租借连锁店，虽然有点过时，但只要发挥一点想象力，就可以将其重新包装成视频流公司。其中部分数据表包括 customer、film、actor、payment、rental 和 category。当按照本章开头给出的步骤加载 MySQL 服务器并生成样本数据时，整个模式以及相关数据应该就已经创建好了。数据表和列以及其相互关系的图表，参见附录 A。

表 2-9 展示了 Sakila 模式中用到的一些数据表及其简要的定义。

表 2-9　Sakila 模式定义

数据表名称	定义
film	已发行且可租借的电影
actor	演员
customer	观看电影的客户
category	电影类别
payment	租借付款信息
language	电影语言
film_actor	电影演员
inventory	可租借的电影

你可以用这些数据表进行各种试验，包括添加自己的数据表来扩展业务功能。如果你

① Sakila 样本数据库最初由 MySQL AB 文档团队的前成员 Mike Hillyer 开发。——译者注

不希望样本数据有变，可以随时删除数据库，并从下载的文件中重新创建。如果你使用的是临时会话，其间所做的任何修改都会在会话关闭时丢失，所以你可能想保留一个变更脚本，以便可以重现所做的任何修改。

如果想查看数据库中可用的数据表，可以使用 show tables 命令：

```
mysql> show tables;
+----------------------------+
| Tables_in_sakila           |
+----------------------------+
| actor                      |
| actor_info                 |
| address                    |
| category                   |
| city                       |
| country                    |
| customer                   |
| customer_list              |
| film                       |
| film_actor                 |
| film_category              |
| film_list                  |
| film_text                  |
| inventory                  |
| language                   |
| nicer_but_slower_film_list |
| payment                    |
| rental                     |
| sales_by_film_category     |
| sales_by_store             |
| staff                      |
| staff_list                 |
| store                      |
+----------------------------+
23 rows in set (0.02 sec)
```

除了 Sakila 模式中的 23 个数据表，可能还包括本章中创建的两个数据表：person 和 favorite_food。这两个表在后续章节中不会再使用，可以放心地使用下列语句将其删除：

```
mysql> DROP TABLE favorite_food;
Query OK, 0 rows affected (0.56 sec)
mysql> DROP TABLE person;
Query OK, 0 rows affected (0.05 sec)
```

如果想查看数据表中的列，可以使用 describe 语句。下面是 customer 数据表的 describe 语句输出：

```
mysql> desc customer;
+-------------+-------------+------+-----+-----------+--------------------+
| Field       | Type        | Null | Key | Default   | Extra              |
+-------------+-------------+------+-----+-----------+--------------------+
| customer_id | smallint(5) | NO   | PRI | NULL      | auto_increment     |
|             | unsigned    |      |     |           |                    |
| store_id    | tinyint(3)  | NO   | MUL | NULL      |                    |
|             | unsigned    |      |     |           |                    |
| first_name  | varchar(45) | NO   |     | NULL      |                    |
| last_name   | varchar(45) | NO   | MUL | NULL      |                    |
| email       | varchar(50) | YES  |     | NULL      |                    |
| address_id  | smallint(5) | NO   | MUL | NULL      |                    |
|             | unsigned    |      |     |           |                    |
| active      | tinyint(1)  | NO   |     | 1         |                    |
| create_date | datetime    | NO   |     | NULL      |                    |
| last_update | timestamp   | YES  |     | CURRENT_  | DEFAULT_GENERATED on |
|             |             |      |     | TIMESTAMP | update CURRENT_    |
|             |             |      |     |           | TIMESTAMP          |
+-------------+-------------+------+-----+-----------+--------------------+
```

你对样本数据库越熟悉，就越能更好地理解后续章节中的示例以及概念。

第 3 章

查询入门

至此，本书在前两章中已经介绍了一些数据库查询的示例（也就是 select 语句），接下来将详细讨论 select 语句的各组成部分以及它们之间是如何交互的。阅读本章之后，你应该对数据的检索、连接、过滤、分组和排序有一个基本的了解，这些主题将在第 4 章到第 10 章中详细讲解。

3.1 查询机制

在剖析 select 语句之前，不妨先了解一下 MySQL 服务器（或者说，任何数据库服务器）是如何执行查询的。首先打开命令行工具 mysql（假设你使用的是该工具），然后使用用户名和密码登录 MySQL 服务器（如果 MySQL 服务器运行在另一台计算机上，还需要提供主机名）。只要服务器通过对用户名和密码的验证，就会生成一个数据库连接。该连接由发起请求的应用程序（在本例中为 mysql 工具）保持，直到应用程序释放它（输入 quit）或服务器断开连接（服务器关闭）。每个 MySQL 服务器连接都会获得一个标识符，在首次登录时显示：

```
Welcome to the MySQL monitor. Commands end with ; or \g.
Your MySQL connection id is 11
Server version: 8.0.15 MySQL Community Server - GPL

Copyright (c) 2000, 2019, Oracle and/or its affiliates. All rights reserved.
Oracle is a registered trademark of Oracle Corporation and/or its
affiliates. Other names may be trademarks of their respective
owners.
Type 'help;' or '\h' for help. Type '\c' to clear the buffer.
```

本例中，连接 ID 为 11。如果出现什么差错，比如运行了数个小时的异常查询，数据库管理员可以利用该信息将其终止。

服务器验证用户名和密码并建立好连接之后，就可以执行查询（以及其他 SQL 语句）了。每当服务器接收到查询，在执行语句之前，会先检查下列事项。

- 是否有权限执行该语句？

- 是否有权限访问指定的数据？

- 语句的语法是否正确？

如果查询语句通过了这 3 项测试，就会被传递给查询优化器，它负责确定有效的查询执行方法。优化器会查看 from 子句之后各个数据表的连接顺序以及可用索引等内容，然后选择一种执行方案，服务器用其来执行查询。

> 理解并影响数据库服务器选择执行计划的方式是一个吸引人的话题，许多人都想对此进行探索。对于那些使用 MySQL 的读者来说，可以考虑阅读 Schwartz 等人著作的 *High Performance MySQL*（O'Reilly）。除此之外，还可以在本书中学到如何生成索引、分析执行计划、通过查询提示来影响优化器，以及优化服务器的启动参数等内容。如果你使用的是 Oracle Database 或 SQL Server，则可供选择的调优图书的数量有更多。

服务器完成查询后，会向发起查询的应用程序（这里是 mysql 工具）返回结果集。我在第 1 章的时候提到过，结果集就是包含行和列的另一张数据表而已。如果没有查询到结果，mysql 工具会在末尾显示消息：

```
mysql> SELECT first_name, last_name
    -> FROM customer
    -> WHERE last_name = 'ZIEGLER';
Empty set (0.02 sec)
```

如果查询返回一行或多行，mysql 工具会添加列名，使用-、|和+组成边框来格式化结果，如下列所示：

```
mysql> SELECT *
    -> FROM category;
+-------------+-------------+---------------------+
| category_id | name        | last_update         |
+-------------+-------------+---------------------+
|           1 | Action      | 2006-02-15 04:46:27 |
|           2 | Animation   | 2006-02-15 04:46:27 |
|           3 | Children    | 2006-02-15 04:46:27 |
|           4 | Classics    | 2006-02-15 04:46:27 |
|           5 | Comedy      | 2006-02-15 04:46:27 |
|           6 | Documentary | 2006-02-15 04:46:27 |
|           7 | Drama       | 2006-02-15 04:46:27 |
|           8 | Family      | 2006-02-15 04:46:27 |
|           9 | Foreign     | 2006-02-15 04:46:27 |
```

```
|            10 | Games          | 2006-02-15 04:46:27 |
|            11 | Horror         | 2006-02-15 04:46:27 |
|            12 | Music          | 2006-02-15 04:46:27 |
|            13 | New            | 2006-02-15 04:46:27 |
|            14 | Sci-Fi         | 2006-02-15 04:46:27 |
|            15 | Sports         | 2006-02-15 04:46:27 |
|            16 | Travel         | 2006-02-15 04:46:27 |
+------------+-------------+---------------------+
16 rows in set (0.02 sec)
```

该查询返回 category 数据表中所有行的所有列。在最后一行数据之后，mysql 工具会显示一条消息，告知你一共返回了多少行，在本例中，返回了 16 行。

3.2　查询子句

select 语句由多个部分或子句组成。虽然在使用 MySQL 时只有其中一个是强制性的（select 子句），但通常至少要包含 6 个可用子句中的 2 个或 3 个。表 3-1 展示了不同的子句及其作用。

表 3-1　查询子句

子句名称	作用
select	决定查询结果集中包含哪些列
from	指明从哪些数据表中检索数据以及数据表如何连接
where	过滤掉不需要的数据
group by	用于对具有相同列值的行进行分组
having	过滤掉不需要的分组
order by	根据一个或多个列对最终结果集中的行进行排序

表 3-1 中显示的所有子句都包含在 ANSI 规范中。本章的后续部分将深入学习 6 个主要查询子句的用法。

3.3　select 子句

尽管 select 子句是 select 语句中的第一个子句，但最后才会被数据库服务器评估。因为在决定最终结果集包含哪些列之前，必须先要知道结果集中可能包含的所有列。为了全面理解 select 子句的作用，需要先了解一下 from 子句。先来看下面的查询：

```
mysql> SELECT *
    -> FROM language;
+-------------+----------+---------------------+
| language_id | name     | last_update         |
```

```
+------------+----------+---------------------+
|          1 | English  | 2006-02-15 05:02:19 |
|          2 | Italian  | 2006-02-15 05:02:19 |
|          3 | Japanese | 2006-02-15 05:02:19 |
|          4 | Mandarin | 2006-02-15 05:02:19 |
|          5 | French   | 2006-02-15 05:02:19 |
|          6 | German   | 2006-02-15 05:02:19 |
+------------+----------+---------------------+
6 rows in set (0.03 sec)
```

在这个查询中，from 子句指定单个数据表（language），select 子句指定 language 数据表中的所有列（使用*）都应该包含在结果集中。该查询可以用自然语言描述为：

显示 language 数据表中的所有列和行。

除了通过星号字符指定所有的列，你也可以明确指定需要的列名，比如：

```
mysql> SELECT language_id, name, last_update
    -> FROM language;
+------------+----------+---------------------+
| language_id | name    | last_update         |
+------------+----------+---------------------+
|          1 | English  | 2006-02-15 05:02:19 |
|          2 | Italian  | 2006-02-15 05:02:19 |
|          3 | Japanese | 2006-02-15 05:02:19 |
|          4 | Mandarin | 2006-02-15 05:02:19 |
|          5 | French   | 2006-02-15 05:02:19 |
|          6 | German   | 2006-02-15 05:02:19 |
+------------+----------+---------------------+
6 rows in set (0.00 sec)
```

该结果和第一个查询的结果一模一样，因为 select 子句中指明了 language 数据表中的所有列（language_id、name 和 last_update）。也可以只选择 language 数据表的部分列：

```
mysql> SELECT name
    -> FROM language;
+----------+
| name     |
+----------+
| English  |
| Italian  |
| Japanese |
| Mandarin |
| French   |
| German   |
+----------+
6 rows in set (0.00 sec)
```

因此，select 子句的任务如下：

select 子句决定哪些列应该包含在查询的结果集中。

如果只能包含 from 子句中指明的那些数据表中的列，未免太无趣了，可以加入下列内容，让 select 子句更丰富些。

- 字面量，比如数值或字符串。
- 表达式，比如 transaction.amount * −1。
- 内建函数调用，比如 ROUND(transaction.amount, 2)。
- 用户自定义函数调用。

接下来的查询演示了数据表列、字面量、表达式以及内建函数调用在针对 language 数据表的单个查询中的应用：

```
mysql> SELECT language_id,
    ->   'COMMON' language_usage,
    ->   language_id * 3.1415927 lang_pi_value,
    ->   upper(name) language_name
    -> FROM language;
+-------------+----------------+---------------+---------------+
| language_id | language_usage | lang_pi_value | language_name |
+-------------+----------------+---------------+---------------+
|           1 | COMMON         |     3.1415927 | ENGLISH       |
|           2 | COMMON         |     6.2831854 | ITALIAN       |
|           3 | COMMON         |     9.4247781 | JAPANESE      |
|           4 | COMMON         |    12.5663708 | MANDARIN      |
|           5 | COMMON         |    15.7079635 | FRENCH        |
|           6 | COMMON         |    18.8495562 | GERMAN        |
+-------------+----------------+---------------+---------------+
6 rows in set (0.04 sec)
```

我们随后会详细介绍表达式和内建函数，现在可以先感受一下 select 子句中可以包含哪些内容。如果只需要执行内建函数或对简单的表达式求值，则完全可以省略 from 子句。下面是一个示例：

```
mysql> SELECT version(),
    ->   user(),
    ->   database();
+-----------+----------------+------------+
| version() | user()         | database() |
+-----------+----------------+------------+
| 8.0.15    | root@localhost | sakila     |
+-----------+----------------+------------+
1 row in set (0.00 sec)
```

因为该查询只是调用了 3 个内建函数，没有从任何数据表中检索数据，所以不需要 from 子句。

3.3.1 列的别名

尽管 mysql 工具为查询返回的各列生成了标签，但你可能想使用自己定义的标签（如果对原先的列名不满意或是含义模糊）。除此之外，你几乎肯定想为表达式或内建函数调用所生成的结果集中的列再起个名字。这可以通过在 select 子句中的每个元素后面添加列的别名（column alias）来实现。下面是对 language 数据表的查询，为其中的 3 列定义了别名：

```
mysql> SELECT language_id,
    ->    'COMMON' language_usage,
    ->    language_id * 3.1415927 lang_pi_value,
    ->    upper(name) language_name
    -> FROM language;
+-------------+----------------+---------------+---------------+
| language_id | language_usage | lang_pi_value | language_name |
+-------------+----------------+---------------+---------------+
|           1 | COMMON         |     3.1415927 | ENGLISH       |
|           2 | COMMON         |     6.2831854 | ITALIAN       |
|           3 | COMMON         |     9.4247781 | JAPANESE      |
|           4 | COMMON         |    12.5663708 | MANDARIN      |
|           5 | COMMON         |    15.7079635 | FRENCH        |
|           6 | COMMON         |    18.8495562 | GERMAN        |
+-------------+----------------+---------------+---------------+
6 rows in set (0.04 sec)
```

查看 select 子句，你会看到在第 2 列、第 3 列和第 4 列之后分别加入了对应列的别名 language_usage、lang_pi_value 和 language_name。我想你也会同意这样的输出更易于理解，如果不是通过交互式的 mysql 工具，而是在 Java 或 Python 中发出查询，这样也更利于编程。为了使列的别名更加清晰可见，也可以在别名前使用 as 关键字：

```
mysql> SELECT language_id,
    ->    'COMMON' AS language_usage,
    ->    language_id * 3.1415927 AS lang_pi_value,
    ->    upper(name) AS language_name
    -> FROM language;
```

很多人觉得添加可选的 as 关键字能够提高可读性，不过在本书的示例中，我选择不使用 as。

3.3.2 移除重复数据

在有些情况下，查询可能会返回重复的数据行。如果你想检索出现在某部电影中的所有演员的 ID，会查询到下列结果：

```
mysql> SELECT actor_id FROM film_actor ORDER BY actor_id;
+----------+
| actor_id |
+----------+
|        1 |
|        1 |
|        1 |
|        1 |
```

```
|         1 |
|         1 |
|         1 |
|         1 |
|         1 |
|         1 |
...
|       200 |
|       200 |
|       200 |
|       200 |
|       200 |
|       200 |
|       200 |
|       200 |
|       200 |
+-----------+
5462 rows in set (0.01 sec)
```

因为有些演员参演了不止一部电影，所以会多次看到相同的演员 ID。在这种情况下，想要的应该是一组不同的演员，而不是演员的 ID 对于该演员参演的多部电影重复出现。你可以通过在 select 后面直接添加关键字 distinct 来实现，如下所示：

```
mysql> SELECT DISTINCT actor_id FROM film_actor ORDER BY actor_id;
+-----------+
| actor_id  |
+-----------+
|         1 |
|         2 |
|         3 |
|         4 |
|         5 |
|         6 |
|         7 |
|         8 |
|         9 |
|        10 |
...
|       192 |
|       193 |
|       194 |
|       195 |
|       196 |
|       197 |
|       198 |
|       199 |
|       200 |
+-----------+
200 rows in set (0.01 sec)
```

结果集中现在包含 200 行，每行都表示不同的演员，不再是以前的 5,462 行（每行对应演员参演的一部电影）。

如果只是想列出所有的演员，可以查询 actor 数据表，而不需要读取 film_actor 数据表的所有行，然后再移除重复数据。

如果不想让服务器移除重复数据或者确定结果集中不会出现重复数据，可以使用关键字 all 代替 distinct。不过，关键字 all 是默认的，不需要指明，所以大部分程序员都不会在查询中加入 all。

记住，生成一组不同的结果时需要对数据进行排序，这对于大型结果集会很耗时。不要陷入为了确保没有重复数据而使用 distinct 的陷阱，而应该花时间充分理解所处理的数据，以便了解是否可能出现重复数据。

3.4 from 子句

到目前为止，我们遇到的都是 from 子句只包含单个数据表的查询语句。尽管大多数 SQL 相关的图书将 from 子句简单地定义为一系列数据表，但在这里我要将这个概念扩展如下：

> from 子句定义了查询要用到的数据表以及连接数据表的方式。

该定义包含了两个独立且相关的概念，下面我们来逐一讲解。

3.4.1 数据表

在面对术语“数据表”的时候，大多数人联想到的是存储在数据库中的一系列相关的行。尽管这确实描述了一种类型的数据表，但我想剔除任何与数据存储方式有关的概念，而只关注相关行的集合，以此来通过更通用的方式使用该术语。符合这种宽泛定义的数据表有 4 种：

- 永久数据表（使用 create table 语句创建）；
- 派生数据表（由子查询返回并保存在内存中的行）；
- 临时数据表（保存在内存中的易失数据）；
- 虚拟数据表（使用 create view 语句创建）。

上述每种数据表都可以放入查询的 from 子句。目前，你应该已经熟悉了 from 子句中的永久数据表，所以接下来我将简要地描述其他几种类型。

1. 派生（由子查询生成）数据表

子查询是包含在另一个查询中的查询。子查询由一对小括号包围，可以出现在 select 语句的各个部分中。在 from 子句中，子查询的作用在于生成其他所有查询子句中可见的派生数据表，以及与 from 子句中的其他数据表交互。下面来看一个简单的示例：

```
mysql> SELECT concat(cust.last_name, ', ', cust.first_name) full_name
    -> FROM
    -> (SELECT first_name, last_name, email
    -> FROM customer
    -> WHERE first_name = 'JESSIE'
    -> ) cust;
+---------------+
| full_name     |
+---------------+
| BANKS, JESSIE |
| MILAM, JESSIE |
+---------------+
2 rows in set (0.00 sec)
```

在本例中，customer 数据表的子查询返回 3 列，外围查询（containing query）引用了其中的 2 列。子查询由外围查询通过其别名 cust 进行引用。cust 的数据在查询期间保存在内存中，随后就被丢弃。这里在 from 子句中给出子查询很简单，也没太大的实用性，我们会在第 9 章详细讨论子查询。

2. 临时数据表

尽管实现不同，但是所有的关系型数据库都允许定义易失性（或临时）数据表。这些表看起来就像永久数据表，但是插入其中的任何数据都会在某个时候（通常在事务结束或数据库会话关闭时）消失。下面这个简单的示例展示了如何临时存储姓氏以 J 开头的演员：

```
mysql> CREATE TEMPORARY TABLE actors_j
    ->  (actor_id smallint(5),
    ->   first_name varchar(45),
    ->   last_name varchar(45)
    ->  );
Query OK, 0 rows affected (0.00 sec)

mysql> INSERT INTO actors_j
    -> SELECT actor_id, first_name, last_name
    -> FROM actor
    -> WHERE last_name LIKE 'J%';
Query OK, 7 rows affected (0.03 sec)
Records: 7 Duplicates: 0 Warnings: 0

mysql> SELECT * FROM actors_j;
+----------+------------+-----------+
| actor_id | first_name | last_name |
```

```
+----------+-----------+-----------+
|      119 | WARREN    | JACKMAN   |
|      131 | JANE      | JACKMAN   |
|        8 | MATTHEW   | JOHANSSON |
|       64 | RAY       | JOHANSSON |
|      146 | ALBERT    | JOHANSSON |
|       82 | WOODY     | JOLIE     |
|       43 | KIRK      | JOVOVICH  |
+----------+-----------+-----------+
7 rows in set (0.00 sec)
```

这 7 行临时保留在内存中，会话结束后就消失了。

 大多数数据库服务器会在会话结束后丢弃临时数据表。Oracle Database 是一个例外，它会保留临时数据表定义，以备后续会话使用。

3. 视图

视图是存储在数据目录中的查询，其行为表现就像数据表，但是并没有与之关联的数据（这就是将其称为虚拟数据表的原因）。当查询视图时，该查询会与视图定义合并，以产生要执行的最终查询。

下面是一个查询 employee 数据表的视图定义，共包含 4 列：

```
mysql> CREATE VIEW cust_vw AS
    -> SELECT customer_id, first_name, last_name, active
    -> FROM customer;
Query OK, 0 rows affected (0.12 sec)
```

创建视图时，不会生成或存储额外的数据：服务器只是保留 select 语句，以备后用。有了视图，就可以向其发出查询了，如下所示：

```
mysql> SELECT first_name, last_name
    -> FROM cust_vw
    -> WHERE active = 0;
+-----------+-----------+
| first_name | last_name |
+-----------+-----------+
| SANDRA    | MARTIN    |
| JUDITH    | COX       |
| SHEILA    | WELLS     |
| ERICA     | MATTHEWS  |
| HEIDI     | LARSON    |
| PENNY     | NEAL      |
| KENNETH   | GOODEN    |
| HARRY     | ARCE      |
```

```
| NATHAN     | RUNYON    |
| THEODORE   | CULP      |
| MAURICE    | CRAWLEY   |
| BEN        | EASTER    |
| CHRISTIAN  | JUNG      |
| JIMMIE     | EGGLESTON |
| TERRANCE   | ROUSH     |
+-----------+-----------+
15 rows in set (0.00 sec)
```

创建视图的原因各种各样，包含对用户隐藏列、简化复杂的数据库设计。

3.4.2　数据表链接

由 from 子句的简单定义所引发的第二个偏差是，如果 from 子句中出现多个数据表，则必须包含用于链接（link）这些数据表的条件。MySQL 或其他任何数据库服务器都没有此类要求，但是这是 ANSI 认可的多数据表连接方法，也是最具可移植性的跨数据库服务器方法。我们将在第 5 章和第 10 章深入探讨多数据表连接，这里先给出一个简单的示例，以满足你的好奇心：

```
mysql> SELECT customer.first_name, customer.last_name,
    ->   time(rental.rental_date) rental_time
    -> FROM customer
    ->   INNER JOIN rental
    ->   ON customer.customer_id = rental.customer_id
    -> WHERE date(rental.rental_date) = '2005-06-14';
+-----------+-----------+-------------+
| first_name | last_name | rental_time |
+-----------+-----------+-------------+
| JEFFERY    | PINSON    | 22:53:33    |
| ELMER      | NOE       | 22:55:13    |
| MINNIE     | ROMERO    | 23:00:34    |
| MIRIAM     | MCKINNEY  | 23:07:08    |
| DANIEL     | CABRAL    | 23:09:38    |
| TERRANCE   | ROUSH     | 23:12:46    |
| JOYCE      | EDWARDS   | 23:16:26    |
| GWENDOLYN  | MAY       | 23:16:27    |
| CATHERINE  | CAMPBELL  | 23:17:03    |
| MATTHEW    | MAHAN     | 23:25:58    |
| HERMAN     | DEVORE    | 23:35:09    |
| AMBER      | DIXON     | 23:42:56    |
| TERRENCE   | GUNDERSON | 23:47:35    |
| SONIA      | GREGORY   | 23:50:11    |
| CHARLES    | KOWALSKI  | 23:54:34    |
| JEANETTE   | GREENE    | 23:54:46    |
+-----------+-----------+-------------+
16 rows in set (0.01 sec)
```

上述查询需要同时显示 customer（first_name、last_name）和 rental（rental_date）的数

据，因此这两个数据表都包含在 from 子句中。链接两个表的机制［称为连接（join）］是存储在数据表 customer 和 rental 中的客户 ID。因此，数据库服务器使用 customer 表中 customer_id 列的值在 rental 表中查找所有客户的租借情况。两个数据表的连接条件由 from 子句中的 on 子句指定，在本例中，连接条件为 ON customer.customer_id = rental.customer_id。where 子句不属于连接条件，而只是为了精简结果集，因为 rental 表中有超过 16,000 行数据。第 5 章将全面讨论多数据表连接。

3.4.3 定义数据表别名

在单个查询中连接多个数据表时，需要指明 select、where、group by、having 和 order by 子句中的列引用的是哪个数据表。在 from 子句之外引用数据表的方法有两种：

- 使用完整的数据表名称，比如 employee.emp_id；
- 为每个数据表指定别名，在查询中使用该别名。

在上个示例的查询中，在 select 和 on 子句中使用的是完整的数据表名称。下面还是相同的查询，只不过这次换用数据表别名：

```
SELECT c.first_name, c.last_name,
  time(r.rental_date) rental_time
FROM customer c
  INNER JOIN rental r
  ON c.customer_id = r.customer_id
WHERE date(r.rental_date) = '2005-06-14';
```

如果仔细查看 from 子句，会发现 customer 表的别名为 c，rental 表的别名为 r。这些别名随后在定义连接条件时被用于 on 子句，以及在指定结果集中该包含哪些列时被用于 select 子句。我希望你也同意这一点：使用别名可以在不造成困惑的情况下（只要选择合理的别名）编写出更紧凑的语句。另外，你也可以使用 as 关键字搭配数据表别名，类似于之前展示过的列别名：

```
SELECT c.first_name, c.last_name,
  time(r.rental_date) rental_time
FROM customer AS c
  INNER JOIN rental AS r
  ON c.customer_id = r.customer_id
WHERE date(r.rental_date) = '2005-06-14';
```

我发现与我共事的数据库开发人员中，在列别名和表别名中使用 as 关键字的人数占比约为 50%。

3.5 where 子句

有时候，你可能想检索数据表中的所有行，尤其是对于像 language 这样的小型表。但在大多数情况下不需要检索所有行，而是希望过滤掉不想要的那些行。这正是 where 子句的用途。

where 子句是一种机制，用于过滤掉结果集中不想要的行。

例如，你可能想租借电影，但只对能够租借期至少一周的 G 级（大众级）电影感兴趣。下列查询使用 where 子句检索出满足这些条件的电影：

```
mysql> SELECT title
    -> FROM film
    -> WHERE rating = 'G' AND rental_duration >= 7;
+------------------------+
| title                  |
+------------------------+
| BLANKET BEVERLY        |
| BORROWERS BEDAZZLED    |
| BRIDE INTRIGUE         |
| CATCH AMISTAD          |
| CITIZEN SHREK          |
| COLDBLOODED DARLING    |
| CONTROL ANTHEM         |
| CRUELTY UNFORGIVEN     |
| DARN FORRESTER         |
| DESPERATE TRAINSPOTTING |
| DIARY PANIC            |
| DRACULA CRYSTAL        |
| EMPIRE MALKOVICH       |
| FIREHOUSE VIETNAM      |
| GILBERT PELICAN        |
| GRADUATE LORD          |
| GREASE YOUTH           |
| GUN BONNIE             |
| HOOK CHARIOTS          |
| MARRIED GO             |
| MENAGERIE RUSHMORE     |
| MUSCLE BRIGHT          |
| OPERATION OPERATION    |
| PRIMARY GLASS          |
| REBEL AIRPORT          |
| SPIKING ELEMENT        |
| TRUMAN CRAZY           |
| WAKE JAWS              |
| WAR NOTTING            |
+------------------------+
29 rows in set (0.00 sec)
```

在这个示例中，where 子句在 1,000 行的 film 数据表中过滤掉了 971 行。本例的 where 子句包含两个过滤条件，但可以根据需要加入任意多的条件，各个条件之间使用运算符 and、or 和 not 分隔（第 4 章将全面讨论 where 子句和过滤条件）。

我们来看看如果将两个条件之间的运算符由 and 换成 or 会有什么结果：

```
mysql> SELECT title
    -> FROM film
    -> WHERE rating = 'G' OR rental_duration >= 7;
+--------------------------+
| title                    |
+--------------------------+
| ACE GOLDFINGER           |
| ADAPTATION HOLES         |
| AFFAIR PREJUDICE         |
| AFRICAN EGG              |
| ALAMO VIDEOTAPE          |
| AMISTAD MIDSUMMER        |
| ANGELS LIFE              |
| ANNIE IDENTITY           |
|...                       |
| WATERSHIP FRONTIER       |
| WEREWOLF LOLA            |
| WEST LION                |
| WESTWARD SEABISCUIT      |
| WOLVES DESIRE            |
| WON DARES                |
| WORKER TARZAN            |
| YOUNG LANGUAGE           |
+--------------------------+
340 rows in set (0.00 sec)
```

如果使用 and 运算符分隔多个条件，则符合所有条件的行才能被纳入结果集。如果使用 or 运算符，则只符合其中一个条件的行被纳入结果集，这就解释了结果集中的行数从 29 跃升至 340 的原因。

那么，如果需要在 where 子句中同时使用运算符 and 和 or 呢？这是一个好问题。答案是应该使用小括号对条件进行分组。下列查询指定只有 G 级且最短租借期为 7 天，或PG-13 级且最长租借期为 3 天的电影才包含在结果集中：

```
mysql> SELECT title, rating, rental_duration
    -> FROM film
    -> WHERE (rating = 'G' AND rental_duration >= 7)
    ->   OR (rating = 'PG-13' AND rental_duration < 4);
+------------------------+--------+-----------------+
| title                  | rating | rental_duration |
+------------------------+--------+-----------------+
| ALABAMA DEVIL          | PG-13  |               3 |
| BACKLASH UNDEFEATED    | PG-13  |               3 |
| BILKO ANONYMOUS        | PG-13  |               3 |
| BLANKET BEVERLY        | G      |               7 |
| BORROWERS BEDAZZLED    | G      |               7 |
| BRIDE INTRIGUE         | G      |               7 |
```

```
| CASPER DRAGONFLY        | PG-13  |              3 |
| CATCH AMISTAD           | G      |              7 |
| CITIZEN SHREK           | G      |              7 |
| COLDBLOODED DARLING     | G      |              7 |
|...                      |        |                |
| TREASURE COMMAND        | PG-13  |              3 |
| TRUMAN CRAZY            | G      |              7 |
| WAIT CIDER              | PG-13  |              3 |
| WAKE JAWS               | G      |              7 |
| WAR NOTTING             | G      |              7 |
| WORLD LEATHERNECKS      | PG-13  |              3 |
+-------------------------+--------+----------------+
68 rows in set (0.00 sec)
```

在混用不同的运算符时，应该坚持使用括号对条件进行分组，以便你自己、数据库服务器和后续人员都能够意见统一地修改代码。

3.6 group by 和 having 子句

到目前为止，所有的查询都只是检索原始数据，而没有执行任何操作。不过有时候也需要数据库服务器在返回结果集之前对数据进行处理，以便发现数据呈现的规律。一种方法是使用 group by 子句，它用于根据列值对数据进行分组。例如，假设你想找出所有租借过 40 部或更多部电影的客户，对此，不用从头查看 rental 数据表中所有的 16,044 行，而是可以编写一个查询，指示服务器按客户对所有的租借数据进行分组，统计每个客户的租借数量，然后只返回租借数量至少为 40 的那些客户。当使用 group by 子句生成行组时，也可以使用 having 子句，它允许你使用与 where 子句过滤原始数据相同的方式过滤分组数据。

下面来看查询：

```
mysql> SELECT c.first_name, c.last_name, count(*)
    -> FROM customer c
    ->   INNER JOIN rental r
    ->   ON c.customer_id = r.customer_id
    -> GROUP BY c.first_name, c.last_name
    -> HAVING count(*) >= 40;
+------------+-----------+----------+
| first_name | last_name | count(*) |
+------------+-----------+----------+
| TAMMY      | SANDERS   |       41 |
| CLARA      | SHAW      |       42 |
| ELEANOR    | HUNT      |       46 |
| SUE        | PETERS    |       40 |
| MARCIA     | DEAN      |       42 |
| WESLEY     | BULL      |       40 |
```

```
| KARL      | SEAL      |       45 |
+-----------+-----------+----------+
7 rows in set (0.03 sec)
```

这里只是简略地提及这两个子句，以便读者在本书后续部分中遇到它们时不至于感到陌生。这两个子句比另外 4 个 select 子句复杂一些。第 8 章将对使用 group by 和 having 的用法以及使用场合展开全面讨论。

3.7   order by 子句

一般而言，查询返回的结果集中的行没有什么特定的次序。如果希望对结果集进行排序，需要指示服务器使用 order by 子句。

order by 子句是使用原始列数据或基于列数据的表达式对结果集进行排序的一种机制。

例如，下列查询可以返回在 2005 年 6 月 14 日租借电影的所有客户：

```
mysql> SELECT c.first_name, c.last_name,
    ->   time(r.rental_date) rental_time
    -> FROM customer c
    ->   INNER JOIN rental r
    ->   ON c.customer_id = r.customer_id
    -> WHERE date(r.rental_date) = '2005-06-14';
+-----------+-----------+-------------+
| first_name | last_name | rental_time |
+-----------+-----------+-------------+
| JEFFERY   | PINSON    | 22:53:33    |
| ELMER     | NOE       | 22:55:13    |
| MINNIE    | ROMERO    | 23:00:34    |
| MIRIAM    | MCKINNEY  | 23:07:08    |
| DANIEL    | CABRAL    | 23:09:38    |
| TERRANCE  | ROUSH     | 23:12:46    |
| JOYCE     | EDWARDS   | 23:16:26    |
| GWENDOLYN | MAY       | 23:16:27    |
| CATHERINE | CAMPBELL  | 23:17:03    |
| MATTHEW   | MAHAN     | 23:25:58    |
| HERMAN    | DEVORE    | 23:35:09    |
| AMBER     | DIXON     | 23:42:56    |
| TERRENCE  | GUNDERSON | 23:47:35    |
| SONIA     | GREGORY   | 23:50:11    |
| CHARLES   | KOWALSKI  | 23:54:34    |
| JEANETTE  | GREENE    | 23:54:46    |
+-----------+-----------+-------------+
16 rows in set (0.01 sec)
```

如果希望结果按姓氏的字母顺序排序，可以将 last_name 列加入 order by 子句中：

```
mysql> SELECT c.first_name, c.last_name,
    ->   time(r.rental_date) rental_time
    -> FROM customer c
    ->   INNER JOIN rental r
    ->   ON c.customer_id = r.customer_id
    -> WHERE date(r.rental_date) = '2005-06-14'
    -> ORDER BY c.last_name;
+------------+-----------+-------------+
| first_name | last_name | rental_time |
+------------+-----------+-------------+
| DANIEL     | CABRAL    | 23:09:38    |
| CATHERINE  | CAMPBELL  | 23:17:03    |
| HERMAN     | DEVORE    | 23:35:09    |
| AMBER      | DIXON     | 23:42:56    |
| JOYCE      | EDWARDS   | 23:16:26    |
| JEANETTE   | GREENE    | 23:54:46    |
| SONIA      | GREGORY   | 23:50:11    |
| TERRENCE   | GUNDERSON | 23:47:35    |
| CHARLES    | KOWALSKI  | 23:54:34    |
| MATTHEW    | MAHAN     | 23:25:58    |
| GWENDOLYN  | MAY       | 23:16:27    |
| MIRIAM     | MCKINNEY  | 23:07:08    |
| ELMER      | NOE       | 22:55:13    |
| JEFFERY    | PINSON    | 22:53:33    |
| MINNIE     | ROMERO    | 23:00:34    |
| TERRANCE   | ROUSH     | 23:12:46    |
+------------+-----------+-------------+
16 rows in set (0.01 sec)
```

尽管本例并非如此，但在大型客户列表中，经常会有多人拥有相同的姓氏，因此可能需要扩展排序标准，加入每个人的名字。

在 order by 子句的 last_name 列之后添加 first_name 列即可实现以上功能：

```
mysql> SELECT c.first_name, c.last_name,
    ->   time(r.rental_date) rental_time
    -> FROM customer c
    ->   INNER JOIN rental r
    ->   ON c.customer_id = r.customer_id
    -> WHERE date(r.rental_date) = '2005-06-14'
    -> ORDER BY c.last_name, c.first_name;
+------------+-----------+-------------+
| first_name | last_name | rental_time |
+------------+-----------+-------------+
| DANIEL     | CABRAL    | 23:09:38    |
| CATHERINE  | CAMPBELL  | 23:17:03    |
| HERMAN     | DEVORE    | 23:35:09    |
| AMBER      | DIXON     | 23:42:56    |
| JOYCE      | EDWARDS   | 23:16:26    |
```

```
| JEANETTE   | GREENE    | 23:54:46    |
| SONIA      | GREGORY   | 23:50:11    |
| TERRENCE   | GUNDERSON | 23:47:35    |
| CHARLES    | KOWALSKI  | 23:54:34    |
| MATTHEW    | MAHAN     | 23:25:58    |
| GWENDOLYN  | MAY       | 23:16:27    |
| MIRIAM     | MCKINNEY  | 23:07:08    |
| ELMER      | NOE       | 22:55:13    |
| JEFFERY    | PINSON    | 22:53:33    |
| MINNIE     | ROMERO    | 23:00:34    |
| TERRANCE   | ROUSH     | 23:12:46    |
+-----------+-----------+-------------+
16 rows in set (0.01 sec)
```

当包含多列时，列在 order by 子句中出现的顺序会有所不同。在本例中，如果交换 order by 中两个列的位置，Amber Dixon 会首先出现在结果集中。

3.7.1　升序排序和降序排序

在排序时，可以通过关键字 asc 和 desc 来指定升序排序或降序排序。默认为按照升序排序，如果希望按照降序排序，需要加入 desc 关键字。例如，下列查询会按照租借时间的降序返回在 2005 年 6 月 14 日租借过电影的所有客户：

```
mysql> SELECT c.first_name, c.last_name,
    ->    time(r.rental_date) rental_time
    -> FROM customer c
    ->    INNER JOIN rental r
    ->    ON c.customer_id = r.customer_id
    -> WHERE date(r.rental_date) = '2005-06-14'
    -> ORDER BY time(r.rental_date) desc;
+-----------+-----------+-------------+
| first_name | last_name | rental_time |
+-----------+-----------+-------------+
| JEANETTE   | GREENE    | 23:54:46    |
| CHARLES    | KOWALSKI  | 23:54:34    |
| SONIA      | GREGORY   | 23:50:11    |
| TERRENCE   | GUNDERSON | 23:47:35    |
| AMBER      | DIXON     | 23:42:56    |
| HERMAN     | DEVORE    | 23:35:09    |
| MATTHEW    | MAHAN     | 23:25:58    |
| CATHERINE  | CAMPBELL  | 23:17:03    |
| GWENDOLYN  | MAY       | 23:16:27    |
| JOYCE      | EDWARDS   | 23:16:26    |
| TERRANCE   | ROUSH     | 23:12:46    |
| DANIEL     | CABRAL    | 23:09:38    |
| MIRIAM     | MCKINNEY  | 23:07:08    |
| MINNIE     | ROMERO    | 23:00:34    |
| ELMER      | NOE       | 22:55:13    |
| JEFFERY    | PINSON    | 22:53:33    |
```

```
+-----------+----------+-------------+
16 rows in set (0.01 sec)
```

降序排序多用于评级查询，比如"显示余额最多的前 5 个账户"。MySQL 提供了 limit
子句以允许对数据进行排序，然后只保留前 X 行。

3.7.2　通过数字占位符进行排序

如果需要根据 select 子句中的列进行排序，可以选择使用列在 select 子句中的位置来替
代列名。如果要按照表达式排序（就像上例那样），这种方法非常有用。下列查询使用
select 子句中的第 3 列，按照降序进行排序：

```
mysql> SELECT c.first_name, c.last_name,
    ->   time(r.rental_date) rental_time
    -> FROM customer c
    ->   INNER JOIN rental r
    ->   ON c.customer_id = r.customer_id
    -> WHERE date(r.rental_date) = '2005-06-14'
    -> ORDER BY 3 desc;
+-----------+----------+-------------+
| first_name | last_name | rental_time |
+-----------+----------+-------------+
| JEANETTE  | GREENE    | 23:54:46    |
| CHARLES   | KOWALSKI  | 23:54:34    |
| SONIA     | GREGORY   | 23:50:11    |
| TERRENCE  | GUNDERSON | 23:47:35    |
| AMBER     | DIXON     | 23:42:56    |
| HERMAN    | DEVORE    | 23:35:09    |
| MATTHEW   | MAHAN     | 23:25:58    |
| CATHERINE | CAMPBELL  | 23:17:03    |
| GWENDOLYN | MAY       | 23:16:27    |
| JOYCE     | EDWARDS   | 23:16:26    |
| TERRANCE  | ROUSH     | 23:12:46    |
| DANIEL    | CABRAL    | 23:09:38    |
| MIRIAM    | MCKINNEY  | 23:07:08    |
| MINNIE    | ROMERO    | 23:00:34    |
| ELMER     | NOE       | 22:55:13    |
| JEFFERY   | PINSON    | 22:53:33    |
+-----------+----------+-------------+
16 rows in set (0.01 sec)
```

该特性应该适度使用，如果在 select 子句中添加了新列，而没有修改 order by 子句中的
数字，则会导致不可预料的结果。我个人在编写临时查询的时候喜欢使用位置引用列，
但在编写代码时，则坚持按照名称引用列。

3.8 练习

下列练习用于加深你对 select 语句及其各子句的理解。答案参见附录 B。

练习 3-1

检索所有演员的演员 ID、姓氏以及名字。先按照姓氏排序，再按照名字排序。

练习 3-2

检索姓氏为'WILLIAMS'或'DAVIS'的所有演员的演员 ID、姓氏以及名字。

练习 3-3

查询 rental 数据表，返回在 2005 年 7 月（使用 rental.rental_date 列，可以使用 date()函数忽略时间部分）租借过电影的客户的客户 ID，每个客户 ID 一行。

练习 3-4

完成下列多数据表查询填空（以<#>标记），实现指定的结果：

```
mysql> SELECT c.email, r.return_date
    -> FROM customer c
    ->    INNER JOIN rental <1>
    ->    ON c.customer_id = <2>
    -> WHERE date(r.rental_date) = '2005-06-14'
    -> ORDER BY <3> <4>;
+---------------------------------------+---------------------+
| email                                 | return_date         |
+---------------------------------------+---------------------+
| DANIEL.CABRAL@sakilacustomer.org      | 2005-06-23 22:00:38 |
| TERRANCE.ROUSH@sakilacustomer.org     | 2005-06-23 21:53:46 |
| MIRIAM.MCKINNEY@sakilacustomer.org    | 2005-06-21 17:12:08 |
| GWENDOLYN.MAY@sakilacustomer.org      | 2005-06-20 02:40:27 |
| JEANETTE.GREENE@sakilacustomer.org    | 2005-06-19 23:26:46 |
| HERMAN.DEVORE@sakilacustomer.org      | 2005-06-19 03:20:09 |
| JEFFERY.PINSON@sakilacustomer.org     | 2005-06-18 21:37:33 |
| MATTHEW.MAHAN@sakilacustomer.org      | 2005-06-18 05:18:58 |
| MINNIE.ROMERO@sakilacustomer.org      | 2005-06-18 01:58:34 |
| SONIA.GREGORY@sakilacustomer.org      | 2005-06-17 21:44:11 |
| TERRENCE.GUNDERSON@sakilacustomer.org | 2005-06-17 05:28:35 |
| ELMER.NOE@sakilacustomer.org          | 2005-06-17 02:11:13 |
| JOYCE.EDWARDS@sakilacustomer.org      | 2005-06-16 21:00:26 |
| AMBER.DIXON@sakilacustomer.org        | 2005-06-16 04:02:56 |
| CHARLES.KOWALSKI@sakilacustomer.org   | 2005-06-16 02:26:34 |
| CATHERINE.CAMPBELL@sakilacustomer.org | 2005-06-15 20:43:03 |
+---------------------------------------+---------------------+
16 rows in set (0.03 sec)
```

第 4 章

过滤

有时候需要处理数据表中的每一行，比如：

- 清除数据表中所有的内容，暂存新数据仓库的数据；

- 向数据表中新添一列后，修改数据表中的所有行；

- 检索消息队列表中的所有行。

对于以上这些情况，SQL 语句用不到 where 子句，因为不需要考虑排除任何列。但大多数时候，你关注的只是数据表中全部行的一个子集。因此，所有的 SQL 数据语句（insert语句除外）都包含可选的 where 子句，可以在其中指定一个或多个过滤条件，用于限制 SQL 语句处理的行数。除此之外，select 语句中包含的 having 子句可以对分组数据进行条件过滤。本章将探究在 select、update、delete 语句的 where 子句中会用到的各种过滤条件，select 语句的 having 子句中的过滤条件则留待在第 8 章中讨论。

4.1　条件评估

where 子句可以包含一个或多个条件，条件之间以运算符 and 和 or 分隔。如果多个条件只使用 and 分隔，那么只有符合所有条件（评估为 true）的行才能被纳入结果集。下面来看 where 子句：

```
WHERE first_name = 'STEVEN' AND create_date > '2006-01-01'
```

根据给出的两个条件，结果集中只会出现名字为 Steven 且创建日期为 2006 年 1 月 1 日之后的行。尽管这个示例只用到了两个条件，但不管 where 子句中有多少个条件，如果以 and 运算符分隔条件，那么只有符合所有条件的行才能被纳入结果集。

如果 where 子句中的条件以 or 运算符分隔，只要符合其中任一条件（评估为 true）的行就能被纳入结果集。考虑下列两个条件：

```
WHERE first_name = 'STEVEN' OR create_date > '2006-01-01'
```

下面这些行都会出现在结果集：

- 名字为 Steven 且创建日期在 2006 年 1 月 1 日之后；

- 名字为 Steven 且创建日期为 2006 年 1 月 1 日或在其之前；

- 名字不为 Steven，但创建日期在 2006 年 1 月 1 日之后。

表 4-1 展示了包含两个以 or 运算符分隔的条件可能会产生的结果。

表 4-1　使用 or 评估两个条件

中间结果	最终结果
WHERE true OR true	true
WHERE true OR false	true
WHERE false OR true	true
WHERE false OR false	false

在上例中，唯一能将行排除出结果集的情况就是名字不为 Steven 且创建日期为 2006 年 1 月 1 日或在其之前。

4.1.1　使用括号

如果 where 子句包含同时使用运算符 and 和 or 的 3 个或以上条件，应该使用括号向数据库服务器和其他阅读代码的人表明意图。下面的 where 子句扩展了前一个示例，通过检查以确保名字为 Steven 或姓氏为 Young，且创建日期在 2006 年 1 月 1 日之后：

```
WHERE (first_name = 'STEVEN' OR last_name = 'YOUNG')
  AND create_date > '2006-01-01'
```

这里有 3 个条件。前 2 个条件之一（或全部）必须为 true，第 3 个条件也必须为 true，满足这种要求的行才能被纳入最终的结果集。表 4-2 展示了该 where 子句可能的结果。

表 4-2　使用 and 和 or 评估 3 个条件

中间结果	最终结果
WHERE (true OR true) AND true	true
WHERE (true OR false) AND true	true
WHERE (false OR true) AND true	true
WHERE (false OR false) AND true	false
WHERE (true OR true) AND false	false
WHERE (true OR false) AND false	false
WHERE (false OR true) AND false	false
WHERE (false OR false) AND false	false

从表 4-2 可以看到，where 子句中的条件越多，服务器要评估的组合也就越多。在本例的 8 种组合中，只有 3 种条件组合最终为 true。

4.1.2　使用 not 运算符

希望前面包含 3 个条件的示例足以令人理解，继续考虑下面的修改：

```
WHERE NOT (first_name = 'STEVEN' OR last_name = 'YOUNG')
  AND create_date > '2006-01-01'
```

发现这个示例有什么变化吗？我在第一组条件前添加了 not 运算符。现在，不再是查找名字为 Steven 或姓名为 Young，且租借记录创建日期在 2006 年 1 月 1 日之后的人，而是名字不为 Steven 或姓名不为 Young，且租借记录创建日期在 2006 年 1 月 1 日之后的人。表 4-3 展示了本例可能的结果。

表 4-3　使用 and、or、not 评估 3 个条件

中间结果	最终结果
WHERE NOT (true OR true) AND true	false
WHERE NOT (true OR false) AND true	false
WHERE NOT (false OR true) AND true	false
WHERE NOT (false OR false) AND true	true
WHERE NOT (true OR true) AND false	false
WHERE NOT (true OR false) AND false	false
WHERE NOT (false OR true) AND false	false
WHERE NOT (false OR false) AND false	false

尽管数据库服务器处理包含 not 运算符的 where 子句很轻松，但对人而言就比较困难了，这也是不会经常遇到 not 运算符的原因。对于本例，你可以重写 where 子句，以避免使用 not 运算符：

```
WHERE first_name <> 'STEVEN' AND last_name <> 'YOUNG'
  AND create_date > '2006-01-01'
```

尽管我确定数据库服务器不会厚此薄彼，但这个版本的 where 应该更容易理解。

4.2　构建条件

现在已经知道了如何评估多个条件，让我们回过头，看看如何构建单个条件。条件由一个或多个表达式并通过一个或多个运算符组合而成。表达式可以是：

- 数字；

- 数据表或视图中的列；

- 字符串字面量，比如'Maple Street'；

- 内建函数，比如 concat('Learning', ' ', 'SQL')；

- 子查询；

- 表达式列表，比如 ('Boston', 'New York', 'Chicago')。

可以在条件中使用的运算符包括：

- 比较运算符，比如=、!=、<、>、<>、like、in 和 between；

- 算术运算符，比如+、-、*和/。

4.3 条件类型

有许多种方式可以过滤掉不需要的数据。可以指定特定值、值的集合、需要包含或排除的值的范围，或是在处理字符串数据时，使用各种模式匹配技术来查找部分匹配。在接下来的 4 节内容中，我们将详细介绍这些条件类型。

4.3.1 相等条件

你所编写或遇到的很大一部分过滤条件都类似于 *column=expression* 这样的形式：

```
title = 'RIVER OUTLAW'
fed_id = '111-11-1111'
amount = 375.25
film_id = (SELECT film_id FROM film WHERE title = 'RIVER OUTLAW')
```

这些条件被称为相等条件，表达的是一个表达式与另一个表达式之间的相等关系。前 3 个示例是列等于字面量（2 个字符串和 1 个数字），第 4 个示例是列等于子查询的返回值。下列查询使用了两个相等条件，其中一个在 on 子句中（连接条件），另一个在 where 子句中（过滤条件）：

```
mysql> SELECT c.email
    -> FROM customer c
    ->   INNER JOIN rental r
    ->   ON c.customer_id = r.customer_id
    -> WHERE date(r.rental_date) = '2005-06-14';
+-----------------------------------+
| email                             |
+-----------------------------------+
| CATHERINE.CAMPBELL@sakilacustomer.org |
| JOYCE.EDWARDS@sakilacustomer.org  |
| AMBER.DIXON@sakilacustomer.org    |
| JEANETTE.GREENE@sakilacustomer.org |
```

```
| MINNIE.ROMERO@sakilacustomer.org       |
| GWENDOLYN.MAY@sakilacustomer.org       |
| SONIA.GREGORY@sakilacustomer.org       |
| MIRIAM.MCKINNEY@sakilacustomer.org     |
| CHARLES.KOWALSKI@sakilacustomer.org    |
| DANIEL.CABRAL@sakilacustomer.org       |
| MATTHEW.MAHAN@sakilacustomer.org       |
| JEFFERY.PINSON@sakilacustomer.org      |
| HERMAN.DEVORE@sakilacustomer.org       |
| ELMER.NOE@sakilacustomer.org           |
| TERRANCE.ROUSH@sakilacustomer.org      |
| TERRENCE.GUNDERSON@sakilacustomer.org  |
+----------------------------------------+
16 rows in set (0.03 sec)
```

该查询展示了在 2005 年 6 月 14 日租借电影的所有客户的电子邮件地址。

1. 不等条件

另一种很常见的条件类型是不等条件，用于断言两个表达式之间的不等关系。下面的查询将上一个示例中 where 子句的过滤条件改为不等条件：

```
mysql> SELECT c.email
    -> FROM customer c
    ->   INNER JOIN rental r
    ->   ON c.customer_id = r.customer_id
    -> WHERE date(r.rental_date) <> '2005-06-14';
+---------------------------------+
| email                           |
+---------------------------------+
| MARY.SMITH@sakilacustomer.org   |
| MARY.SMITH@sakilacustomer.org   |
| MARY.SMITH@sakilacustomer.org   |
| MARY.SMITH@sakilacustomer.org   |
| MARY.SMITH@sakilacustomer.org   |
| MARY.SMITH@sakilacustomer.org   |
| MARY.SMITH@sakilacustomer.org   |
| MARY.SMITH@sakilacustomer.org   |
| MARY.SMITH@sakilacustomer.org   |
| MARY.SMITH@sakilacustomer.org   |
...
| AUSTIN.CINTRON@sakilacustomer.org |
| AUSTIN.CINTRON@sakilacustomer.org |
| AUSTIN.CINTRON@sakilacustomer.org |
| AUSTIN.CINTRON@sakilacustomer.org |
| AUSTIN.CINTRON@sakilacustomer.org |
| AUSTIN.CINTRON@sakilacustomer.org |
| AUSTIN.CINTRON@sakilacustomer.org |
| AUSTIN.CINTRON@sakilacustomer.org |
```

```
+----------------------------------+
16028 rows in set (0.03 sec)
```

该查询返回未在 2005 年 6 月 14 日租借电影的所有客户的电子邮件地址。

2．使用相等条件修改数据

相等/不等条件常用于修改数据。例如，假设电影租借公司有一项政策，每年删除一次旧账户。你的任务是从 rental 数据表中删除租借日期为 2004 年的行。下面是一种解决方法：

```
DELETE FROM rental
WHERE year(rental_date) = 2004;
```

该语句中包含单个相等条件。接下来的这个示例使用了两个不等条件来删除租借日期不在 2005 年或 2006 年的行：

```
DELETE FROM rental
WHERE year(rental_date) <> 2005 AND year(rental_date) <> 2006;
```

在编写 delete 和 update 语句的示例时，我尽量保证语句不修改任何行。这样在执行这些语句后，数据仍能保持不变，select 语句的输出始终与本书所展示的一致。

由于 MySQL 会话默认为自动提交模式（参见第 12 章），因此如果有语句修改了数据，那么将无法对示例数据的变动进行回滚（撤销）。当然，你可以随意处理示例数据，甚至可以将其清空，然后重新运行脚本以填充数据表，不过我建议尽量保持数据完整。

4.3.2　范围条件

除了可以检查表达式与另一个表达式是否相等，还可以构建条件来检查表达式的值是否处于某个范围。这种条件类型通常用于数值型或时间型数据。考虑下列查询：

```
mysql> SELECT customer_id, rental_date
    -> FROM rental
    -> WHERE rental_date < '2005-05-25';
+-------------+---------------------+
| customer_id | rental_date         |
+-------------+---------------------+
|         130 | 2005-05-24 22:53:30 |
|         459 | 2005-05-24 22:54:33 |
|         408 | 2005-05-24 23:03:39 |
|         333 | 2005-05-24 23:04:41 |
|         222 | 2005-05-24 23:05:21 |
|         549 | 2005-05-24 23:08:07 |
|         269 | 2005-05-24 23:11:53 |
|         239 | 2005-05-24 23:31:46 |
```

```
+-------------+--------------------+
8 rows in set (0.00 sec)
```

该查询搜索在 2005 年 5 月 25 日之前租借的电影。也可以指定租借日期的上下限：

```
mysql> SELECT customer_id, rental_date
    -> FROM rental
    -> WHERE rental_date <= '2005-06-16'
    ->   AND rental_date >= '2005-06-14';
+-------------+--------------------+
| customer_id | rental_date        |
+-------------+--------------------+
|         416 | 2005-06-14 22:53:33 |
|         516 | 2005-06-14 22:55:13 |
|         239 | 2005-06-14 23:00:34 |
|         285 | 2005-06-14 23:07:08 |
|         310 | 2005-06-14 23:09:38 |
|         592 | 2005-06-14 23:12:46 |
...
|         148 | 2005-06-15 23:20:26 |
|         237 | 2005-06-15 23:36:37 |
|         155 | 2005-06-15 23:55:27 |
|         341 | 2005-06-15 23:57:20 |
|         149 | 2005-06-15 23:58:53 |
+-------------+--------------------+
364 rows in set (0.00 sec)
```

该查询检索在 2005 年 6 月 14 日或 15 日租借的所有电影。

1．between 运算符

当需要同时限制范围的上限和下限时，可以选择使用 between 运算符构建单个查询条件，而不用两个单独的条件：

```
mysql> SELECT customer_id, rental_date
    -> FROM rental
    -> WHERE rental_date BETWEEN '2005-06-14' AND '2005-06-16';
+-------------+--------------------+
| customer_id | rental_date        |
+-------------+--------------------+
|         416 | 2005-06-14 22:53:33 |
|         516 | 2005-06-14 22:55:13 |
|         239 | 2005-06-14 23:00:34 |
|         285 | 2005-06-14 23:07:08 |
|         310 | 2005-06-14 23:09:38 |
|         592 | 2005-06-14 23:12:46 |
...
|         148 | 2005-06-15 23:20:26 |
|         237 | 2005-06-15 23:36:37 |
|         155 | 2005-06-15 23:55:27 |
```

```
|         341 | 2005-06-15 23:57:20 |
|         149 | 2005-06-15 23:58:53 |
+-------------+---------------------+
364 rows in set (0.00 sec)
```

在使用 between 运算符时，需要记住几件事。首先必须指定范围的下限（在 between 之后），然后指定范围的上限（在 and 之后）。如果错误地先指定了上限，则会造成以下结果：

```
mysql> SELECT customer_id, rental_date
    -> FROM rental
    -> WHERE rental_date BETWEEN '2005-06-16' AND '2005-06-14';
Empty set (0.00 sec)
```

从以上结果可以看到，没有返回任何数据。原因在于服务器实际上是根据你指定的两个单独的条件，生成了使用<=和>=运算符的两个条件：

```
mysql> SELECT customer_id, rental_date
    -> FROM rental
    -> WHERE rental_date >= '2005-06-16'
    ->    AND rental_date <= '2005-06-14'
Empty set (0.01 sec)
```

因为不存在既大于 2005 年 6 月 16 日又小于 2005 年 6 月 14 日的日期，所以该查询返回一个空集。这就引出了使用 between 运算符时的第二个陷阱：记住，指定的上限和下限是包含在内的（inclusive），这意味着所提供的值包含在范围限制中。在这种情况下，如果想返回在 6 月 14 日或 15 日租借的电影，可以将 2005-06-14 指定为范围的下限，将 2005-06-16 指定为上限。由于没有指定日期的时间部分，时间默认为到午夜零点，所以有效范围是 2005-06-14 00:00:00 到 2005-06-16 00:00:00，这将包括任何在 6 月 14 日或 15 日租借的电影。

除了日期，还可以构建条件以指定数值范围。数值范围很容易掌握，如下所示：

```
mysql> SELECT customer_id, payment_date, amount
    -> FROM payment
    -> WHERE amount BETWEEN 10.0 AND 11.99;
+-------------+---------------------+--------+
| customer_id | payment_date        | amount |
+-------------+---------------------+--------+
|           2 | 2005-07-30 13:47:43 |  10.99 |
|           3 | 2005-07-27 20:23:12 |  10.99 |
|          12 | 2005-08-01 06:50:26 |  10.99 |
|          13 | 2005-07-29 22:37:41 |  11.99 |
|          21 | 2005-06-21 01:04:35 |  10.99 |
|          29 | 2005-07-09 21:55:19 |  10.99 |
...
|         571 | 2005-06-20 08:15:27 |  10.99 |
|         572 | 2005-06-17 04:05:12 |  10.99 |
|         573 | 2005-07-31 12:14:19 |  10.99 |
```

```
|         591 | 2005-07-07 20:45:51 |  11.99 |
|         592 | 2005-07-06 22:58:31 |  11.99 |
|         595 | 2005-07-31 11:51:46 |  10.99 |
+-------------+---------------------+--------+
114 rows in set (0.01 sec)
```

租金在 10 美元和 11.99 美元之间的租借记录被返回。同样，务必要确保先指定下限。

2．字符串范围

日期和数值范围很容易理解，也可以构建条件，搜索字符串范围，这有点不太好想象。假设你正在搜索姓氏在某个范围内的客户。下列查询返回姓氏介于 FA 和 FR 之间的客户：

```
mysql> SELECT last_name, first_name
    -> FROM customer
    -> WHERE last_name BETWEEN 'FA' AND 'FR';
+------------+------------+
| last_name  | first_name |
+------------+------------+
| FARNSWORTH | JOHN       |
| FENNELL    | ALEXANDER  |
| FERGUSON   | BERTHA     |
| FERNANDEZ  | MELINDA    |
| FIELDS     | VICKI      |
| FISHER     | CINDY      |
| FLEMING    | MYRTLE     |
| FLETCHER   | MAE        |
| FLORES     | JULIA      |
| FORD       | CRYSTAL    |
| FORMAN     | MICHEAL    |
| FORSYTHE   | ENRIQUE    |
| FORTIER    | RAUL       |
| FORTNER    | HOWARD     |
| FOSTER     | PHYLLIS    |
| FOUST      | JACK       |
| FOWLER     | JO         |
| FOX        | HOLLY      |
+------------+------------+
18 rows in set (0.00 sec)
```

尽管有 5 位客户的姓氏都以 FR 开头，但他们并未包含在结果集中，因为像 FRANKLIN 这样的姓氏不在范围之内[①]。不过，我们可以通过将右侧范围扩展为 FRB，将其中的 4 位客户重新纳入：

```
mysql> SELECT last_name, first_name
    -> FROM customer
    -> WHERE last_name BETWEEN 'FA' AND 'FRB';
```

---

① 如果读者对此有疑问，可以参阅 Stack Overflow 网站查找相关问题的解答。——译者注

```
+------------+------------+
| last_name  | first_name |
+------------+------------+
| FARNSWORTH | JOHN       |
| FENNELL    | ALEXANDER  |
| FERGUSON   | BERTHA     |
| FERNANDEZ  | MELINDA    |
| FIELDS     | VICKI      |
| FISHER     | CINDY      |
| FLEMING    | MYRTLE     |
| FLETCHER   | MAE        |
| FLORES     | JULIA      |
| FORD       | CRYSTAL    |
| FORMAN     | MICHEAL    |
| FORSYTHE   | ENRIQUE    |
| FORTIER    | RAUL       |
| FORTNER    | HOWARD     |
| FOSTER     | PHYLLIS    |
| FOUST      | JACK       |
| FOWLER     | JO         |
| FOX        | HOLLY      |
| FRALEY     | JUAN       |
| FRANCISCO  | JOEL       |
| FRANKLIN   | BETH       |
| FRAZIER    | GLENDA     |
+------------+------------+
22 rows in set (0.00 sec)
```

在处理字符串范围时，需要知道所使用的字符集中各字符的顺序［字符在某个字符集内的排序顺序被称为排序规则（collation）］。

4.3.3 成员条件

在有些情况下，并不需要限制表达式为特定值或某个范围，而是值的有限集合。例如，你想找出评级为'G'或'PG'的所有电影：

```
mysql> SELECT title, rating
    -> FROM film
    -> WHERE rating = 'G' OR rating = 'PG';
+--------------------------+--------+
| title                    | rating |
+--------------------------+--------+
| ACADEMY DINOSAUR         | PG     |
| ACE GOLDFINGER           | G      |
| AFFAIR PREJUDICE         | G      |
| AFRICAN EGG              | G      |
| AGENT TRUMAN             | PG     |
| ALAMO VIDEOTAPE          | G      |
| ALASKA PHANTOM           | PG     |
```

```
| ALI FOREVER                | PG      |
| AMADEUS HOLY               | PG      |
...
| WEDDING APOLLO             | PG      |
| WEREWOLF LOLA              | G       |
| WEST LION                  | G       |
| WIZARD COLDBLOODED         | PG      |
| WON DARES                  | PG      |
| WONDERLAND CHRISTMAS       | PG      |
| WORDS HUNTER               | PG      |
| WORST BANGER               | PG      |
| YOUNG LANGUAGE             | G       |
+----------------------------+---------+
372 rows in set (0.00 sec)
```

尽管这里的 where 子句（包含两个条件）并不繁杂，但想象一下如果包含 10 个或 20 个条件会怎样。对此，可以使用 in 运算符代替：

```
SELECT title, rating
FROM film
WHERE rating IN ('G','PG');
```

有了 in 运算符，无论集合中含有多少个表达式，只需编写一个条件。

1. 使用子查询

除了编写自定义表达式集合，比如('G','PG')，也可以使用子查询来动态生成集合。例如，如果你认为只要是影片名包含字符串'PET'的电影都适合家庭成员共同观看，就可以对 film 数据表执行子查询，先检索与这些电影相关的评级，然后检索和这些评级对应的所有电影：

```
mysql> SELECT title, rating
    -> FROM film
    -> WHERE rating IN (SELECT rating FROM film WHERE title LIKE '%PET%');
+----------------------------+---------+
| title                      | rating  |
+----------------------------+---------+
| ACADEMY DINOSAUR           | PG      |
| ACE GOLDFINGER             | G       |
| AFFAIR PREJUDICE           | G       |
| AFRICAN EGG                | G       |
| AGENT TRUMAN               | PG      |
| ALAMO VIDEOTAPE            | G       |
| ALASKA PHANTOM             | PG      |
| ALI FOREVER                | PG      |
| AMADEUS HOLY               | PG      |
...
| WEDDING APOLLO             | PG      |
| WEREWOLF LOLA              | G       |
```

```
| WEST LION               | G     |
| WIZARD COLDBLOODED      | PG    |
| WON DARES               | PG    |
| WONDERLAND CHRISTMAS    | PG    |
| WORDS HUNTER            | PG    |
| WORST BANGER            | PG    |
| YOUNG LANGUAGE          | G     |
+-------------------------+-------+
372 rows in set (0.00 sec)
```

子查询返回集合('G','PG')，主查询检查 rating 列的值是否出现在子查询返回的集合中。

2．使用 not in 运算符

有时候需要知道特定表达式是否存在于某个表达式集合中，而有时候又需要知道特定表达式是否不存在于某个表达式集合中。对此，可以使用 not in 运算符：

```
SELECT title, rating
FROM film
WHERE rating NOT IN ('PG-13','R', 'NC-17');
```

该查询搜索所有评级不为'PG-13'、'R'、'NC-17'的电影，返回结果和前一个查询的结果一样。

4.3.4　匹配条件

到目前为止，你已经了解了匹配完整字符串、字符串范围或字符串集合的条件，最后一种条件处理部分字符串匹配。例如，要想查找姓氏以 Q 开头的所有客户，可以使用内建函数抽取 last_name 列的第一个字母，如下所示：

```
mysql> SELECT last_name, first_name
    -> FROM customer
    -> WHERE left(last_name, 1) = 'Q';
+------------+------------+
| last_name  | first_name |
+------------+------------+
| QUALLS     | STEPHEN    |
| QUINTANILLA | ROGER     |
| QUIGLEY    | TROY       |
+------------+------------+
3 rows in set (0.00 sec)
```

尽管内建函数 left()也能完成任务，但在灵活性上有所欠缺。取而代之的是可以使用通配符来构建搜索表达式。

1．使用通配符

在搜索部分字符串匹配时，可能会涉及下列情况：

- 以某个字符开始（或结束）的字符串；

- 以某个子串开始（或结束）的字符串；

- 在字符串中的任意位置包含某个字符的字符串；

- 在字符串中的任意位置包含某个子串的字符串；

- 具备特定格式（无关单个字符）的字符串。

你可以使用表 4-4 中给出的通配符构建搜索表达式来识别上述情况以及更多其他部分字符串匹配。

表 4-4　通配符

通配符	匹配
_	单个字符
%	任意数量的字符（包括 0 个）

下划线字符代表单个字符，百分号字符代表可变数量的字符。当使用搜索表达式构建条件时，可以使用 like 运算符，如下所示：

```
mysql> SELECT last_name, first_name
    -> FROM customer
    -> WHERE last_name LIKE '_A_T%S';
+-----------+------------+
| last_name | first_name |
+-----------+------------+
| MATTHEWS  | ERICA      |
| WALTERS   | CASSANDRA  |
| WATTS     | SHELLY     |
+-----------+------------+
3 rows in set (0.00 sec)
```

上例中的搜索表达式指定了这样的字符串：第 2 个字符为 A，第 4 个字符为 T，接下来是任意多个字符，最终以 S 结尾。表 4-5 展示了更多的搜索表达式及其含义。

表 4-5　搜索表达式样例

搜索表达式	含义
F%	以 F 开头的字符串
%t	以 t 结尾的字符串
%bas%	包含子串'bas'的字符串
__t_	第 3 个字符为 t 且长度为 4 的字符串
___-__-____	第 4 个和第 7 个字符为连接字符且长度为 11 的字符串

通配符适合于构建简单的搜索表达式。如果需要匹配更复杂的字符串，可以使用多个搜索表达式，如下所示：

```
mysql> SELECT last_name, first_name
    -> FROM customer
    -> WHERE last_name LIKE 'Q%' OR last_name LIKE 'Y%';
+-------------+------------+
| last_name   | first_name |
+-------------+------------+
| QUALLS      | STEPHEN    |
| QUIGLEY     | TROY       |
| QUINTANILLA | ROGER      |
| YANEZ       | LUIS       |
| YEE         | MARVIN     |
| YOUNG       | CYNTHIA    |
+-------------+------------+
6 rows in set (0.00 sec)
```

该查询搜索姓氏以 Q 或 Y 开头的所有客户。

2．使用正则表达式

如果通配符无法提供足够的灵活性，可以使用正则表达式来构建搜索表达式。从本质上来说，正则表达式是一种加强版的搜索表达式。对于刚开始接触 SQL，但是使用过 Perl 等编程语言的读者，应该已经很熟悉正则表达式了。正则表达式是一个颇大的主题，在本书中不进行详尽描述。

下面使用正则表达式的 MySQL 实现来重写上一个查询（搜索姓氏以 Q 或 Y 开头的所有客户）：

```
mysql> SELECT last_name, first_name
    -> FROM customer
    -> WHERE last_name REGEXP '^[QY]';
+-------------+------------+
| last_name   | first_name |
+-------------+------------+
| YOUNG       | CYNTHIA    |
| QUALLS      | STEPHEN    |
| QUINTANILLA | ROGER      |
| YANEZ       | LUIS       |
| YEE         | MARVIN     |
| QUIGLEY     | TROY       |
+-------------+------------+
6 rows in set (0.16 sec)
```

regexp 运算符接受一个正则表达式（本例中为'^[QY]'），将其应用于运算符左侧的表达式（last_name 列）。该查询现在只包含了使用正则表达式的一个条件，不再是使用通配符的两个条件。

Oracle Database 和 Microsoft SQL Server 同样支持正则表达式。在 Oracle Database 中，使用 regexp_like 函数代替 regexp 运算符，而 SQL Server 允许正则表达式与 like 运算符配合使用。

4.4　null：4 个字母的单词

本节要讨论一个有些令人畏惧和不确定的主题：null 值。null 表示值的缺失。例如，在员工离职之前，employee 数据表的 end_date 列没有可赋的合理的值，因此应该为 null。null 的使用方式比较灵活，有各种不同的适用场景。

没有合适的值

比如 ATM 机上的自助交易并不需要 employee ID 列。

值未确定

比如在创建客户所在行时不知道其 ID。

值未定义

比如为某个尚未添加到数据库的产品创建账户。

 一些理论学者认为应该使用不同的表达式来涵盖上述（以及更多）各种情况，但大多数从业者则认为使用多种 null 值的表示方法会带来更多的困扰。

在使用 null 时，应该记住：

● 表达式可以为 null，但不能等于（never equal）null；

● 两个 null 值不相等。

为了测试表达式是否为 null，需要使用 is null 运算符，如下所示：

```
mysql> SELECT rental_id, customer_id
    -> FROM rental
    -> WHERE return_date IS NULL;
+-----------+-------------+
| rental_id | customer_id |
+-----------+-------------+
|     11496 |         155 |
|     11541 |         335 |
|     11563 |          83 |
|     11577 |         219 |
|     11593 |          99 |
...
|     15867 |         505 |
```

```
|     15875 |          41 |
|     15894 |         168 |
|     15966 |         374 |
+-----------+-------------+
183 rows in set (0.01 sec)
```

该查询查找租借后从未归还的所有电影。下面使用= null 代替 is null，实现相同的查询：

```
mysql> SELECT rental_id, customer_id
    -> FROM rental
    -> WHERE return_date = NULL;
Empty set (0.01 sec)
```

从上述结果中可以看到，解析并执行查询之后，没有返回任何行。这是 SQL 程序员新手常犯的一个错误，数据库服务器也不会提醒你有错，所以在构建测试 null 的条件时一定要小心。

如果要查看某列是否已经被赋值，可以使用 is not null 运算符，如下所示：

```
mysql> SELECT rental_id, customer_id, return_date
    -> FROM rental
    -> WHERE return_date IS NOT NULL;
+-----------+-------------+---------------------+
| rental_id | customer_id | return_date         |
+-----------+-------------+---------------------+
|         1 |         130 | 2005-05-26 22:04:30 |
|         2 |         459 | 2005-05-28 19:40:33 |
|         3 |         408 | 2005-06-01 22:12:39 |
|         4 |         333 | 2005-06-03 01:43:41 |
|         5 |         222 | 2005-06-02 04:33:21 |
|         6 |         549 | 2005-05-27 01:32:07 |
|         7 |         269 | 2005-05-29 20:34:53 |
...
|     16043 |         526 | 2005-08-31 03:09:03 |
|     16044 |         468 | 2005-08-25 04:08:39 |
|     16045 |          14 | 2005-08-25 23:54:26 |
|     16046 |          74 | 2005-08-27 18:02:47 |
|     16047 |         114 | 2005-08-25 02:48:48 |
|     16048 |         103 | 2005-08-31 21:33:07 |
|     16049 |         393 | 2005-08-30 01:01:12 |
+-----------+-------------+---------------------+
15861 rows in set (0.02 sec)
```

该查询返回租借后已经归还的所有电影的记录，这部分数据占了数据表中的大部分。

在暂时搁置 null 这个话题之前，有必要再研究另一个潜在的陷阱。假设要查找 2005 年 5 月至 8 月期间所有未归还电影的记录。如果采用直接方式，可能会这样做：

```
mysql> SELECT rental_id, customer_id, return_date
    -> FROM rental
```

```
    -> WHERE return_date NOT BETWEEN '2005-05-01' AND '2005-09-01';
+-----------+-------------+---------------------+
| rental_id | customer_id | return_date         |
+-----------+-------------+---------------------+
|     15365 |         327 | 2005-09-01 03:14:17 |
|     15388 |          50 | 2005-09-01 03:50:23 |
|     15392 |         410 | 2005-09-01 01:14:15 |
|     15401 |         103 | 2005-09-01 03:44:10 |
|     15415 |         204 | 2005-09-01 02:05:56 |
...
|     15977 |         550 | 2005-09-01 22:12:10 |
|     15982 |         370 | 2005-09-01 21:51:31 |
|     16005 |         466 | 2005-09-02 02:35:22 |
|     16020 |         311 | 2005-09-01 18:17:33 |
|     16033 |         226 | 2005-09-01 02:36:15 |
|     16037 |          45 | 2005-09-01 02:48:04 |
|     16040 |         195 | 2005-09-02 02:19:33 |
+-----------+-------------+---------------------+
62 rows in set (0.01 sec)
```

尽管这 62 条记录的确是在 5 月至 8 月期间之外归还的，但是如果仔细查看数据，会发现返回的所有行的归还日期均不为 null。然而，另外 183 部从未归还的电影的记录呢？有人可能认为这 183 行同样未在 5 月至 8 月期间归还，所以应该包含在结果集中。要想正确回答这个问题，需要考虑到有些行的 return_date 列可能包含 null：

```
mysql> SELECT rental_id, customer_id, return_date
    -> FROM rental
    -> WHERE return_date IS NULL
    -> OR return_date NOT BETWEEN '2005-05-01' AND '2005-09-01';
+-----------+-------------+---------------------+
| rental_id | customer_id | return_date         |
+-----------+-------------+---------------------+
|     11496 |         155 | NULL                |
|     11541 |         335 | NULL                |
|     11563 |          83 | NULL                |
|     11577 |         219 | NULL                |
|     11593 |          99 | NULL                |
...
|     15939 |         382 | 2005-09-01 17:25:21 |
|     15942 |         210 | 2005-09-01 18:39:40 |
|     15966 |         374 | NULL                |
|     15971 |         187 | 2005-09-02 01:28:33 |
|     15973 |         343 | 2005-09-01 20:08:41 |
|     15977 |         550 | 2005-09-01 22:12:10 |
|     15982 |         370 | 2005-09-01 21:51:31 |
|     16005 |         466 | 2005-09-02 02:35:22 |
|     16020 |         311 | 2005-09-01 18:17:33 |
|     16033 |         226 | 2005-09-01 02:36:15 |
|     16037 |          45 | 2005-09-01 02:48:04 |
```

```
|       16040 |         195 | 2005-09-02 02:19:33 |
+-------------+-------------+---------------------+
245 rows in set (0.01 sec)
```

结果集中包含 62 条在 5 月至 8 月期间之外归还的记录，还有 183 条记录是从未归还的，共计 245 行。使用一个不熟悉的数据库时，最好是找出数据表中哪些列允许出现 null，这样就可以在过滤条件中采取适当的措施，以防止遗漏数据。

4.5 练习

下列练习考察你对于过滤条件的理解。答案参见附录 B。

在前两个练习中，需要参考 payment 数据表中的部分行：

```
+-------------+-------------+--------+---------------------+
| payment_id  | customer_id | amount | date(payment_date)  |
+-------------+-------------+--------+---------------------+
|         101 |           4 |   8.99 | 2005-08-18          |
|         102 |           4 |   1.99 | 2005-08-19          |
|         103 |           4 |   2.99 | 2005-08-20          |
|         104 |           4 |   6.99 | 2005-08-20          |
|         105 |           4 |   4.99 | 2005-08-21          |
|         106 |           4 |   2.99 | 2005-08-22          |
|         107 |           4 |   1.99 | 2005-08-23          |
|         108 |           5 |   0.99 | 2005-05-29          |
|         109 |           5 |   6.99 | 2005-05-31          |
|         110 |           5 |   1.99 | 2005-05-31          |
|         111 |           5 |   3.99 | 2005-06-15          |
|         112 |           5 |   2.99 | 2005-06-16          |
|         113 |           5 |   4.99 | 2005-06-17          |
|         114 |           5 |   2.99 | 2005-06-19          |
|         115 |           5 |   4.99 | 2005-06-20          |
|         116 |           5 |   4.99 | 2005-07-06          |
|         117 |           5 |   2.99 | 2005-07-08          |
|         118 |           5 |   4.99 | 2005-07-09          |
|         119 |           5 |   5.99 | 2005-07-09          |
|         120 |           5 |   1.99 | 2005-07-09          |
+-------------+-------------+--------+---------------------+
```

练习 4-1

下列过滤条件会返回哪些支付 ID？

```
customer_id <> 5 AND (amount > 8 OR date(payment_date) = '2005-08-23')
```

练习 4-2

下列过滤条件会返回哪些支付 ID?

```
customer_id = 5 AND NOT (amount > 6 OR date(payment_date) = '2005-06-19')
```

练习 4-3

构建查询,从 payment 数据表中检索 amount 列为 1.98、7.98 或 9.98 的所有行。

练习 4-4

构建查询,找出符合条件的所有客户:姓氏的第 2 个字母为 A,A 之后出现 W(可以在任意位置)。

第 5 章

多数据表查询

在第 2 章中演示了如何通过规范化过程将相关的概念分解成独立的部分。该练习的最终结果是创建了两个数据表：person 和 favorite_food。但如果要想生成单一报表，显示个人姓名、地址和喜爱的食物，则需要一种机制，将这两个数据表的数据重新组合在一起，这种机制被称为连接（join）。本章重点关注最简单、也是最常见的内连接（inner join）。第 10 章将演示所有不同的连接类型。

5.1 什么是连接

针对单个数据表的查询很常见，但你会发现大多数查询涉及两个、三个，甚至更多的数据表。我们先来看一下数据表 customer 和 address 的定义，然后编写从两个数据表中检索数据的查询：

```
mysql> desc customer;
+-------------+----------------------+------+-----+-------------------+
| Field       | Type                 | Null | Key | Default           |
+-------------+----------------------+------+-----+-------------------+
| customer_id | smallint(5) unsigned | NO   | PRI | NULL              |
| store_id    | tinyint(3) unsigned  | NO   | MUL | NULL              |
| first_name  | varchar(45)          | NO   |     | NULL              |
| last_name   | varchar(45)          | NO   | MUL | NULL              |
| email       | varchar(50)          | YES  |     | NULL              |
| address_id  | smallint(5) unsigned | NO   | MUL | NULL              |
| active      | tinyint(1)           | NO   |     | 1                 |
| create_date | datetime             | NO   |     | NULL              |
| last_update | timestamp            | YES  |     | CURRENT_TIMESTAMP |
+-------------+----------------------+------+-----+-------------------+

mysql> desc address;
```

```
+--------------+----------------------+------+-----+-------------------+
| Field        | Type                 | Null | Key | Default           |
+--------------+----------------------+------+-----+-------------------+
| address_id   | smallint(5) unsigned | NO   | PRI | NULL              |
| address      | varchar(50)          | NO   |     | NULL              |
| address2     | varchar(50)          | YES  |     | NULL              |
| district     | varchar(20)          | NO   |     | NULL              |
| city_id      | smallint(5) unsigned | NO   | MUL | NULL              |
| postal_code  | varchar(10)          | YES  |     | NULL              |
| phone        | varchar(20)          | NO   |     | NULL              |
| location     | geometry             | NO   | MUL | NULL              |
| last_update  | timestamp            | NO   |     | CURRENT_TIMESTAMP |
+--------------+----------------------+------+-----+-------------------+
```

假设想检索每位客户的姓氏和名字及其居住的街道地址。因此，需要查询列
customer.first_name、customer.last_name 和 address.address。但是应该如何在同一个查询
中检索两个数据表的数据呢？答案就在 customer.address_id 列，该列保存的是 address
数据表中客户记录的 ID（用更正式的术语来说，customer.address_id 是指向 address 数
据表的外键）。该查询指示服务器使用 customer.address_id 列作为数据表 customer 和
address 之间的纽带，从而实现在同一查询的结果集中包含来自两个数据表的列。这种
操作被称为连接。

 可以有选择地创建外键约束来验证一个数据表中的值是否存在于另一
个数据表中。对于前面的示例，可以在 customer 数据表中创建外键约
束，以确保插入 customer.address_id 列中的任何值都可以在 address.
address_id 列中找到。注意，连接两个数据表并不一定要有外键约束。

5.1.1　笛卡儿积

最简单的创建连接的方法是将数据表 customer 和 address 放入查询的 from 子句中。下
列查询检索客户的姓氏和名字，以及居住的街道地址，from 子句中包含了以 join 关键
字分隔的这两个数据表：

```
mysql> SELECT c.first_name, c.last_name, a.address
    -> FROM customer c JOIN address a;
+------------+-----------+---------------------+
| first_name | last_name | address             |
+------------+-----------+---------------------+
| MARY       | SMITH     | 47 MySakila Drive   |
| PATRICIA   | JOHNSON   | 47 MySakila Drive   |
| LINDA      | WILLIAMS  | 47 MySakila Drive   |
| BARBARA    | JONES     | 47 MySakila Drive   |
| ELIZABETH  | BROWN     | 47 MySakila Drive   |
| JENNIFER   | DAVIS     | 47 MySakila Drive   |
| MARIA      | MILLER    | 47 MySakila Drive   |
| SUSAN      | WILSON    | 47 MySakila Drive   |
```

```
...
| SETH        | HANNON    | 1325 Fukuyama Street |
| KENT        | ARSENAULT | 1325 Fukuyama Street |
| TERRANCE    | ROUSH     | 1325 Fukuyama Street |
| RENE        | MCALISTER | 1325 Fukuyama Street |
| EDUARDO     | HIATT     | 1325 Fukuyama Street |
| TERRENCE    | GUNDERSON | 1325 Fukuyama Street |
| ENRIQUE     | FORSYTHE  | 1325 Fukuyama Street |
| FREDDIE     | DUGGAN    | 1325 Fukuyama Street |
| WADE        | DELVALLE  | 1325 Fukuyama Street |
| AUSTIN      | CINTRON   | 1325 Fukuyama Street |
+-----------+-----------+----------------------+
361197 rows in set (0.03 sec)
```

customer 数据表包含 599 行，address 数据表包含 603 行，而结果集中的 361,197 行是从哪里来的呢？仔细观察，会发现很多客户居住的街道地址是一样的。这是因为查询并没有指定两个数据表应该如何连接，数据库服务器就生成了笛卡儿积（Cartesian product），也就是两个数据表的所有排列组合（599 个客户× 603 个地址= 361,197 种排列组合）。这种连接被称为交叉连接（cross join），很少会用到（至少不会特意用到）。我们会在第 10 章学习交叉连接。

5.1.2　内连接

要想修改上一个查询，使对于每个客户只返回一行，需要描述这两个数据表是如何关联的。之前展示过 customer.address_id 列是两个数据表之间的纽带，所以需要将该信息添加到 from 的 on 子句中：

```
mysql> SELECT c.first_name, c.last_name, a.address
    -> FROM customer c JOIN address a
    ->   ON c.address_id = a.address_id;
+------------+-----------+-------------------------------------+
| first_name | last_name | address                             |
+------------+-----------+-------------------------------------+
| MARY       | SMITH     | 1913 Hanoi Way                      |
| PATRICIA   | JOHNSON   | 1121 Loja Avenue                    |
| LINDA      | WILLIAMS  | 692 Joliet Street                   |
| BARBARA    | JONES     | 1566 Inegl Manor                    |
| ELIZABETH  | BROWN     | 53 Idfu Parkway                     |
| JENNIFER   | DAVIS     | 1795 Santiago de Compostela Way     |
| MARIA      | MILLER    | 900 Santiago de Compostela Parkway  |
| SUSAN      | WILSON    | 478 Joliet Way                      |
| MARGARET   | MOORE     | 613 Korolev Drive                   |
...
| TERRANCE   | ROUSH     | 42 Fontana Avenue                   |
| RENE       | MCALISTER | 1895 Zhezqazghan Drive              |
| EDUARDO    | HIATT     | 1837 Kaduna Parkway                 |
| TERRENCE   | GUNDERSON | 844 Bucuresti Place                 |
```

```
| ENRIQUE      | FORSYTHE      | 1101 Bucuresti Boulevard              |
| FREDDIE      | DUGGAN        | 1103 Quilmes Boulevard                |
| WADE         | DELVALLE      | 1331 Usak Boulevard                   |
| AUSTIN       | CINTRON       | 1325 Fukuyama Street                  |
+-------------+-------------+---------------------------------------+
599 rows in set (0.00 sec)
```

添加了 on 子句之后，我们如愿以偿地得到了 599 行，该子句指示服务器使用 address_id 列从一个数据表遍历到另一个数据表来连接数据表 customer 和 address。例如，在 customer 数据表中的行中，Mary Smith 对应行的 address_id 列包含值 5（本例中未显示出来）。服务器使用该值在 address 数据表中查找 address_id 列的值为 5 的行，然后从该行的 address 列中检索出'1913 Hanoi Way'。

如果一个数据表中的 address_id 列的值在另一个数据表中不存在，则包含该值的行连接失败，相应行不会出现在结果集中。这就是内连接，也是最常用的连接。更清楚地说，如果 customer 数据表中某行的 address_id 列的值为 999，但 address 数据表 address_id 列的值为 999 的行中并没有与其同样的行，则 customer 数据表中的该行就不会被纳入结果集。如果要将一个数据表中的所有行全部纳入结果集，不管其在另一个数据表中是否存在匹配，则需要指定外连接（outer join），我们会在第 10 章中讨论。

在上一个示例中，并没有在 from 子句中指定所使用的连接类型。但是，如果要对两个数据表使用内连接，最好在 from 子句中明确指定连接类型。下面的示例提供同样的查询，只不过增加了连接类型（注意关键字 inner）：

```
SELECT c.first_name, c.last_name, a.address
FROM customer c INNER JOIN address a
  ON c.address_id = a.address_id;
```

如果没有指定连接类型，那么服务器会默认使用内连接。正如本书随后要介绍的，连接类型不止一种，最好养成明确指定所需的连接类型的习惯，尤其是为将来可能使用/维护查询的其他人考虑。

如果用于连接两个数据表的列名相同（上一个示例就属于这种情况），则可以使用 using 子句替代 on 子句，如下所示：

```
SELECT c.first_name, c.last_name, a.address
FROM customer c INNER JOIN address a
  USING (address_id);
```

using 是一种只能在某些特定情况下使用的简写表示法，我倾向于始终使用 on 子句，以免造成混淆。

5.1.3 ANSI 连接语法

本书使用的数据表连接语法是在 ANSI SQL 标准的 SQL92 版本中引入的。所有的主流数据库（Oracle Database、Microsoft SQL Server、MySQL、IBM DB2 Universal Database、Sybase Adaptive Server）也都采用了 SQL92 连接语法。但由于这些数据库大多都出现在 SQL92 规范发布之前，因此也包括了旧的连接语法。例如，所有这些服务器都能够理解下列查询：

```
mysql> SELECT c.first_name, c.last_name, a.address
    -> FROM customer c, address a
    -> WHERE c.address_id = a.address_id;
+------------+------------+-------------------------------------+
| first_name | last_name  | address                             |
+------------+------------+-------------------------------------+
| MARY       | SMITH      | 1913 Hanoi Way                      |
| PATRICIA   | JOHNSON    | 1121 Loja Avenue                    |
| LINDA      | WILLIAMS   | 692 Joliet Street                   |
| BARBARA    | JONES      | 1566 Inegl Manor                    |
| ELIZABETH  | BROWN      | 53 Idfu Parkway                     |
| JENNIFER   | DAVIS      | 1795 Santiago de Compostela Way     |
| MARIA      | MILLER     | 900 Santiago de Compostela Parkway  |
| SUSAN      | WILSON     | 478 Joliet Way                      |
| MARGARET   | MOORE      | 613 Korolev Drive                   |
...
| TERRANCE   | ROUSH      | 42 Fontana Avenue                   |
| RENE       | MCALISTER  | 1895 Zhezqazghan Drive              |
| EDUARDO    | HIATT      | 1837 Kaduna Parkway                 |
| TERRENCE   | GUNDERSON  | 844 Bucuresti Place                 |
| ENRIQUE    | FORSYTHE   | 1101 Bucuresti Boulevard            |
| FREDDIE    | DUGGAN     | 1103 Quilmes Boulevard              |
| WADE       | DELVALLE   | 1331 Usak Boulevard                 |
| AUSTIN     | CINTRON    | 1325 Fukuyama Street                |
+------------+------------+-------------------------------------+
599 rows in set (0.00 sec)
```

这种指定连接的旧方法不需要 on 子句，from 子句中的数据表名以逗号分隔，连接条件出现在 where 子句中。尽管你可能打算无视 SQL92 语法，转投旧的连接语法，但 ANSI 连接语法具有以下优点：

- 连接条件和过滤条件被分隔在两个不同的子句中（on 子句和 where 子句），使得查询语句更易于理解；

- 两个数据表的连接条件出现在其各自单独的 on 子句中，这样就不太可能错误地忽略连接条件；

- 使用 SQL92 连接语法的查询语句可以在各种数据库服务器间移植，而旧语法在不同服务器上的表现略有不同。

SQL92 连接语法的优势在于更易于识别同时包含连接和过滤条件的复杂查询。下列查询可以返回邮政编码为 52137 的客户：

```
mysql> SELECT c.first_name, c.last_name, a.address
    -> FROM customer c, address a
    -> WHERE c.address_id = a.address_id
    ->    AND a.postal_code = 52137;
+------------+-----------+------------------------+
| first_name | last_name | address                |
+------------+-----------+------------------------+
| JAMES      | GANNON    | 1635 Kuwana Boulevard  |
| FREDDIE    | DUGGAN    | 1103 Quilmes Boulevard |
+------------+-----------+------------------------+
2 rows in set (0.01 sec)
```

乍一看，不太容易判断 where 子句中哪个是连接条件，哪个是过滤条件。使用哪种类型的连接也不是很明显（要识别连接类型，需要仔细观察 where 子句中的连接条件，看看是否使用了任何特殊字符），还不容易确定是否错误地遗漏了连接条件。下面是使用了 SQL92 连接语法的实现与上面相同的查询：

```
mysql> SELECT c.first_name, c.last_name, a.address
    -> FROM customer c INNER JOIN address a
    ->    ON c.address_id = a.address_id
    -> WHERE a.postal_code = 52137;
+------------+-----------+------------------------+
| first_name | last_name | address                |
+------------+-----------+------------------------+
| JAMES      | GANNON    | 1635 Kuwana Boulevard  |
| FREDDIE    | DUGGAN    | 1103 Quilmes Boulevard |
+------------+-----------+------------------------+
2 rows in set (0.01 sec)
```

在该版本的查询中，很清楚地可以看出哪个条件用于连接，哪个条件用于过滤。相信你也会认同 SQL92 连接语法更易于理解。

5.2 连接 3 个或以上的数据表

连接 3 个数据表的方法与连接 2 个数据表差不多，只有一处细微的差别。在 2 个数据表的连接查询中，from 子句包含 2 个数据表和 1 种连接类型，on 子句指定 2 个数据表如何连接。对于 3 个数据表的连接，from 子句包含 3 个数据表和 2 种连接类型，再加上 2 个 on 子句。

我们来修改上一个查询，使其返回客户所在的城市，而不再返回街道地址。但是，城市名称并未保存在 address 数据表中，需要通过指向 city 数据表的外键进行访问。数据表的定义如下：

```
mysql> desc address;
+-------------+----------------------+------+-----+------------------+
| Field       | Type                 | Null | Key | Default          |
```

```
+------------+-----------------------+------+-----+-------------------+
| address_id | smallint(5) unsigned  | NO   | PRI | NULL              |
| address    | varchar(50)           | NO   |     | NULL              |
| address2   | varchar(50)           | YES  |     | NULL              |
| district   | varchar(20)           | NO   |     | NULL              |
| city_id    | smallint(5) unsigned  | NO   | MUL | NULL              |
| postal_code| varchar(10)           | YES  |     | NULL              |
| phone      | varchar(20)           | NO   |     | NULL              |
| location   | geometry              | NO   | MUL | NULL              |
| last_update| timestamp             | NO   |     | CURRENT_TIMESTAMP |
+------------+-----------------------+------+-----+-------------------+

mysql> desc city;
+------------+-----------------------+------+-----+-------------------+
| Field      | Type                  | Null | Key | Default           |
+------------+-----------------------+------+-----+-------------------+
| city_id    | smallint(5) unsigned  | NO   | PRI | NULL              |
| city       | varchar(50)           | NO   |     | NULL              |
| country_id | smallint(5) unsigned  | NO   | MUL | NULL              |
| last_update| timestamp             | NO   |     | CURRENT_TIMESTAMP |
+------------+-----------------------+------+-----+-------------------+
```

要显示每个客户所在的城市，需要使用 address_id 列从 customer 数据表遍历到 address 数据表，然后使用 city_id 列从 address 数据表遍历到 city 数据表。查询如下所示：

```
mysql> SELECT c.first_name, c.last_name, ct.city
    -> FROM customer c
    ->   INNER JOIN address a
    ->   ON c.address_id = a.address_id
    ->   INNER JOIN city ct
    ->   ON a.city_id = ct.city_id;
+------------+-------------+--------------------------+
| first_name | last_name   | city                     |
+------------+-------------+--------------------------+
| JULIE      | SANCHEZ     | A Corua (La Corua)       |
| PEGGY      | MYERS       | Abha                     |
| TOM        | MILNER      | Abu Dhabi                |
| GLEN       | TALBERT     | Acua                     |
| LARRY      | THRASHER    | Adana                    |
| SEAN       | DOUGLASS    | Addis Abeba              |
| ...        |             |                          |
| MICHELE    | GRANT       | Yuncheng                 |
| GARY       | COY         | Yuzhou                   |
| PHYLLIS    | FOSTER      | Zalantun                 |
| CHARLENE   | ALVAREZ     | Zanzibar                 |
| FRANKLIN   | TROUTMAN    | Zaoyang                  |
| FLOYD      | GANDY       | Zapopan                  |
| CONSTANCE  | REID        | Zaria                    |
| JACK       | FOUST       | Zeleznogorsk             |
```

```
| BYRON      | BOX         | Zhezqazghan                |
| GUY        | BROWNLEE    | Zhoushan                   |
| RONNIE     | RICKETTS    | Ziguinchor                 |
+------------+-------------+----------------------------+
599 rows in set (0.03 sec)
```

该查询包含 3 个数据表、2 种连接类型以及 from 子句中的 2 个 on 子句，所以看起来有点乱。乍一看，数据表在 from 子句中出现的顺序至关重要，但如果调整一下数据表的顺序，结果是一模一样的。以下 3 个查询返回相同的结果：

```
SELECT c.first_name, c.last_name, ct.city
FROM customer c
  INNER JOIN address a
  ON c.address_id = a.address_id
  INNER JOIN city ct
  ON a.city_id = ct.city_id;

SELECT c.first_name, c.last_name, ct.city
FROM city ct
  INNER JOIN address a
  ON a.city_id = ct.city_id
  INNER JOIN customer c
  ON c.address_id = a.address_id;

SELECT c.first_name, c.last_name, ct.city
FROM address a
  INNER JOIN city ct
  ON a.city_id = ct.city_id
  INNER JOIN customer c
  ON c.address_id = a.address_id;
```

可以看到，唯一的不同是返回行的顺序，因为没有使用 order by 子句来指定对返回结果如何排序。

连接顺序重要吗？

如果你对这 3 个版本的 customer/address/city 查询都产生同样的结果感到疑惑，记住，SQL 是一种非过程化语言，也就是说只需要描述检索的内容和涉及的数据库对象，由数据库服务器负责确定如何以最佳方式执行查询。服务器使用从数据库对象收集的统计信息，在 3 个数据表中选择一个作为起点（所选择的数据表被称为驱动表），然后确定其他数据表的连接顺序。因此，各数据表在 from 子句中出现的顺序并不重要。

但是，如果你认为查询语句中的数据表应该始终以特定的顺序连接，可以将数据表按照需要的顺序排列，然后在 MySQL 中指定 straight_join 关键字，在 SQL Server 中请求 force order 选项，或是在 Oracle Database 中使用 ordered 或 leading 优化器提

示。例如，要想告知 MySQL 服务器使用 city 数据表作为驱动表，然后连接数据表 address 和 customer，可以执行下列查询：

```
SELECT STRAIGHT_JOIN c.first_name, c.last_name, ct.city
FROM city ct
  INNER JOIN address a
  ON a.city_id = ct.city_id
  INNER JOIN customer c
  ON c.address_id = a.address_id
```

5.2.1 使用子查询作为数据表

目前已经展示了几个包含多数据表查询的示例，但有种变化情况值得一提：如果有些数据集是由子查询产生的，该如何处理呢？子查询是第 9 章的重点，但在第 4 章中已经介绍了 from 子句中的子查询概念。下列查询将 customer 数据表与针对数据表 address 和 city 的子查询连接起来：

```
mysql> SELECT c.first_name, c.last_name, addr.address, addr.city
    -> FROM customer c
    ->   INNER JOIN
    ->    (SELECT a.address_id, a.address, ct.city
    ->     FROM address a
    ->       INNER JOIN city ct
    ->       ON a.city_id = ct.city_id
    ->     WHERE a.district = 'California'
    ->    ) addr
    ->   ON c.address_id = addr.address_id;
+------------+-----------+------------------------+-----------------+
| first_name | last_name | address                | city            |
+------------+-----------+------------------------+-----------------+
| PATRICIA   | JOHNSON   | 1121 Loja Avenue       | San Bernardino  |
| BETTY      | WHITE     | 770 Bydgoszcz Avenue   | Citrus Heights  |
| ALICE      | STEWART   | 1135 Izumisano Parkway | Fontana         |
| ROSA       | REYNOLDS  | 793 Cam Ranh Avenue    | Lancaster       |
| RENEE      | LANE      | 533 al-Ayn Boulevard   | Compton         |
| KRISTIN    | JOHNSTON  | 226 Brest Manor        | Sunnyvale       |
| CASSANDRA  | WALTERS   | 920 Kumbakonam Loop    | Salinas         |
| JACOB      | LANCE     | 1866 al-Qatif Avenue   | El Monte        |
| RENE       | MCALISTER | 1895 Zhezqazghan Drive | Garden Grove    |
+------------+-----------+------------------------+-----------------+
9 rows in set (0.00 sec)
```

从第 4 行开始被赋予别名 addr 的子查询负责查找位于 California 的所有地址。外围查询将子查询的结果与 customer 数据表连接，返回居住在 California 的所有客户的名字、姓氏、街道地址和城市。尽管该查询也可以不使用子查询，而通过简单地连接 3 个数据表来实现，但从性能和/或可读性方面来看，有时候使用一个或多个子查询还是有优势的。

可以通过运行子查询本身并查看结果来形象化地理解背后所执行的操作。下面是之前
例子中子查询的结果：

```
mysql> SELECT a.address_id, a.address, ct.city
    -> FROM address a
    ->   INNER JOIN city ct
    ->   ON a.city_id = ct.city_id
    -> WHERE a.district = 'California';
+------------+------------------------+----------------+
| address_id | address                | city           |
+------------+------------------------+----------------+
|          6 | 1121 Loja Avenue       | San Bernardino |
|         18 | 770 Bydgoszcz Avenue   | Citrus Heights |
|         55 | 1135 Izumisano Parkway | Fontana        |
|        116 | 793 Cam Ranh Avenue    | Lancaster      |
|        186 | 533 al-Ayn Boulevard   | Compton        |
|        218 | 226 Brest Manor        | Sunnyvale      |
|        274 | 920 Kumbakonam Loop    | Salinas        |
|        425 | 1866 al-Qatif Avenue   | El Monte       |
|        599 | 1895 Zhezqazghan Drive | Garden Grove   |
+------------+------------------------+----------------+
9 rows in set (0.00 sec)
```

结果集中包含全部 9 个位于 California 的地址。当通过 address_id 列连接 customer 数据
表时，结果集将包含居住在这些地址的客户的信息。

5.2.2　使用同一数据表两次

如果要连接多个数据表，可能会发现需要多次连接同一个表。例如，在样本数据库中，
演员通过 film_actor 数据表与其参演的电影关联。如果想查找两个特定演员参演的所有
电影，可以编写下列查询，将 film 数据表先后与数据表 film_actor 和 actor 连接：

```
mysql> SELECT f.title
    -> FROM film f
    ->   INNER JOIN film_actor fa
    ->   ON f.film_id = fa.film_id
    ->   INNER JOIN actor a
    ->   ON fa.actor_id = a.actor_id
    -> WHERE ((a.first_name = 'CATE' AND a.last_name = 'MCQUEEN')
    ->   OR (a.first_name = 'CUBA' AND a.last_name = 'BIRCH'));
+----------------------+
| title                |
+----------------------+
| ATLANTIS CAUSE       |
| BLOOD ARGONAUTS      |
| COMMANDMENTS EXPRESS |
| DYNAMITE TARZAN      |
| EDGE KISSING         |
```

```
...
| TOWERS HURRICANE     |
| TROJAN TOMORROW      |
| VIRGIN DAISY         |
| VOLCANO TEXAS        |
| WATERSHIP FRONTIER   |
+---------------------+
54 rows in set (0.00 sec)
```

该查询返回 Cate McQueen 或 Cuba Birch 参演的所有电影。但是，假设现在要检索的是两人共同参演的电影。为此，要在 film 数据表中查找符合以下条件的所有行：对应于 film_actor 数据表中的两行，其中一行与 Cate McQueen 关联，另一行与 Cuba Birch 关联。因此，需要包含数据表 film_actor 和 actor 两次，每次使用不同的别名，以便服务器知道在不同的子句中引用的是哪个数据表：

```
mysql> SELECT f.title
    -> FROM film f
    ->    INNER JOIN film_actor fa1
    ->    ON f.film_id = fa1.film_id
    ->    INNER JOIN actor a1
    ->    ON fa1.actor_id = a1.actor_id
    ->    INNER JOIN film_actor fa2
    ->    ON f.film_id = fa2.film_id
    ->    INNER JOIN actor a2
    ->    ON fa2.actor_id = a2.actor_id
    -> WHERE (a1.first_name = 'CATE' AND a1.last_name = 'MCQUEEN')
    ->    AND (a2.first_name = 'CUBA' AND a2.last_name = 'BIRCH');
+------------------+
| title            |
+------------------+
| BLOOD ARGONAUTS  |
| TOWERS HURRICANE |
+------------------+
2 rows in set (0.00 sec)
```

两位演员共出现在 52 部电影中，但共同参演的电影只有 2 部。这是一个需要使用数据表别名的示例，因为要使用多次相同的数据表。

5.3 自连接

不仅可以在同一查询中多次包含相同的数据表，还可以将数据表与其自身连接。初看起来这可能是一件奇怪的事情，但这样做是有原因的。有些数据表包含自引用外键（self-referencing foreign key），这意味着它具有指向同一数据表中主键的列。尽管样本数据库不存在这样的关联，但我们可以假设 film 数据表包含 prequel_film_id 列，它指向该电影的前传（例如，电影 *Fiddler Lost II* 使用这一列指向前传 *Fiddler Lost*）。如果我们要添加此附加列，数据表如下所示：

```
mysql> desc film;
+---------------------+-----------------------+------+-----+------------+
| Field               | Type                  | Null | Key | Default    |
+---------------------+-----------------------+------+-----+------------+
| film_id             | smallint(5) unsigned  | NO   | PRI | NULL       |
| title               | varchar(255)          | NO   | MUL | NULL       |
| description         | text                  | YES  |     | NULL       |
| release_year        | year(4)               | YES  |     | NULL       |
| language_id         | tinyint(3) unsigned   | NO   | MUL | NULL       |
| original_language_id| tinyint(3) unsigned   | YES  | MUL | NULL       |
| rental_duration     | tinyint(3) unsigned   | NO   |     | 3          |
| rental_rate         | decimal(4,2)          | NO   |     | 4.99       |
| length              | smallint(5) unsigned  | YES  |     | NULL       |
| replacement_cost    | decimal(5,2)          | NO   |     | 19.99      |
| rating              | enum('G','PG','PG-13',|      |     |            |
|                     |      'R','NC-17')     | YES  |     | G          |
| special_features    | set('Trailers',...,   |      |     |            |
|                     | 'Behind the Scenes')  | YES  |     | NULL       |
| last_update         | timestamp             | NO   |     | CURRENT_   |
|                     |                       |      |     | TIMESTAMP  |
| prequel_film_id     | smallint(5) unsigned  | YES  | MUL | NULL       |
+---------------------+-----------------------+------+-----+------------+
```

使用自联接，可以编写查询，列出每部有前传的电影以及前传的片名：

```
mysql> SELECT f.title, f_prnt.title prequel
    -> FROM film f
    ->    INNER JOIN film f_prnt
    ->    ON f_prnt.film_id = f.prequel_film_id
    -> WHERE f.prequel_film_id IS NOT NULL;
+-----------------+--------------+
| title           | prequel      |
+-----------------+--------------+
| FIDDLER LOST II | FIDDLER LOST |
+-----------------+--------------+
1 row in set (0.00 sec)
```

查询使用 prequel_film_id 外键将 film 数据表与其自身连接，并为该数据表分配别名 f
和 f_prnt，用以明确各自的用途。

5.4 练习

下列练习考察你对于内连接的理解。答案参见附录 B。

练习 5-1

完成下列查询的填空（使用<#>标记），以实现指定的结果：

```
mysql> SELECT c.first_name, c.last_name, a.address, ct.city
    -> FROM customer c
    ->   INNER JOIN address <1>
    ->   ON c.address_id = a.address_id
    ->   INNER JOIN city ct
    ->   ON a.city_id = <2>
    -> WHERE a.district = 'California';
+------------+-----------+------------------------+-----------------+
| first_name | last_name | address                | city            |
+------------+-----------+------------------------+-----------------+
| PATRICIA   | JOHNSON   | 1121 Loja Avenue       | San Bernardino  |
| BETTY      | WHITE     | 770 Bydgoszcz Avenue   | Citrus Heights  |
| ALICE      | STEWART   | 1135 Izumisano Parkway | Fontana         |
| ROSA       | REYNOLDS  | 793 Cam Ranh Avenue    | Lancaster       |
| RENEE      | LANE      | 533 al-Ayn Boulevard   | Compton         |
| KRISTIN    | JOHNSTON  | 226 Brest Manor        | Sunnyvale       |
| CASSANDRA  | WALTERS   | 920 Kumbakonam Loop    | Salinas         |
| JACOB      | LANCE     | 1866 al-Qatif Avenue   | El Monte        |
| RENE       | MCALISTER | 1895 Zhezqazghan Drive | Garden Grove    |
+------------+-----------+------------------------+-----------------+
9 rows in set (0.00 sec)
```

练习 5-2

编写查询，返回名字为 JOHN 的演员参演过的所有电影的片名。

练习 5-3

编写查询，返回相同城市的所有地址。需要连接 address 数据表自身，每行应该包含两个不同的地址。

第 6 章

使用集合

尽管可以一次一行地处理数据库中的数据，但关系型数据库通常处理的其实都是集合。本章将探究如何使用各种集合运算符组合多个结果集。在快速介绍集合论之后，将演示使用集合运算符 union、intersect 和 except 将多个数据集混合在一起。

6.1　集合论入门

在世界上的许多地方，基本的集合论都包含在初级数学课程中。你也许还记得图 6-1 所示的图示。

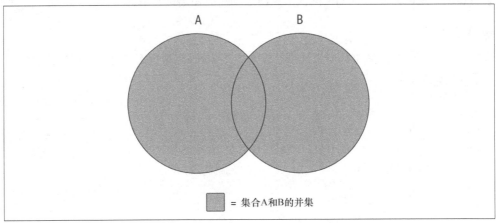

图 6-1　并集运算

图 6-1 中的阴影区域表示集合 A 和 B 的并集（union），它是两个集合的组合（任何重叠区域仅被包含一次）。看起来眼熟吗？如果是，那么你曾学过的知识终于能派上用场了；如果不是，也不用担心，因为使用图形很容易将概念形象化。

使用圆圈代表两个数据集（A 和 B），想象两个数据集共有的数据子集，这种共有的数据由图 6-1 中的重叠区域表示。由于集合论在没有数据集重叠的情况下相当无趣，因此下文将继续使用图示来说明集合的相关操作。还有另一种集合运算只关注两个数据集的重叠，这种运算被称为交集（intersection），如图 6-2 所示。

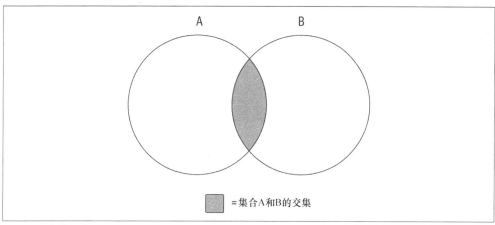

图 6-2 交集运算

集合 A 和 B 的交集运算生成的数据集只包含两个集合间的重叠区域。如果两个集合没有重叠，则交集运算生成的是空集。

如图 6-3 所示，第三种也是最后一种集合运算被称为差集（except）。

图 6-3 展示了 A except B 的结果，即整个集合 A 减去与集合 B 重叠的部分。如果两个集合不存在重叠，则 A except B 的结果为整个集合 A。

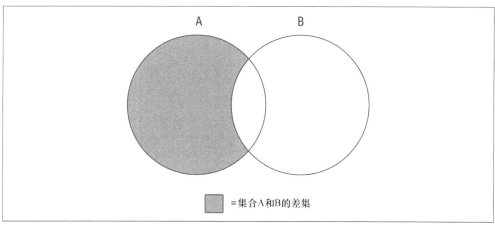

图 6-3 差集运算

使用这 3 种运算或者将不同的运算组合在一起，就可以生成任何所需的结果。例如，假设想生成如图 6-4 所示的集合。

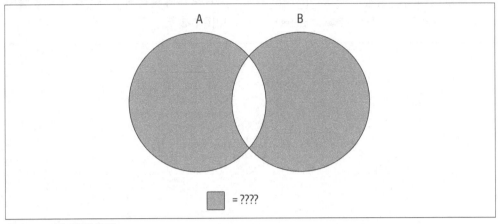

图 6-4 未知的数据集

该数据集包含集合 A 和 B 中的所有非重叠区域。这种情况下无法使用之前介绍的 3 种运算中的某一种来得到此结果，而需要先构建一个包含集合 A 和 B 的数据集，再使用第二种运算去除重叠区域。如果使用 A union B 表示并集、A intersect B 表示交集，那么可以使用下列运算生成图 6-4 中的数据集：

```
(A union B) except (A intersect B)
```

当然，实现方法不止一种，也可以使用下列运算来得到同样的结果：

```
(A except B) union (B except A)
```

这些概念使用图示很容易理解，6.2 节中将展示如何使用 SQL 集合运算将这些概念应用于关系型数据库。

6.2 集合论实践

6.1 节的图示中用来表示数据集的圆圈并没有传达出数据集所包含的内容。然而，在处理实际数据时，需要描述所涉及的数据集的组成。想象一下，如果想生成数据表 customer 和 city 的并集会怎样，两个数据表的定义如下：

```
mysql> desc customer;
+--------------+----------------------+------+-----+------------------+
| Field        | Type                 | Null | Key | Default          |
+--------------+----------------------+------+-----+------------------+
| customer_id  | smallint(5) unsigned | NO   | PRI | NULL             |
| store_id     | tinyint(3) unsigned  | NO   | MUL | NULL             |
```

```
| first_name  | varchar(45)          | NO   |     | NULL              |
| last_name   | varchar(45)          | NO   | MUL | NULL              |
| email       | varchar(50)          | YES  |     | NULL              |
| address_id  | smallint(5) unsigned | NO   | MUL | NULL              |
| active      | tinyint(1)           | NO   |     | 1                 |
| create_date | datetime             | NO   |     | NULL              |
| last_update | timestamp            | YES  |     | CURRENT_TIMESTAMP |
+-------------+----------------------+------+-----+-------------------+

mysql> desc city;
+-------------+----------------------+------+-----+-------------------+
| Field       | Type                 | Null | Key | Default           |
+-------------+----------------------+------+-----+-------------------+
| city_id     | smallint(5) unsigned | NO   | PRI | NULL              |
| city        | varchar(50)          | NO   |     | NULL              |
| country_id  | smallint(5) unsigned | NO   | MUL | NULL              |
| last_update | timestamp            | NO   |     | CURRENT_TIMESTAMP |
+-------------+----------------------+------+-----+-------------------+
```

在进行合并时，结果集中的第 1 列包含 customer.customer_id 和 city.city_id 两列，第 2 列包括 customer.store_id 和 city.city 两列，以此类推。虽然有些列对（column pair）很容易合并（例如，两个数值列），但其他列对应该如何合并就没那么容易了，比如数值列与字符串列，或者字符串列与日期列。除此之外，合并后的数据表的第 5 列到第 9 列将只包含 customer 数据表的第 5 列到第 9 列的数据，因为 city 数据表一共只有 4 列。显然，待合并的两个数据集之间需要有一些共性。

因此，在对两个数据集执行集合运算时，必须遵循以下规则：

- 两个数据集的列数必须相等；

- 两个数据集各列的数据类型必须相同（或者数据库服务器必须能够将一种数据类型转换成另一种数据类型）。

有了这些规则，我们就更容易设想"重叠数据"在实践中的含义了。对于两个数据表中的行，只有所有列对都包含同样的字符串、数值或日期，才会被视为重复行。

可以通过在两个 select 语句之间放置集合运算符来执行集合运算，如下所示：

```
mysql> SELECT 1 num, 'abc' str
    -> UNION
    -> SELECT 9 num, 'xyz' str;
+-----+-----+
| num | str |
+-----+-----+
|   1 | abc |
|   9 | xyz |
+-----+-----+
2 rows in set (0.02 sec)
```

每个独立的查询都会生成一个包含单行的数据集，该行由一个数值列和一个字符串列组成。集合运算符（本例中为 union）告知数据库服务器合并这两个集合的所有行。因此，最终的集合包含了由两列组成的两行。该查询被称为复合查询（compound query），因为它包含多个独立的查询。随后会展示更复杂的复合查询，可能会使用多个集合运算符来组合两个以上的查询，以获得最终的结果。

6.3 集合运算符

SQL 语言包括 3 个集合运算符，可用于执行之前介绍过的各种集合运算。此外，每个集合运算符有两种风格，一种包含了重复项，另一种去除了重复项（但不一定是所有重复项）。在接下来的几节中定义了每个运算符并演示了其用法。

6.3.1 union 运算符

运算符 union 和 union all 可以组合多个数据集。两者的区别在于，union 会对组合后的集合进行排序并去除重复项，而 union all 则不然。对于后者，最终得到的数据集的行数总是等于各集合的行数之和。这是最容易执行的集合运算（从服务器的角度来看），因为服务器不需要检查重复的数据。下面的示例演示了如何使用 union all 运算符从多个数据表中生成名字和姓氏的集合：

```
mysql> SELECT 'CUST' typ, c.first_name, c.last_name
    -> FROM customer c
    -> UNION ALL
    -> SELECT 'ACTR' typ, a.first_name, a.last_name
    -> FROM actor a;
+------+------------+-------------+
| typ  | first_name | last_name   |
+------+------------+-------------+
| CUST | MARY       | SMITH       |
| CUST | PATRICIA   | JOHNSON     |
| CUST | LINDA      | WILLIAMS    |
| CUST | BARBARA    | JONES       |
| CUST | ELIZABETH  | BROWN       |
| CUST | JENNIFER   | DAVIS       |
| CUST | MARIA      | MILLER      |
| CUST | SUSAN      | WILSON      |
| CUST | MARGARET   | MOORE       |
| CUST | DOROTHY    | TAYLOR      |
| CUST | LISA       | ANDERSON    |
| CUST | NANCY      | THOMAS      |
| CUST | KAREN      | JACKSON     |
...
| ACTR | BURT       | TEMPLE      |
| ACTR | MERYL      | ALLEN       |
```

```
| ACTR | JAYNE       | SILVERSTONE |
| ACTR | BELA        | WALKEN      |
| ACTR | REESE       | WEST        |
| ACTR | MARY        | KEITEL      |
| ACTR | JULIA       | FAWCETT     |
| ACTR | THORA       | TEMPLE      |
+------+-------------+-------------+
799 rows in set (0.00 sec)
```

该查询返回 799 行，其中 599 行来自 customer 数据表，200 行来自 actor 数据表。别名为 typ 的第一列并不是必需的，这里只是为了表明查询返回的各个姓名来自哪个数据表。

为了说明 union all 运算符不会去除重复项，下面是前一个示例的另一个版本，但是对 actor 数据表使用了两个相同的查询：

```
mysql> SELECT 'ACTR' typ, a.first_name, a.last_name
    -> FROM actor a
    -> UNION ALL
    -> SELECT 'ACTR' typ, a.first_name, a.last_name
    -> FROM actor a;
+------+-------------+--------------+
| typ  | first_name  | last_name    |
+------+-------------+--------------+
| ACTR | PENELOPE    | GUINESS      |
| ACTR | NICK        | WAHLBERG     |
| ACTR | ED          | CHASE        |
| ACTR | JENNIFER    | DAVIS        |
| ACTR | JOHNNY      | LOLLOBRIGIDA |
| ACTR | BETTE       | NICHOLSON    |
| ACTR | GRACE       | MOSTEL       |
...
| ACTR | BURT        | TEMPLE       |
| ACTR | MERYL       | ALLEN        |
| ACTR | JAYNE       | SILVERSTONE  |
| ACTR | BELA        | WALKEN       |
| ACTR | REESE       | WEST         |
| ACTR | MARY        | KEITEL       |
| ACTR | JULIA       | FAWCETT      |
| ACTR | THORA       | TEMPLE       |
+------+-------------+--------------+
400 rows in set (0.00 sec)
```

从查询结果来看，actor 数据表中的 200 行数据出现了两次，共计 400 行。

当然在复合查询中包含两个同样的查询并不常见。下面是另一个返回重复数据的复合查询：

```
mysql> SELECT c.first_name, c.last_name
    -> FROM customer c
```

```
    -> WHERE c.first_name LIKE 'J%' AND c.last_name LIKE 'D%'
    -> UNION ALL
    -> SELECT a.first_name, a.last_name
    -> FROM actor a
    -> WHERE a.first_name LIKE 'J%' AND a.last_name LIKE 'D%';
+------------+------------+
| first_name | last_name  |
+------------+------------+
| JENNIFER   | DAVIS      |
| JENNIFER   | DAVIS      |
| JUDY       | DEAN       |
| JODIE      | DEGENERES  |
| JULIANNE   | DENCH      |
+------------+------------+
5 rows in set (0.00 sec)
```

两个查询均返回缩写为 JD 的人名。在这 5 行结果集中, 有 2 行是重复的 (Jennifer Davis)。
如果想不包含重复行, 需要使用 union 运算符代替 union all:

```
mysql> SELECT c.first_name, c.last_name
    -> FROM customer c
    -> WHERE c.first_name LIKE 'J%' AND c.last_name LIKE 'D%'
    -> UNION
    -> SELECT a.first_name, a.last_name
    -> FROM actor a
    -> WHERE a.first_name LIKE 'J%' AND a.last_name LIKE 'D%';
+------------+------------+
| first_name | last_name  |
+------------+------------+
| JENNIFER   | DAVIS      |
| JUDY       | DEAN       |
| JODIE      | DEGENERES  |
| JULIANNE   | DENCH      |
+------------+------------+
4 rows in set (0.00 sec)
```

在该查询返回的结果集中包含了 4 个不同的姓名, 不再是使用 union all 时返回的 5 行。

6.3.2 intersect 运算符

ANSI SQL 规范中定义了用于执行交集运算的 intersect 运算符。遗憾的是, MySQL 8.0
版还未实现 intersect 运算符, 不过在 Oracle 或 SQL Server 2008 中可以使用它。但由于
本书中所有示例均使用 MySQL, 本节的示例查询的结果集其实都是虚构的, 无法在 8.0
版之前 (包括 8.0) 的 MySQL 中执行。因为这些语句并不是由 MySQL 服务器执行的,
所以省去了 MySQL 提示符 (mysql>)。

如果复合查询中的两个查询返回不重叠的数据集, 则交集运算的结果为空集。考虑下
列查询:

```
SELECT c.first_name, c.last_name
FROM customer c
WHERE c.first_name LIKE 'D%' AND c.last_name LIKE 'T%'
INTERSECT
SELECT a.first_name, a.last_name
FROM actor a
WHERE a.first_name LIKE 'D%' AND a.last_name LIKE 'T%';
Empty set (0.04 sec)
```

尽管演员和客户中都有姓名缩写为 DT 的人，但这两个集合完全没有重叠部分，所以其交集运算的结果为空集。如果将姓名缩写改为 JD，则交集运算会生成一行：

```
SELECT c.first_name, c.last_name
FROM customer c
WHERE c.first_name LIKE 'J%' AND c.last_name LIKE 'D%'
INTERSECT
SELECT a.first_name, a.last_name
FROM actor a
WHERE a.first_name LIKE 'J%' AND a.last_name LIKE 'D%';
+------------+-----------+
| first_name | last_name |
+------------+-----------+
| JENNIFER   | DAVIS     |
+------------+-----------+
1 row in set (0.00 sec)
```

两个查询的交集运算得到了 Jennifer Davis，这是唯一同时出现在两个查询的结果集中的姓名。

除了能够去除重叠部分中所有重复行的 intersect 运算符，ANSI SQL 规范还提供了不去除重复行的 intersect all 运算符。目前唯一实现了 intersect all 运算符的数据库服务器是 IBM DB2 Universal Server。

6.3.3　except 运算符

ANSI SQL 规范提供了执行差集运算的 except 运算符。同样遗憾的是，MySQL 8.0 版也没有实现 except 运算符，因此本节依然沿用 6.3.2 节的做法。

> 如果你使用的是 Oracle Database，则需要使用非 ANSI 兼容的 minus 运算符替代 except 运算符。

except 运算符返回第一个结果集减去其与第二个结果集重叠部分后的剩余部分。下面的示例与 6.3.2 节中的相同，只不过使用 except 替代了 intersect，并颠倒了查询顺序：

```
SELECT a.first_name, a.last_name
FROM actor a
```

```
WHERE a.first_name LIKE 'J%' AND a.last_name LIKE 'D%'
EXCEPT
SELECT c.first_name, c.last_name
FROM customer c
WHERE c.first_name LIKE 'J%' AND c.last_name LIKE 'D%';
+------------+------------+
| first_name | last_name  |
+------------+------------+
| JUDY       | DEAN       |
| JODIE      | DEGENERES  |
| JULIANNE   | DENCH      |
+------------+------------+
3 rows in set (0.00 sec)
```

在这一版本的查询中，结果集共 3 行，由第一个查询减去 Jennifer Davis 组成，Jennifer Davis 出现在两个查询的结果集中。ANSI SQL 规范还提供了 except all 运算符，但只有 IBM 的 DB2 Universal Server 实现了该运算符。

except all 运算符有点棘手，这里给出一个示例，演示了如何处理重复数据。假设有两个数据集：

集合 A

```
+----------+
| actor_id |
+----------+
|       10 |
|       11 |
|       12 |
|       10 |
|       10 |
+----------+
```

集合 B

```
+----------+
| actor_id |
+----------+
|       10 |
|       10 |
+----------+
```

A except B 生成以下结果：

```
+----------+
| actor_id |
+----------+
|       11 |
|       12 |
+----------+
```

如果将运算改为 A except all B，则结果如下：

```
+----------+
| actor_id |
+----------+
|       10 |
|       11 |
|       12 |
+----------+
```

因此，这两个运算之间的差别是，except 运算会从集合 A 中去除所有的重复数据，而 except all 运算只去除集合 A 和集合 B 中一对一出现的重复数据。

6.4　集合运算规则

接下来将描述在使用复合查询时必须遵循的一些规则。

6.4.1　对符合查询结果排序

如果需要对复合查询的结果进行排序，可以在最后一个查询后面添加 order by 子句。在 order by 子句中指定列名时，需要从复合查询的第一个查询中选择。通常情况下，复合查询中两个查询的列名是相同的，但并非总是如此：

```
mysql> SELECT a.first_name fname, a.last_name lname
    -> FROM actor a
    -> WHERE a.first_name LIKE 'J%' AND a.last_name LIKE 'D%'
    -> UNION ALL
    -> SELECT c.first_name, c.last_name
    -> FROM customer c
    -> WHERE c.first_name LIKE 'J%' AND c.last_name LIKE 'D%'
    -> ORDER BY lname, fname;
+----------+-----------+
| fname    | lname     |
+----------+-----------+
| JENNIFER | DAVIS     |
| JENNIFER | DAVIS     |
| JUDY     | DEAN      |
| JODIE    | DEGENERES |
| JULIANNE | DENCH     |
+----------+-----------+
5 rows in set (0.00 sec)
```

在本例中，两个查询的列名并不相同。如果在 order by 子句中指定的是来自第二个查询的列名，会产生错误：

```
mysql> SELECT a.first_name fname, a.last_name lname
    -> FROM actor a
```

```
    -> WHERE a.first_name LIKE 'J%' AND a.last_name LIKE 'D%'
    -> UNION ALL
    -> SELECT c.first_name, c.last_name
    -> FROM customer c
    -> WHERE c.first_name LIKE 'J%' AND c.last_name LIKE 'D%'
    -> ORDER BY last_name, first_name;
ERROR 1054 (42S22): Unknown column 'last_name' in 'order clause'
```

为了避免此问题，建议为两个查询中的列提供相同的列别名。

6.4.2　集合运算的优先级

如果复合查询包含两个以上不同集合运算符的查询，则需要在复合语句中确定查询执行的顺序，以获取想要的结果。考虑下面包含 3 个查询的复合语句：

```
mysql> SELECT a.first_name, a.last_name
    -> FROM actor a
    -> WHERE a.first_name LIKE 'J%' AND a.last_name LIKE 'D%'
    -> UNION ALL
    -> SELECT a.first_name, a.last_name
    -> FROM actor a
    -> WHERE a.first_name LIKE 'M%' AND a.last_name LIKE 'T%'
    -> UNION
    -> SELECT c.first_name, c.last_name
    -> FROM customer c
    -> WHERE c.first_name LIKE 'J%' AND c.last_name LIKE 'D%';
+------------+-----------+
| first_name | last_name |
+------------+-----------+
| JENNIFER   | DAVIS     |
| JUDY       | DEAN      |
| JODIE      | DEGENERES |
| JULIANNE   | DENCH     |
| MARY       | TANDY     |
| MENA       | TEMPLE    |
+------------+-----------+
6 rows in set (0.00 sec)
```

这个复合查询包括 3 个返回非唯一姓名集合的查询，前两个查询之间用 union all 运算符分隔，后两个查询之间用 union 运算符分隔。尽管运算符 union 和 union all 放在什么位置似乎没有太大区别，但确实有所不同。下面是同样的复合查询，只是颠倒了集合运算符的位置：

```
mysql> SELECT a.first_name, a.last_name
    -> FROM actor a
    -> WHERE a.first_name LIKE 'J%' AND a.last_name LIKE 'D%'
    -> UNION
    -> SELECT a.first_name, a.last_name
```

```
    -> FROM actor a
    -> WHERE a.first_name LIKE 'M%' AND a.last_name LIKE 'T%'
    -> UNION ALL
    -> SELECT c.first_name, c.last_name
    -> FROM customer c
    -> WHERE c.first_name LIKE 'J%' AND c.last_name LIKE 'D%';
+------------+-----------+
| first_name | last_name |
+------------+-----------+
| JENNIFER   | DAVIS     |
| JUDY       | DEAN      |
| JODIE      | DEGENERES |
| JULIANNE   | DENCH     |
| MARY       | TANDY     |
| MENA       | TEMPLE    |
| JENNIFER   | DAVIS     |
+------------+-----------+
7 rows in set (0.00 sec)
```

如上述结果所示，在使用不同的集合运算符时，复合查询的不同构建方式的确会生成不同的查询结果。一般而言，包含 3 个或以上查询语句的复合查询，是以自顶向下的顺序来评估查询的，但还需要注意下面两点：

- 根据 ANSI SQL 规范，intersect 运算符拥有比其他集合运算符更高的优先级；

- 可以将查询放入括号内，以明确指定查询的执行顺序。

MySQL 目前还不允许在复合查询中使用括号，但如果你使用的是其他数据库服务器，则可以将相邻查询放入括号中，以覆盖复合查询默认的自顶向下的处理方式，如下所示：

```
SELECT a.first_name, a.last_name
FROM actor a
WHERE a.first_name LIKE 'J%' AND a.last_name LIKE 'D%'
UNION
(SELECT a.first_name, a.last_name
 FROM actor a
 WHERE a.first_name LIKE 'M%' AND a.last_name LIKE 'T%'
 UNION ALL
 SELECT c.first_name, c.last_name
 FROM customer c
 WHERE c.first_name LIKE 'J%' AND c.last_name LIKE 'D%'
)
```

对于该复合查询，后两个查询使用 union all 运算符组合，其结果再使用 union 运算符与第一个查询组合。

6.5 练习

下列练习考察你对于集合运算的理解。答案参见附录 B。

练习 6-1

如果集合 A = {L M N O P}，集合 B = {P Q R S T}，下列运算会生成什么样的结果？

- A union B
- A union all B
- A intersect B
- A except B

练习 6-2

编写复合查询，查找所有演员和客户中姓氏以 L 开头的姓名。

练习 6-3

根据 last_name 列对练习 6-2 的结果进行排序。

第 7 章

数据生成、操作和转换

如前言中提到的，本书致力于介绍能够应用于多种数据库服务器的通用 SQL 技术。本章讨论字符串、数值、时间数据的生成、转换和操作。由于 SQL 语言本身并不包含与这些功能相关的命令，必须使用内建函数来协助解决。尽管 SQL 标准指定了部分函数，但数据库厂商并没有遵循这些函数规范。

因此，本章采用的方法是展示在 SQL 语句中生成和操作数据的一些常见方式，然后演示 Microsoft SQL Server、Oracle Database 和 MySQL 实现的一些内建函数。在阅读本章的同时，我强烈建议下载一份包含服务器所实现的所有函数的指南。如果你使用不止一种数据库服务器，可以参考涵盖多种服务器的指南。

7.1 处理字符串数据

在处理字符串数据时，会用到下列字符数据类型：

char

固定长度、不足部分用空格填充的字符串。MySQL 允许的 char 类型的最大长度为 255 个字符，Oracle Database 允许的最大长度为 2,000 个字符，SQL Server 允许的最大长度为 8,000 个字符。

varchar

变长字符串。MySQL 允许的 varchar 类型的最大长度为 65,536 个字符，Oracle Database（通过 varchar2 类型）允许的最大长度为 4,000 个字符，SQL Server 允许的最大长度为 8,000 个字符。

text（MySQL 和 SQL Server）或 clob（Oracle Database）

保存非常大的可变长字符串（在此上下文中通常称为文档）。MySQL 有多种 text

类型（tinytext、text、mediumtext 和 longtext），可用于最大 4GB 的文档。SQL Server
为最大 2GB 的文档提供了单一的 text 类型，而 Oracle Database 包括 clob 数据类型，
可保存最大为 128TB 的巨大文档。SQL Server 2005 还包括 varchar(max)数据类型，
并建议使用其代替 text 类型，text 类型将在未来的某个版本中被删除。

为了演示各种数据类型的用法，在本节中的一些示例中会用到下列数据表：

```
CREATE TABLE string_tbl
 (char_fld CHAR(30),
  vchar_fld VARCHAR(30),
  text_fld TEXT
 );
```

接下来的两节会展示如何生成和操作字符串数据。

7.1.1 生成字符串

填充字符列的最简单的方法是将字符串放入引号内，如下所示：

```
mysql> INSERT INTO string_tbl (char_fld, vchar_fld, text_fld)
    -> VALUES ('This is char data',
    ->    'This is varchar data',
    ->    'This is text data');
Query OK, 1 row affected (0.00 sec)
```

向数据表插入字符串数据时，记住，如果字符串的长度超出了字符列的长度限制（指
定最大长度或该数据类型所允许的最大长度），服务器会抛出异常。尽管这是三种数据
库服务器的默认行为，但可以配置 MySQL 和 SQL Server 以实现悄无声息地截断字符
串，而不是抛出异常。为了演示 MySQL 如何处理这种情况，下列 update 语句试图使
用长度为 46 的字符串修改 vchar_fld 列，该列的最大长度定义为 30：

```
mysql> UPDATE string_tbl
    -> SET vchar_fld = 'This is a piece of extremely long varchar data';
ERROR 1406 (22001): Data too long for column 'vchar_fld' at row 1
```

从 MySQL 6.0 版开始，默认行为是"strict"模式，意味着在发生问题时抛出异常，而
在早先版本的服务器中，字符串会被截断，并发出警告，如果希望数据库引擎采取这
种方式，可以选择 ANSI 模式。下面的示例演示了如何检查数据库的当前模式以及如何
使用 set 命令改变模式：

```
mysql> SELECT @@session.sql_mode;
+----------------------------------------------------------------+
| @@session.sql_mode                                             |
+----------------------------------------------------------------+
| STRICT_TRANS_TABLES,NO_ENGINE_SUBSTITUTION                     |
+----------------------------------------------------------------+
1 row in set (0.00 sec)
```

```
mysql> SET sql_mode='ansi';
Query OK, 0 rows affected (0.08 sec)

mysql> SELECT @@session.sql_mode;
+-----------------------------------------------------------------------+
| @@session.sql_mode                                                    |
+-----------------------------------------------------------------------+
| REAL_AS_FLOAT,PIPES_AS_CONCAT,ANSI_QUOTES,IGNORE_SPACE,ONLY_FULL_GROUP_BY,ANSI |
+-----------------------------------------------------------------------+
1 row in set (0.00 sec)
```

如果再次运行上面的 update 语句, 会发现 vchar_fld 列已经被修改, 但生成了下列警告:

```
mysql> SHOW WARNINGS;
+---------+------+------------------------------------------------+
| Level   | Code | Message                                        |
+---------+------+------------------------------------------------+
| Warning | 1265 | Data truncated for column 'vchar_fld' at row 1 |
+---------+------+------------------------------------------------+
1 row in set (0.00 sec)
```

如果检索 vchar_fld 列, 会发现字符串确实已经被截断:

```
mysql> SELECT vchar_fld
    -> FROM string_tbl;
+-------------------------------+
| vchar_fld                     |
+-------------------------------+
| This is a piece of extremely l |
+-------------------------------+
1 row in set (0.05 sec)
```

可以看到, 长度为 46 的字符串只有前 30 个字符被保存到 vchar_fld 列。在使用 varchar
列时, 避免字符串被截断 (或是在 Oracle Database 和 MySQL 的 strict 模式下抛出异常)
的最好方法是将列长度的上限设置得足够大, 以容纳可能存储在其中的最长的字符串
(服务器只会分配足以存储字符串的空间, 所以为 varchar 列设置长度更大的上限并不
会浪费存储资源)。

1. 包含单引号

对于 SQL 中的字符串使用单引号分隔, 因此要小心本身包含单引号或撇号的字符串。例
如, 无法插入下面的字符串, 因为服务器认为单词 doesn't 中的撇号表示字符串结束了:

```
UPDATE string_tbl
SET text_fld = 'This string doesn't work';
```

为了使服务器忽略单词 doesn't 中的撇号, 需要在字符串中添加转义字符, 以便服务器

将字符串中的撇号视为普通字符。三种数据库服务器都支持直接在单引号前再添加一个单引号进行转义：

```
mysql> UPDATE string_tbl
    -> SET text_fld = 'This string didn''t work, but it does now';
Query OK, 1 row affected (0.01 sec)
Rows matched: 1 Changed: 1 Warnings: 0
```

Oracle Database 和 MySQL 用户也可以选择使用反斜杠字符来转义单引号：

```
UPDATE string_tbl SET text_fld =
  'This string didn\'t work, but it does now'
```

如果要检索字符串，以用于屏幕显示或报表字段，则无须对内嵌引号作任何特殊处理：

```
mysql> SELECT text_fld
    -> FROM string_tbl;
+----------------------------------------+
| text_fld                               |
+----------------------------------------+
| This string didn't work, but it does now |
+----------------------------------------+
1 row in set (0.00 sec)
```

但如果要将检索出的字符串添加到其他程序要读取的文件中，就需要将转义字符加入字符串。如果使用的是 MySQL，可以通过内建函数 quote()来实现，该函数会将整个字符串放入引号内并对其中任意的引号/撇号进行转义。下面是通过 quote()函数检索字符串时的结果：

```
mysql> SELECT quote(text_fld)
    -> FROM string_tbl;
+--------------------------------------------+
| QUOTE(text_fld)                            |
+--------------------------------------------+
| 'This string didn\'t work, but it does now' |
+--------------------------------------------+
1 row in set (0.04 sec)
```

在检索数据用于数据导出时，可以对所有非系统生成的字符列（比如 customer_notes 列）使用 quote()函数。

2．包含特殊字符

对于国际化应用，你可能会发现自己要处理的字符串含有一些在键盘上找不到的字符。例如，法语或德语中可能会包含重音字符，如 é 和 ö。SQL Server 和 MySQL 服务器包含内建函数 char()（Oracle Database 用户可以使用 chr()函数），可用于从 ASCII 字符集的 255 个字符中任意构建字符串。下面的示例检索一个输入的字符串并通过独立字符构建与之相同的字符串：

```
mysql> SELECT 'abcdefg', CHAR(97,98,99,100,101,102,103);
+---------+-------------------------------+
| abcdefg | CHAR(97,98,99,100,101,102,103) |
+---------+-------------------------------+
| abcdefg | abcdefg                       |
+---------+-------------------------------+
1 row in set (0.01 sec)
```

因此，ASCII 字符集中的第 97 个字符是字母 a。上例中并没有什么特殊字符，下面的示例展示了重音字符以及其他一些特殊字符（比如货币符号）的位置：

```
mysql> SELECT CHAR(128,129,130,131,132,133,134,135,136,137);
+-----------------------------------------------+
| CHAR(128,129,130,131,132,133,134,135,136,137) |
+-----------------------------------------------+
| Çüéâäàåçêë                                     |
+-----------------------------------------------+
1 row in set (0.01 sec)

mysql> SELECT CHAR(138,139,140,141,142,143,144,145,146,147);
+-----------------------------------------------+
| CHAR(138,139,140,141,142,143,144,145,146,147) |
+-----------------------------------------------+
| èïîìÄÅÉæÆô                                     |
+-----------------------------------------------+
1 row in set (0.01 sec)

mysql> SELECT CHAR(148,149,150,151,152,153,154,155,156,157);
+-----------------------------------------------+
| CHAR(148,149,150,151,152,153,154,155,156,157) |
+-----------------------------------------------+
| öòûùÿÖÜø£Ø                                     |
+-----------------------------------------------+
1 row in set (0.00 sec)

mysql> SELECT CHAR(158,159,160,161,162,163,164,165);
+-------------------------------------+
| CHAR(158,159,160,161,162,163,164,165) |
+-------------------------------------+
| ×ƒáíóúñÑ                             |
+-------------------------------------+
1 row in set (0.01 sec)
```

本节中的示例使用的是 utf8mb4 字符集。如果你的会话配置了其他字符集，会发现与这里不同的字符。相同的概念同样适用，但需要熟悉字符集的布局，从中定位特定的字符。

逐个字符地构建字符串非常枯燥，尤其是字符串中只有少数字符带有重音。幸运的是，可以使用 concat() 函数来拼接若干字符串，可以自行输入这些字符串，也可以通过 char() 函数生成。下面的示例展示了如何使用函数 concat() 和 char() 构建短语 danke schön：

```
mysql> SELECT CONCAT('danke sch', CHAR(148), 'n');
+-----------------------------------+
| CONCAT('danke sch', CHAR(148), 'n') |
+-----------------------------------+
| danke schön                       |
+-----------------------------------+
1 row in set (0.00 sec)
```

Oracle Database 用户可以使用拼接运算符（||）代替 concat() 函数：

```
SELECT 'danke sch' || CHR(148) || 'n'
FROM dual;
```

SQL Server 并未提供 concat() 函数，需要使用拼接运算符（+）代替：

```
SELECT 'danke sch' + CHAR(148) + 'n'
```

如果有一个字符，需要找出其对应的 ASCII 编码，可以使用 ascii() 函数，该函数接受字符串最左侧的字符，并返回其编码数值：

```
mysql> SELECT ASCII('ö');
+-----------+
| ASCII('ö') |
+-----------+
|       148 |
+-----------+
1 row in set (0.00 sec)
```

使用 char()、ascii() 和 concat() 函数（或者拼接运算符），应该能够处理任何罗马字符，即使所用的键盘不包括重音字符或其他特殊字符。

7.1.2 操作字符串

每种数据库服务器都包含很多可用于操作字符串的内建函数。本节将研究两种字符串函数：一种返回数值，另一种返回字符串。在开始介绍之前，需要将 string_tbl 数据表中的数据重置如下：

```
mysql> DELETE FROM string_tbl;
Query OK, 1 row affected (0.02 sec)
```

```
mysql> INSERT INTO string_tbl (char_fld, vchar_fld, text_fld)
    -> VALUES ('This string is 28 characters',
    ->         'This string is 28 characters',
    ->         'This string is 28 characters');
Query OK, 1 row affected (0.00 sec)
```

1. 返回数值的字符串函数

在返回数值的字符串函数中，最常用的是 length()，该函数返回字符串所包含的字符数（SQL Server 用户需要使用 len()函数）。下列查询对 string_tbl 数据表的各列使用 length()函数：

```
mysql> SELECT LENGTH(char_fld) char_length,
    ->     LENGTH(vchar_fld) varchar_length,
    ->     LENGTH(text_fld) text_length
    -> FROM string_tbl;
+-------------+----------------+-------------+
| char_length | varchar_length | text_length |
+-------------+----------------+-------------+
|          28 |             28 |          28 |
+-------------+----------------+-------------+
1 row in set (0.00 sec)
```

varchar 和 text 列的长度和预想的一样，你或许认为 char 列的长度应该为 30，因为之前介绍过对于 char 列中存储的字符串会用空格向右填充。在检索数据时，MySQL 服务器会删除 char 类型数据的尾部空格，因此无论所存储的字符串的列为何种类型，从所有字符串函数得到的结果都是相同的。

除了确定字符串的长度，可能还需要在字符串中查找子串的位置。例如，如果想查找字符串'characters'在 vchar_fld 列中出现的位置，可以使用 position()函数，如下所示：

```
mysql> SELECT POSITION('characters' IN vchar_fld)
    -> FROM string_tbl;
+-------------------------------------+
| POSITION('characters' IN vchar_fld) |
+-------------------------------------+
|                                  19 |
+-------------------------------------+
1 row in set (0.12 sec)
```

如果没有找到指定的子串，position()函数返回 0。

对于用过 C 或 C++语言的用户而言，数组的第一个元素的位置为 0。在使用数据库时，一定要记住，字符串的第一个字符的位置为 1，instr()函数返回值 0 表示没有找到指定的子串，而不是表示该子串位于字符串的位置 0。

如果想从目标字符串的其他位置开始搜索，那么可以使用 locate()函数，它与 position()函数相似，只不过可以接受可选的第 3 个参数，该参数用于指定搜索的起始位置。locate()函数也是专有的，而 position()函数是 SQL:2003 标准的一部分。下面的示例从 vchar_fld 列的第 5 个字符开始查找字符串'is'出现的位置：

```
mysql> SELECT LOCATE('is', vchar_fld, 5)
    -> FROM string_tbl;
+--------------------------+
| LOCATE('is', vchar_fld, 5) |
+--------------------------+
|                       13 |
+--------------------------+
1 row in set (0.02 sec)
```

 Oracle Database 未提供函数 position()或 locate()，但提供了 instr()函数，该函数在使用两个参数时，能够模拟 position()函数；使用三个参数时，能够模拟 locate()函数。SQL Server 也没有提供 position()或 locate()函数，但提供了 charindx()函数，该函数和 Oracle 的 instr()函数类似，也可以接受两个或三个参数。

另一个接受字符串作为参数并返回数值的函数是字符串比较函数 strcmp()。只有 MySQL 实现了该函数，且无法在 Oracle Database 和 SQL Server 中模拟。strcmp()接受两个字符串作为参数，返回下列值之一：

- −1（第一个字符串的排序位于第二个字符串之前）；
- 0（两个字符串相同）；
- 1（第一个字符串的排序位于第二个字符串之后）。

为了说明该函数是如何工作的，首先使用查询显示 5 个字符串的顺序，然后展示如何使用 strcmp()比较两个字符串。下面向 string_tbl 数据表插入 5 个字符串：

```
mysql> DELETE FROM string_tbl;
Query OK, 1 row affected (0.00 sec)

mysql> INSERT INTO string_tbl(vchar_fld)
    -> VALUES ('abcd'),
    ->        ('xyz'),
    ->        ('QRSTUV'),
    ->        ('qrstuv'),
    ->        ('12345');
Query OK, 5 rows affected (0.05 sec)
Records: 5 Duplicates: 0 Warnings: 0
```

这 5 个字符串的排序如下：

```
mysql> SELECT vchar_fld
```

```
    -> FROM string_tbl
    -> ORDER BY vchar_fld;
+-----------+
| vchar_fld |
+-----------+
| 12345     |
| abcd      |
| QRSTUV    |
| qrstuv    |
| xyz       |
+-----------+
5 rows in set (0.00 sec)
```

下列查询对 5 个字符串进行 6 次比较：

```
mysql> SELECT STRCMP('12345','12345') 12345_12345,
    ->    STRCMP('abcd','xyz') abcd_xyz,
    ->    STRCMP('abcd','QRSTUV') abcd_QRSTUV,
    ->    STRCMP('qrstuv','QRSTUV') qrstuv_QRSTUV,
    ->    STRCMP('12345','xyz') 12345_xyz,
    ->    STRCMP('xyz','qrstuv') xyz_qrstuv;
+-------------+----------+-------------+---------------+-----------+------------+
| 12345_12345 | abcd_xyz | abcd_QRSTUV | qrstuv_QRSTUV | 12345_xyz | xyz_qrstuv |
+-------------+----------+-------------+---------------+-----------+------------+
|           0 |       -1 |          -1 |             0 |        -1 |          1 |
+-------------+----------+-------------+---------------+-----------+------------+
1 row in set (0.00 sec)
```

第 1 次比较的结果为 0，这在意料之中，因为是将字符串与其自身进行比较。第 4 次
比较的结果也为 0，这就让人有点惊讶了，因为尽管这两个字符串由相同的字母组成，
但其中一个字符串全是大写字母，而另一个字符串全是小写字母。比较结果为 0 的原
因在于，MySQL 的 strcmp()函数不区分大小写，在使用此函数时别忘了这一点。另外 4
次比较，根据第一个字符串位于第二个字符串之前或之后返回-1 或 1。例如，
strcmp('abcd', 'xyz')返回-1，因为字符串'abcd'位于字符串'xyz'之前。

除了 strcmp()函数，MySQL 还允许在 select 子句中使用运算符 like 和 regexp 来比较字
符串。这些比较的结果为 1（true）或 0（false）。可以通过其构建返回数值的表达式，
这与本节中描述的函数十分相似。下面的示例中使用了运算符 like：

```
mysql> SELECT name, name LIKE '%y' ends_in_y
    -> FROM category;
+-------------+-----------+
| name        | ends_in_y |
+-------------+-----------+
| Action      |         0 |
| Animation   |         0 |
| Children    |         0 |
| Classics    |         0 |
```

```
| Comedy       |          1 |
| Documentary  |          1 |
| Drama        |          0 |
| Family       |          1 |
| Foreign      |          0 |
| Games        |          0 |
| Horror       |          0 |
| Music        |          0 |
| New          |          0 |
| Sci-Fi       |          0 |
| Sports       |          0 |
| Travel       |          0 |
+--------------+------------+
16 rows in set (0.00 sec)
```

该示例检索所有的类别名称，另外还包含一个表达式，如果类别名称以"y"结尾，则返回 1；否则返回 0。如果想执行更复杂的模式匹配，可以使用 regexp 运算符，如下所示：

```
mysql> SELECT name, name REGEXP 'y$' ends_in_y
    -> FROM category;
+--------------+-----------+
| name         | ends_in_y |
+--------------+-----------+
| Action       |         0 |
| Animation    |         0 |
| Children     |         0 |
| Classics     |         0 |
| Comedy       |         1 |
| Documentary  |         1 |
| Drama        |         0 |
| Family       |         1 |
| Foreign      |         0 |
| Games        |         0 |
| Horror       |         0 |
| Music        |         0 |
| New          |         0 |
| Sci-Fi       |         0 |
| Sports       |         0 |
| Travel       |         0 |
+--------------+-----------+
16 rows in set (0.00 sec)
```

在该查询中，如果 name 列的值匹配给定的正则表达式，则第 2 列的返回值为 1。

 Microsoft SQL Server 和 Oracle Database 用户可以通过构建 case 表达式获得类似的结果，详见第 11 章。

2．返回字符串的字符串函数

在某些情况下，需要修改已有的字符串，比如截取字符串中的一部分或者在字符串中添加额外的文本。每种数据库服务器都提供了多个相关函数，不过在开始介绍之前，需要重新设置 string_tbl 数据表的数据：

```
mysql> DELETE FROM string_tbl;
Query OK, 5 rows affected (0.00 sec)

mysql> INSERT INTO string_tbl (text_fld)
    -> VALUES ('This string was 29 characters');
Query OK, 1 row affected (0.01 sec)
```

本章之前已经演示了使用 concat()函数构建含有重音符号的字符串。concat()函数在其他许多场景同样有用武之地，包括向已有的字符串追加字符。例如，下面的示例修改了 text_fld 列中存储的字符串，在字符串末尾增加了一句短语：

```
mysql> UPDATE string_tbl
    -> SET text_fld = CONCAT(text_fld, ', but now it is longer');
Query OK, 1 row affected (0.03 sec)
Rows matched: 1 Changed: 1 Warnings: 0
```

这时，text_fld 列的内容如下：

```
mysql> SELECT text_fld
    -> FROM string_tbl;
+------------------------------------------------------+
| text_fld                                             |
+------------------------------------------------------+
| This string was 29 characters, but now it is longer  |
+------------------------------------------------------+
1 row in set (0.00 sec)
```

因此，像所有返回字符串的函数一样，可以使用 concat()函数替换字符列中存储的数据。

concat()函数的另一种常见用法是通过数据片段构建字符串。例如，下列查询为每位客户生成一段描述性信息：

```
mysql> SELECT concat(first_name, ' ', last_name,
    -> ' has been a customer since ', date(create_date)) cust_narrative
    -> FROM customer;
+----------------------------------------------------------+
| cust_narrative                                           |
+----------------------------------------------------------+
| MARY SMITH has been a customer since 2006-02-14          |
| PATRICIA JOHNSON has been a customer since 2006-02-14    |
| LINDA WILLIAMS has been a customer since 2006-02-14      |
| BARBARA JONES has been a customer since 2006-02-14       |
| ELIZABETH BROWN has been a customer since 2006-02-14     |
```

```
| JENNIFER DAVIS has been a customer since 2006-02-14      |
| MARIA MILLER has been a customer since 2006-02-14        |
| SUSAN WILSON has been a customer since 2006-02-14        |
| MARGARET MOORE has been a customer since 2006-02-14      |
| DOROTHY TAYLOR has been a customer since 2006-02-14      |
...
| RENE MCALISTER has been a customer since 2006-02-14      |
| EDUARDO HIATT has been a customer since 2006-02-14       |
| TERRENCE GUNDERSON has been a customer since 2006-02-14  |
| ENRIQUE FORSYTHE has been a customer since 2006-02-14    |
| FREDDIE DUGGAN has been a customer since 2006-02-14      |
| WADE DELVALLE has been a customer since 2006-02-14       |
| AUSTIN CINTRON has been a customer since 2006-02-14      |
+---------------------------------------------------------+
599 rows in set (0.00 sec)
```

concat()函数可以处理返回字符串的任何表达式，甚至可以将数值和日期转换为字符串格式，从上面用作参数的日期列（create_date）便可看出。尽管 Oracle Database 也提供了 concat()函数，但只能接受两个字符串参数，因此前面的查询无法在 Oracle 中使用，可以使用拼接运算符（‖）来代替函数调用：

```
SELECT first_name || ' ' || last_name ||
  ' has been a customer since ' || date(create_date)) cust_narrative
FROM customer;
```

SQL Server 也没有提供 concat()函数，因此需要使用与上个查询同样的方法，只不过要用 SQL Server 的拼接运算符（+）代替‖。

concat()函数可用于在字符串的头部或尾部添加字符，除此之外，可能还需要在字符串中间添加或替换部分字符。三种数据库服务器均为此提供了不同的函数，下面先演示MySQL 的函数，然后展示另外两种数据库服务器的相关函数。

MySQL 提供的函数接受 4 个参数：原始字符串、起始位置、要替换的字符数量和替换字符串。insert()函数根据第 3 个参数的值确定用于插入字符或替换字符，如果该参数为0，则插入替换字符串，剩余的字符向右移动：

```
mysql> SELECT INSERT('goodbye world', 9, 0, 'cruel ') string;
+--------------------+
| string             |
+--------------------+
| goodbye cruel world |
+--------------------+
1 row in set (0.00 sec)
```

在本例中，从位置 9 开始的所有字符被推向右侧，字符串'cruel'被插入。如果第 3 个参数大于 0，则相应数量的字符将被替换字符串所取代：

```
mysql> SELECT INSERT('goodbye world', 1, 7, 'hello') string;
+-------------+
| string      |
+-------------+
| hello world |
+-------------+
1 row in set (0.00 sec)
```

在本例中，前7个字符被替换为字符串'hello'。Oracle Database 没有提供像 insert()这样灵活的函数，但提供了 replace()函数，可用于替换子串。下面使用 replace()函数重写上个示例：

```
SELECT REPLACE('goodbye world', 'goodbye', 'hello')
FROM dual;
```

所有的子串'goodbye'都会被替换为字符串'hello'，最终得到字符串'hello world'。replace()函数会使用替换字符串取代所有的搜索字符串，所以要小心替换次数超出你的预期。

SQL Server 也有 replace()函数，其功能与 Oracle Database 的相同。除此之外，SQL Server 还提供了与 MySQL 的 insert()函数功能相似的 stuff()函数，如下所示：

```
SELECT STUFF('hello world', 1, 5, 'goodbye cruel')
```

执行该查询后，从位置1开始的5个字符被删除，然后在此插入'goodbye cruel'，结果得到字符串'goodbye cruel world'。

除了向字符串中插入字符，可能还需要从字符串中提取子串。为此，三种数据库服务器均提供了 substring()函数（Oracle Database 提供的是 substr()函数），可用于从指定位置提取指定数量的字符。下面的示例从字符串的位置9开始提取5个字符：

```
mysql> SELECT SUBSTRING('goodbye cruel world', 9, 5);
+--------------------------------------+
| SUBSTRING('goodbye cruel world', 9, 5) |
+--------------------------------------+
| cruel                                |
+--------------------------------------+
1 row in set (0.00 sec)
```

除了本节演示的这些函数，三种数据库服务器还内建了大量字符串操作函数。虽然其中许多是为非常特定的目的而设计的（比如生成八进制数或十六进制数形式的等效字符串）但还有不少其他的通用函数，比如删除或添加尾部空格的函数。要获得详细信息，可参阅服务器的 SQL 参考指南，或通用的 SQL 参考指南。

7.2 处理数值型数据

不同于字符串数据（以及即将要介绍的时间型数据），数值型数据的生成非常简单，可以输入一个数值,从列中检索或是通过计算生成。所有常见的算术运算符(+、-、*、/)都可用于计算,括号可用于指明优先级,如下所示:

```
mysql> SELECT (37 * 59) / (78 - (8 * 6));
+----------------------------+
| (37 * 59) / (78 - (8 * 6)) |
+----------------------------+
|                      72.77 |
+----------------------------+
1 row in set (0.00 sec)
```

正如在第 2 章中提到的,如果数值型数据大于所在列的指定大小,其在存储时可能会被取整。例如,9.96 在被存储到定义为 float(3,1) 的列时会被取整为 10.0。

7.2.1 执行算术函数

大部分内建的数值型函数都可用于特定的算术运算,比如计算某数的平方根。表 7-1 列出了一些常见的数值型函数,这些函数接受单个数值型参数,返回值也为数值。

表 7-1 单参数数值型函数

函数名	用途
acos(x)	计算 x 的反余弦
asin(x)	计算 x 的反正弦
atan(x)	计算 x 的反正切
cos(x)	计算 x 的余弦
cot(x)	计算 x 的余切
exp(x)	计算 e^x
ln(x)	计算 x 的自然对数
sin(x)	计算 x 的正弦
sqrt(x)	计算 x 的平方根
tan(x)	计算 x 的正切

上述函数执行的都是非常特定的功能,这里不对这些函数的相关示例(如果你无法通过函数名和用途描述确定某个函数,那么估计你也不需要该函数)进行展示。另外一些数值型函数的用法略为灵活,值得加以解释。

例如,用于计算余数的 modulo 运算符在 MySQL 和 Oracle Database 中是通过 mod() 函数实现的。下面的示例计算 10 除以 4 的余数:

```
mysql> SELECT MOD(10,4);
+-----------+
| MOD(10,4) |
```

```
+-----------+
|         2 |
+-----------+
1 row in set (0.02 sec)
```

尽管 mod()函数常用于整数参数，但在 MySQL 中也可以使用实数：

```
mysql> SELECT MOD(22.75, 5);
+---------------+
| MOD(22.75, 5) |
+---------------+
|          2.75 |
+---------------+
1 row in set (0.02 sec)
```

 SQL Server 未提供 mod()函数，可以使用运算符%来代替。表达式 10% 4 的结果为 2。

另一个接受两个参数的数值型函数是 pow()函数（如果使用的是 Oracle Database 或 SQL Server，则为 power()函数），该函数返回第一个参数的第二个参数次幂：

```
mysql> SELECT POW(2,8);
+----------+
| POW(2,8) |
+----------+
|      256 |
+----------+
1 row in set (0.03 sec)
```

因此，pow(2,8)是 MySQL 中用于计算 2^8 的方式。因为计算机内存通常是以 2^x 字节为单位分配的，所以 pow()函数可以非常方便地确定某段内存确切的字节数：

```
mysql> SELECT POW(2,10) kilobyte, POW(2,20) megabyte,
    -> POW(2,30) gigabyte, POW(2,40) terabyte;
+----------+----------+------------+----------------+
| kilobyte | megabyte | gigabyte   | terabyte       |
+----------+----------+------------+----------------+
|     1024 |  1048576 | 1073741824 | 1099511627776  |
+----------+----------+------------+----------------+
1 row in set (0.00 sec)
```

相较于 1GB 等于 1,073,741,824 字节，其用 2^{30} 表示看起来更容易记忆。

7.2.2 控制数值精度

在处理浮点数时，可能并不总是需要使用或显示数值的全精度。例如，可以用 6 位数字的精度存储金融交易数据，但在显示时，可能希望四舍五入到最接近的百分位。有 4

个函数可用于限制浮点数的精度：ceil()、floor()、round()和 truncate()。三种数据库服务器都提供了这些函数，只不过 Oracle Database 使用 trunc()替代 truncate()，SQL Server 使用 ceiling()替代 ceil()。

函数 ceil()和 floor()分别用于向上取整和向下取整，如下所示：

```
mysql> SELECT CEIL(72.445), FLOOR(72.445);
+--------------+---------------+
| CEIL(72.445) | FLOOR(72.445) |
+--------------+---------------+
|           73 |            72 |
+--------------+---------------+
1 row in set (0.06 sec)
```

因此，任何位于 72 和 73 之间的数会被 ceil()函数求值为 73，被 floor()函数求值为 72。记住，使用 ceil()时向上取整，哪怕小数部分非常小，而使用 floor()时向下取整，哪怕小数部分非常大，如下所示：

```
mysql> SELECT CEIL(72.000000001), FLOOR(72.999999999);
+--------------------+---------------------+
| CEIL(72.000000001) | FLOOR(72.999999999) |
+--------------------+---------------------+
|                 73 |                  72 |
+--------------------+---------------------+
1 row in set (0.00 sec)
```

如果这种处理不适用于你的应用程序，可以使用 round()函数进行四舍五入：

```
mysql> SELECT ROUND(72.49999), ROUND(72.5), ROUND(72.50001);
+-----------------+-------------+-----------------+
| ROUND(72.49999) | ROUND(72.5) | ROUND(72.50001) |
+-----------------+-------------+-----------------+
|              72 |          73 |              73 |
+-----------------+-------------+-----------------+
1 row in set (0.00 sec)
```

使用 round()函数时，如果小数部分大于或等于 0.5，则向上取整，反之则向下取整。

大多数时候，可能希望保留某数的小数部分，而不是对其取整，round()函数为此还提供了可选的第 2 个参数，用于指定小数点后四舍五入保留多少位小数。下面的示例展示了如何使用第 2 个参数依次将 72.0909 四舍五入保留 1 位、2 位和 3 位小数：

```
mysql> SELECT ROUND(72.0909, 1), ROUND(72.0909, 2), ROUND(72.0909, 3);
+-------------------+-------------------+-------------------+
| ROUND(72.0909, 1) | ROUND(72.0909, 2) | ROUND(72.0909, 3) |
+-------------------+-------------------+-------------------+
|              72.1 |             72.09 |            72.091 |
+-------------------+-------------------+-------------------+
1 row in set (0.00 sec)
```

和 round()函数一样，truncate()函数也提供了第 2 个可选参数，用于指定小数位数，而 truncate()的做法是将不需要的小数位直接丢弃。下面的示例演示了如何将 72.0909 截留 1 位、2 位和 3 位小数：

```
mysql> SELECT TRUNCATE(72.0909, 1), TRUNCATE(72.0909, 2),
    ->    TRUNCATE(72.0909, 3);
+----------------------+----------------------+----------------------+
| TRUNCATE(72.0909, 1) | TRUNCATE(72.0909, 2) | TRUNCATE(72.0909, 3) |
+----------------------+----------------------+----------------------+
|                 72.0 |                72.09 |               72.090 |
+----------------------+----------------------+----------------------+
1 row in set (0.00 sec)
```

 SQL Server 并未提供 truncate()函数，而 round()函数的第 3 个可选参数如果存在且不为 0，则表明要执行截取操作，而非取整。

函数 truncate()和 round()都可以使用负数作为第 2 个参数，表示小数点左侧的部分需要被截取或取整多少位。这乍一看似乎有些奇怪，但其实还是有用武之地的。例如，如果所出售的商品只能以 10 为单位来购买，某位客户订购了 17 件，那么需要从下面两种方法中选择一种来修改客户的订单数量：

```
mysql> SELECT ROUND(17, -1), TRUNCATE(17, -1);
+---------------+------------------+
| ROUND(17, -1) | TRUNCATE(17, -1) |
+---------------+------------------+
|            20 |               10 |
+---------------+------------------+
1 row in set (0.00 sec)
```

如果示例中的产品是图钉，那么卖给订购了 17 个图钉的客户 10 个还是 20 个并没有太大区别，但如果订购的是劳力士手表，显然使用 round()函数是更好的做法。

7.2.3 使用有符号数

如果使用的是允许出现负数的数值列（在第 2 章中展示过如何将数值列标记为 unsigned，表示只允许出现正数)，有可能会用到一些数值型函数。例如，要求使用 account 数据表中的下列数据生成一组银行账户的当前状态信息报表：

```
+------------+--------------+---------+
| account_id | acct_type    | balance |
+------------+--------------+---------+
|        123 | MONEY MARKET |  785.22 |
|        456 | SAVINGS      |    0.00 |
|        789 | CHECKING     | -324.22 |
+------------+--------------+---------+
```

下列查询返回可用于生成报表的 3 列数据：

```
mysql> SELECT account_id, SIGN(balance), ABS(balance)
    -> FROM account;
+------------+---------------+--------------+
| account_id | SIGN(balance) | ABS(balance) |
+------------+---------------+--------------+
|        123 |             1 |       785.22 |
|        456 |             0 |         0.00 |
|        789 |            -1 |       324.22 |
+------------+---------------+--------------+
3 rows in set (0.00 sec)
```

第 2 列使用了 sign()函数，如果账户余额为负数，则返回-1；如果为 0，则返回 0；如果为正数，则返回 1。第 3 列使用 abs()函数返回账户余额的绝对值。

7.3　处理时间型数据

对于本章所讨论的 3 种数据类型（字符、数值和时间），在生成和操作数据时，时间型数据是涉及最多的。时间型数据的部分复杂性源于描述单一日期和时间的多种方式。例如，我正在写书的日期可以用下列方式描述：

- Wednesday, June 5, 2019

- 6/05/2019 2:14:56 P.M. EST

- 6/05/2019 19:14:56 GMT

- 1562019 (Julian 格式)

- Star date [−4] 97026.79 14:14:56 (Star Trek 格式)

尽管其中部分差异纯粹是格式上的问题，但大多数复杂性与所在时区有关，下面我们将进行详细论述。

7.3.1　处理时区

因为世界各地的人们都喜欢将太阳直射本地的时间作为正午，所以无法强制所有人使用统一的时钟。世界被划分为 24 个时区，同一时区内的所有人都认同当前时间，而其他时区的人则不然。尽管看起来很简单，但有些地区每年分两次将时间调整一小时（实施夏令时制），而有些地区则不采取这种做法，这样会造成地球上的某两个地方在一年中有半年的时差为 4 小时，而另外半年的时差为 5 小时。即使在同一时区内的不同区域，由于有的实行夏令时制，有的不实行，也会造成在一年中有半年的时间是相同的，另外半年有 1 小时的时差。

人们从大航海时代伊始就在和时差打交道，而计算机时代的到来加剧了这一问题。为了确保有一个共同的计时参考点，十五世纪的航海家们将他们的时钟设定为英国格林尼治时间，也就是后来所称的格林尼治标准时（Greenwich mean time，GMT）。其他所有时区都可以用与 GMT 相差的小时数来描述，例如，称为东部标准时间的美国东部时区可以描述为 GMT −5:00，或是比 GMT 早 5 小时。

我们现在使用的是 GMT 的一种变体，称为协调世界时（coordinated universal time，UTC）。它以原子钟为基础（或者更准确地说，是分布在全世界 50 个位置的 200 个原子钟的平均时间，称为"世界时"）。SQL Server 和 MySQL 都提供了可以返回当前的 UTC 时间戳的函数（SQL Server 的 getutcdate() 和 MySQL 的 utc_timestamp()）。

大多数数据库服务器根据当前所在地区设置默认时区，并提供工具以便在需要的时候修改时区。例如，用于存储全球股票交易的数据库通常会配置为使用 UTC，而用于存储特定零售企业销售数据的数据库则可能使用服务器所在时区。

MySQL 提供两种不同的时区设置：全局时区和会话时区，后者对于每个登录的用户可能有所不同。可以通过下列查询查看这两种设置：

```
mysql> SELECT @@global.time_zone, @@session.time_zone;
+--------------------+--------------------+
| @@global.time_zone | @@session.time_zone |
+--------------------+--------------------+
| SYSTEM             | SYSTEM             |
+--------------------+--------------------+
1 row in set (0.00 sec)
```

system 表示服务器使用的是其数据库所在地的时区设置。

如果你正坐在瑞士苏黎世的一台计算机前，并且通过网络与位于纽约的一台 MySQL 服务器建立了会话，可以通过下列命令改变当前会话的时区设置：

```
mysql> SET time_zone = 'Europe/Zurich';
Query OK, 0 rows affected (0.18 sec)
```

如果再次检查时区设置，会看到如下结果：

```
mysql> SELECT @@global.time_zone, @@session.time_zone;
+--------------------+--------------------+
| @@global.time_zone | @@session.time_zone |
+--------------------+--------------------+
| SYSTEM             | Europe/Zurich      |
+--------------------+--------------------+
1 row in set (0.00 sec)
```

此时在会话中显示的所有日期都符合苏黎世时间。

Oracle Database 用户可以通过下列命令修改会话的时区设置：

`ALTER SESSION TIMEZONE = 'Europe/Zurich'`

7.3.2 生成时间型数据

可以使用下列任意一种方法生成时间型数据：

- 从已有的 date、datetime 或 time 列复制数据；
- 执行能够返回 date、datetime 或 time 类型数据的内建函数；
- 构建可以被服务器评估的时间型数据的字符串表示。

为了使用上述最后一种方法，首先必须理解用于格式化日期的各个组成部分。

1．时间型数据的字符串表示

第 2 章中的表 2-5 描述了很多常见的日期组成部分，而为了方便读者加深记忆，表 7-2 重现了同样的内容。

表 7-2　日期格式的组成部分

组成部分	定义	取值范围
YYYY	年份，包括世纪	1000 ~ 9999
MM	月份	01（1 月）~ 12（12 月）
DD	日	01 ~ 31
HH	小时	00 ~ 23
HHH	小时（已逝去的）	−838 ~ 838
MI	分钟	00 ~ 59
SS	秒	00 ~ 59

为了构建能够被服务器解释为 date、datetime 或 time 类型的字符串，需要按照表 7-3 中所示的顺序来整合各种日期组成部分。

表 7-3　所需的日期组成部分

类型	默认格式
date	YYYY-MM-DD
datetime	YYYY-MM-DD HH:MI:SS
timestamp	YYYY-MM-DD HH:MI:SS
time	HHH:MI:SS

因此，为了向 datetime 列填充日期"2019 年 9 月 17 日下午 3:30"，需要构建下列字符串：

```
'2019-09-17 15:30:00'
```

如果服务器接受 datetime 类型的数据，比如更新 datetime 类型的列或调用接受 datetime 类型参数的内建函数，可以为其提供经过格式化且符合日期组成部分要求的字符串，服务器会执行转换。例如，下面的语句可用于修改租借电影的归还日期：

```
UPDATE rental
SET return_date = '2019-09-17 15:30:00'
WHERE rental_id = 99999;
```

服务器确定在 set 子句中提供的字符串必须是一个 datetime 类型的值，因为该字符串用于填充 datetime 类型的列。因此，服务器会尝试转换这个字符串，将其解析为 datetime 格式默认的 6 个部分（年、月、日、时、分、秒）。

2．字符串到日期的转换

如果服务器并不要求 datetime 类型的值，或者你想使用非默认格式来表示 datetime，那么需要告知服务器将字符串转换为 datetime。例如，下面的简单查询使用 cast() 函数返回 datetime 类型的值：

```
mysql> SELECT CAST('2019-09-17 15:30:00' AS DATETIME);
+-----------------------------------------+
| CAST('2019-09-17 15:30:00' AS DATETIME) |
+-----------------------------------------+
| 2019-09-17 15:30:00                     |
+-----------------------------------------+
1 row in set (0.00 sec)
```

我们将在本章结束部分介绍 cast() 函数。尽管这个示例演示的是如何构建 datetime 类型的值，但相同的逻辑也适用于 date 和 time 类型。下列查询使用 cast() 函数生成 date 和 time 类型的值：

```
mysql> SELECT CAST('2019-09-17' AS DATE) date_field,
    -> CAST('108:17:57' AS TIME) time_field;
+------------+------------+
| date_field | time_field |
+------------+------------+
| 2019-09-17 | 108:17:57  |
+------------+------------+
1 row in set (0.00 sec)
```

当然，也可以在服务器要求 date、datetime 或 time 类型的值时显式地转换字符串，而不再由服务器进行隐式转换。

无论是显式转换还是隐式转换，在字符串被转换为时间型的值时，必须按照规定的顺序提供所有的日期部分。有些服务器对日期格式要求十分严格，而 MySQL 服务器对各部分之间的分隔符要求却比较宽松。例如，MySQL 可以接受下列各种表示 2019 年 9 月 17 日下午 3:30 的字符串：

```
'2019-09-17 15:30:00'
'2019/09/17 15:30:00'
'2019,09,17,15,30,00'
'20190917153000'
```

尽管这样带来了一定的灵活性，但你也许会发现需要在没有默认日期组成部分的情况下生成时间型的值。下面将演示的内建函数比 cast()函数灵活得多。

3．日期生成函数

如果需要根据字符串生成时间型数据，但字符串不是 cast()函数所接受的格式，那么可以使用允许提供格式化字符串和日期字符串的内建函数。MySQL 为此提供了 str_to_date()函数。例如，从文件中获取了字符串'September 17, 2019'，打算用其更新 data 列。因为该字符串不符合 YYYY-MM-DD 格式，所以可以通过 str_to_date()，使之可以用于 cast()函数：

```
UPDATE rental
SET return_date = STR_TO_DATE('September 17, 2019', '%M %d, %Y')
WHERE rental_id = 99999;
```

str_to_date()的第 2 个参数定义了日期字符串的格式，在本例中，该参数为月份名(%M)、天数（%d）和 4 位数字的年份（%Y）。可识别的格式组成部分超过 30 种，表 7-4 列出了其中最常用的部分。

表 7-4　日期格式的组成部分

格式的组成部分	含义
%M	月份名称（January～December）
%m	数字形式月份（01～12）
%d	月内天数（01～31）
%j	年内天数（001～366）
%W	星期名称（Sunday～Saturday）
%Y	4 位数字形式的年份
%y	2 位数字形式的年份
%H	小时（00～23）
%h	小时（01～12）
%i	分钟（00～59）
%s	秒（00～59）

格式的组成部分	含义
%f	微秒（000000～999999）
%p	A.M.或 P.M.

str_to_date()函数会根据格式化字符串的内容返回 datetime、date 或 time 类型的值。例如，如果格式化字符串只包括%H、%i 和%s，则返回 time 类型的值。

 Oracle Database 用户可以使用 to_date()函数，其用法与 MySQL 的 str_to_date()函数相同。SQL Server 提供了 convert()函数，但不如 MySQL 和 Oracle Database 那样灵活。你的日期字符串必须符合 21 种预定义的格式之一，而不能使用自定义的格式化字符串。

如果想生成当前日期/时间，则不需要构建字符串，因为下列内建函数能够访问系统时钟，并以字符串形式返回当前日期/时间：

```
mysql> SELECT CURRENT_DATE(), CURRENT_TIME(), CURRENT_TIMESTAMP();
+----------------+----------------+---------------------+
| CURRENT_DATE() | CURRENT_TIME() | CURRENT_TIMESTAMP() |
+----------------+----------------+---------------------+
| 2019-06-05     | 16:54:36       | 2019-06-05 16:54:36 |
+----------------+----------------+---------------------+
1 row in set (0.12 sec)
```

这些函数的返回值采用所返回的时间类型的默认格式。Oracle Database 提供了函数 current_date()和 current_timestamp()，但没有提供 current_time()，Microsoft SQL Server 只提供了 current_timestamp()函数。

7.3.3 操作时间型数据

本节讨论接受日期参数并返回日期、字符串或数值的内建函数。

1. 返回日期的时间型函数

很多内建的时间型函数都可以接受日期作为参数并返回另一个日期。例如，MySQL 的 date_add()函数允许对指定日期添加各种间隔期（比如，日、月、年），以生成另一个日期。下面的示例演示了如何为当前日期增加 5 天：

```
mysql> SELECT DATE_ADD(CURRENT_DATE(), INTERVAL 5 DAY);
+------------------------------------------+
| DATE_ADD(CURRENT_DATE(), INTERVAL 5 DAY) |
+------------------------------------------+
| 2019-06-10                               |
+------------------------------------------+
1 row in set (0.06 sec)
```

第 2 个参数由 3 部分组成：interval 关键字、间隔值和间隔类型。表 7-5 列出了部分常用的间隔类型。

表 7-5　常用的间隔类型

间隔名称	含义
second	秒数
minute	分钟数
hour	小时数
day	天数
month	月份数
year	年数
minute_second	分钟数和秒数，之间以 ":" 分隔
hour_second	小时数、分钟数和秒数，之间以 ":" 分隔
year_month	年数和月份数，之间以 "-" 分隔

尽管表 7-5 中的前 6 种间隔类型很直观，但后 3 种因为由多个部分组成，需要略加解释。例如，如果你被告知某部电影实际上比最初约定的归还时间晚 3 小时 27 分 11 秒，可以通过以下方式修正：

```
UPDATE rental
SET return_date = DATE_ADD(return_date, INTERVAL '3:27:11' HOUR_SECOND)
WHERE rental_id = 99999;
```

在本例中，date_add() 函数获取 return_date 列的值并对其增加 3 小时 27 分 11 秒，然后使用该值修改 return_date 列。

或者，如果你在人力资源部工作，发现 ID 为 4789 的员工声称其年龄比记录的年龄大，那么可以在该员工的出生日期上增加 9 年 11 个月，如下所示：

```
UPDATE employee
SET birth_date = DATE_ADD(birth_date, INTERVAL '9-11' YEAR_MONTH)
WHERE emp_id = 4789;
```

 SQL Server 用户可以使用 dateadd() 函数实现上一个示例：

```
UPDATE employee
SET birth_date =
  DATEADD(MONTH, 119, birth_date)
WHERE emp_id = 4789
```

SQL Server 不能使用复合的时间间隔（即 year_month），所以要先将 9 年 11 个月转换成 119 个月。

Oracle Database 用户可以使用 add_months()函数实现这个示例：

```
UPDATE employee
SET birth_date = ADD_MONTHS(birth_date, 119)
WHERE emp_id = 4789;
```

在某些情况下，可能想为日期增加一个间隔，但只知道目标日期而不清楚它和原来的日期之间相差多少天。例如，假设银行客户登录网上银行并安排在月底转账。可以通过编写代码求得当前的月份并计算到月底所剩的天数，但更好的方法是调用 last_day()函数，该函数可以替你完成这些工作（MySQL 和 Oracle Database 都提供了 last_day()函数，SQL Server 没有提供与之功能接近的函数）。如果客户要求在 2019 年 9 月 17 日转账，可以通过以下方式找出 9 月的最后一天：

```
mysql> SELECT LAST_DAY('2019-09-17');
+-----------------------+
| LAST_DAY('2019-09-17') |
+-----------------------+
| 2019-09-30            |
+-----------------------+
1 row in set (0.10 sec)
```

无论所提供的参数是 date 还是 datetime 类型的值，last_day()函数都会返回 date 类型。尽管该函数看起来似乎也节省不了太多运行时间，但其涉及的底层逻辑很复杂，比如在要找出二月的最后一天时必须首先确定当前年份是否为闰年。

2．返回字符串的时间型函数

大多数返回字符串的时间型函数可用于提取日期或时间的某一部分。例如，MySQL 提供的 dayname()函数可以确定某一天是星期几：

```
mysql> SELECT DAYNAME('2019-09-18');
+---------------------+
| DAYNAME('2019-09-18') |
+---------------------+
| Wednesday           |
+---------------------+
1 row in set (0.00 sec)
```

MySQL 中的这类函数多用于提取日期值中的信息，但我建议使用 extract()函数代替，因为记住一个函数的数种变体比记住一堆不同的函数更容易。此外，extract()函数是 SQL:2003 标准的一部分，在 Oracle Database 中也同样得到了实现。

extract()函数使用与 date_add()函数相同的时间间隔类型（参见表 7-5）来定义日期中需要的部分。如果要提取 datetime 值中的年份，可以执行下列操作：

```
mysql> SELECT EXTRACT(YEAR FROM '2019-09-18 22:19:05');
```

```
+-------------------------------------+
| EXTRACT(YEAR FROM '2019-09-18 22:19:05') |
+-------------------------------------+
|                                2019 |
+-------------------------------------+
1 row in set (0.00 sec)
```

 SQL Server 没有提供 extract()函数的实现，但是提供了 datepart()函数。下面展示了如何使用 datepart()函数提取 datetime 类型的值中的年份：

```
SELECT DATEPART(YEAR, GETDATE())
```

3．返回数值的时间型函数

本章之前展示了向一个日期值增加一段间隔并生成另一个日期值的函数。在处理日期时，另一种常见操作是确定两个日期值之间的间隔（天数、星期数、年数）。为此，MySQL 提供了函数 datediff()，该函数返回两个日期之间的天数。例如，我想知道自己孩子的暑假一共有多少天，可以这样操作：

```
mysql> SELECT DATEDIFF('2019-09-03', '2019-06-21');
+-----------------------------------+
| DATEDIFF('2019-09-03', '2019-06-21') |
+-----------------------------------+
|                                74 |
+-----------------------------------+
1 row in set (0.00 sec)
```

这样，在孩子返回学校前，还需要经过 74 天。datediff()函数忽略其参数中日期的时间部分，即使日期中包含时间部分，也会将第一个日期设置为午夜零时前的最后一秒，第二个日期设置为午夜零时后的第一秒，在计算中这些时间是无效的。

```
mysql> SELECT DATEDIFF('2019-09-03 23:59:59', '2019-06-21 00:00:01');
+---------------------------------------------------+
| DATEDIFF('2019-09-03 23:59:59', '2019-06-21 00:00:01') |
+---------------------------------------------------+
|                                                74 |
+---------------------------------------------------+
1 row in set (0.00 sec)
```

如果交换参数，把时间上靠前的日期放在前面，则 datediff()函数返回负数：

```
mysql> SELECT DATEDIFF('2019-06-21', '2019-09-03');
+-----------------------------------+
| DATEDIFF('2019-06-21', '2019-09-03') |
+-----------------------------------+
|                               -74 |
+-----------------------------------+
1 row in set (0.00 sec)
```

SQL Server 也提供了 datediff() 函数，但比 MySQL 的实现更为灵活，可以为其指定间隔类型（年、月、日、小时等），而不仅仅是计算两个日期之间间隔的天数。下面用 SQL Server 实现上一个示例：

```
SELECT DATEDIFF(DAY, '2019-06-21', '2019-09-03')
```

Oracle Database 允许通过将两个日期值相减的方式求出两者之间间隔的天数。

7.4　转换函数

本章之前已经介绍了如何使用 cast() 函数将字符串转换为 datetime 值。尽管所有数据库服务器都提供了用于转换数据类型的专有函数，但我推荐使用 cast() 函数，该函数属于 SQL:2003 标准，并且在 MySQL、Oracle 和 Microsoft SQL Server 中均已实现。

使用 cast() 函数时必须提供一个值或表达式、as 关键字和所需要转换的类型。下面展示了如何将字符串转换为整数：

```
mysql> SELECT CAST('1456328' AS SIGNED INTEGER);
+-----------------------------------+
| CAST('1456328' AS SIGNED INTEGER) |
+-----------------------------------+
|                           1456328 |
+-----------------------------------+
1 row in set (0.01 sec)
```

将字符串转换为数值时，cast() 函数会尝试从左向右转换整个字符串，如果在字符串中遇到非数值字符，则服务器中止转换且不报错。考虑下面的示例：

```
mysql> SELECT CAST('999ABC111' AS UNSIGNED INTEGER);
+---------------------------------------+
| CAST('999ABC111' AS UNSIGNED INTEGER) |
+---------------------------------------+
|                                   999 |
+---------------------------------------+
1 row in set, 1 warning (0.08 sec)

mysql> show warnings;
+---------+------+-------------------------------------------------+
| Level   | Code | Message                                         |
+---------+------+-------------------------------------------------+
| Warning | 1292 | Truncated incorrect INTEGER value: '999ABC111'  |
+---------+------+-------------------------------------------------+
1 row in set (0.07 sec)
```

在本例中，字符串的前 3 个数字字符被成功转换，剩余的字符则被丢弃，因而最终结果值为 999。但是服务器会发出警告，提示字符串并没有被完整转换。

如果需要将字符串转换为 date、time 或 datetime 类型的值，必须严格遵守每种类型的默认格式，因为 cast()函数不接受格式化字符串。如果待转换的日期字符串并非默认格式（比如 datetime 类型的 YYYY-MM-DD HH:MI:SS），需要先使用其他函数进行调整，比如本章之前介绍过的 MySQL 的 str_to_date()函数。

7.5　练习

下列练习考察你对于部分内建函数的理解。答案参见附录 B。

练习 7-1

编写查询，返回字符串'Please find the substring in this string'中的第 17 至 25 个字符。

练习 7-2

编写查询，返回−25.76832 的绝对值和正负符号（−1，0，1），并将返回值四舍五入至百分位。

练习 7-3

编写查询，返回当前日期的月份部分。

第 8 章

分组和聚合

数据通常以数据库用户所需的最低层级的粒度存储。如果银行查账时需要检查每个客户的交易，数据库就需要有数据表来存储单独的交易。但是，这并不意味着用户必须按照数据在数据库中存储的形式来进行处理。本章聚焦于如何对数据进行分组和聚合，以使用户在更高的粒度层级上进行数据交互。

8.1 分组的概念

有时候希望在数据中找到趋势，这就需要数据库服务器在生成结果之前对数据稍加处理。例如，假设你负责向最佳客户发送免费租借的优惠券，可以使用一个简单的查询来查看原始数据：

```
mysql> SELECT customer_id FROM rental;
+-------------+
| customer_id |
+-------------+
|           1 |
|           1 |
|           1 |
|           1 |
|           1 |
|           1 |
|           1 |
...
|         599 |
|         599 |
|         599 |
|         599 |
|         599 |
|         599 |
+-------------+
```

```
16044 rows in set (0.01 sec)
```

599 位客户分散在 16,000 多条租借记录中，无法通过查看原始数据来确定哪些客户租借的电影数量最多，但可以要求数据库服务器使用 group by 子句对数据进行分组。下面是同样的查询，但使用了 group by 子句按照客户 ID 来分组租借数据：

```
mysql> SELECT customer_id
    -> FROM rental
    -> GROUP BY customer_id;
+-------------+
| customer_id |
+-------------+
|           1 |
|           2 |
|           3 |
|           4 |
|           5 |
|           6 |
...
|         594 |
|         595 |
|         596 |
|         597 |
|         598 |
|         599 |
+-------------+
599 rows in set (0.00 sec)
```

在结果集中，customer_id 列中的每个不同的值对应一行，共计 599 行，而不再是原先的 16,044 行。数量减少的原因在于有些客户租借了多部电影。要想知道每位客户租借了多少部电影，可以在 select 子句中使用聚合函数，以统计每组有多少行：

```
mysql> SELECT customer_id, count(*)
    -> FROM rental
    -> GROUP BY customer_id;
+-------------+----------+
| customer_id | count(*) |
+-------------+----------+
|           1 |       32 |
|           2 |       27 |
|           3 |       26 |
|           4 |       22 |
|           5 |       38 |
|           6 |       28 |
...
|         594 |       27 |
|         595 |       30 |
|         596 |       28 |
```

```
|         597 |       25 |
|         598 |       22 |
|         599 |       19 |
+-------------+----------+
599 rows in set (0.01 sec)
```

聚合函数 count()统计出每组包含多少行，星号告知服务器所统计组中的所有行。通过使用 group by 子句结合聚合函数 count()，无须查看原始数据就可以生成问题的准确答案。

通过观察结果，会发现 ID 为 1 的客户借了 32 部电影，ID 为 597 的客户借了 25 部电影。为了确定哪位客户借的电影最多，只需加入 order by 子句：

```
mysql> SELECT customer_id, count(*)
    -> FROM rental
    -> GROUP BY customer_id
    -> ORDER BY 2 DESC;
+-------------+----------+
| customer_id | count(*) |
+-------------+----------+
|         148 |       46 |
|         526 |       45 |
|         236 |       42 |
|         144 |       42 |
|          75 |       41 |
...
|         248 |       15 |
|         110 |       14 |
|         281 |       14 |
|          61 |       14 |
|         318 |       12 |
+-------------+----------+
599 rows in set (0.01 sec)
```

通过查看经过排序后的结果，很容易从中看出 ID 为 148 的客户借的电影最多（46），而 ID 为 318 的客户借的电影最少（12）。

在对数据进行分组时，可能还需要根据数据分组（而非原始数据）从结果集中过滤掉不想要的数据。由于 group by 子句是在 where 子句被评估之后运行的，因此无法为此对 where 子句增加过滤条件。例如，下面尝试过滤掉租借电影少于 40 部的客户：

```
mysql> SELECT customer_id, count(*)
    -> FROM rental
    -> WHERE count(*) >= 40
    -> GROUP BY customer_id;
ERROR 1111 (HY000): Invalid use of group function
```

无法在 where 子句中引用聚合函数 count(*)，因为在评估 where 子句时，分组尚未生成，因而必须将分组过滤条件放入 having 子句。下面来看使用 having 子句的查询：

```
mysql> SELECT customer_id, count(*)
    -> FROM rental
    -> GROUP BY customer_id
    -> HAVING count(*) >= 40;
+-------------+----------+
| customer_id | count(*) |
+-------------+----------+
|          75 |       41 |
|         144 |       42 |
|         148 |       46 |
|         197 |       40 |
|         236 |       42 |
|         469 |       40 |
|         526 |       45 |
+-------------+----------+
7 rows in set (0.01 sec)
```

因为少于 40 行的分组已经通过 having 子句过滤掉了，所以结果集中现在只包含租借电影数量为 40 或多于 40 部的客户。

8.2   聚合函数

聚合函数对分组中的所有行执行特定的操作。尽管每种数据库服务器都有自己专有的聚合函数，但所有的主流服务器都提供了下列常见的聚合函数。

max()

   返回集合中的最大值。

min()

   返回集合中的最小值。

avg()

   返回集合中的平均值。

sum()

   返回集合中所有值之和。

count()

   返回集合中所有值的个数。

下列查询使用了以上这些常见的聚合函数来分析电影租借付款数据：

```
mysql> SELECT MAX(amount) max_amt,
    ->   MIN(amount) min_amt,
```

```
    ->    AVG(amount) avg_amt,
    ->    SUM(amount) tot_amt,
    ->    COUNT(*) num_payments
    -> FROM payment;
+---------+---------+----------+----------+--------------+
| max_amt | min_amt | avg_amt  | tot_amt  | num_payments |
+---------+---------+----------+----------+--------------+
|   11.99 |    0.00 | 4.200667 | 67416.51 |        16049 |
+---------+---------+----------+----------+--------------+
1 row in set (0.09 sec)
```

从查询结果中可以知道，在 payment 数据表的 16,049 行中，租借电影的最高付款金额
为 11.99 美元，最低金额为 0 美元，平均付款金额为 4.20 美元，所有付款的总金额为
67,416.51 美元。希望这个示例能让你理解聚合函数的作用。下面将进一步阐明如何使
用这些函数。

8.2.1　隐式分组与显式分组

在上一个示例中，查询返回的每个值都是由聚合函数生成的。因为没有使用 group by
子句，所以只有一个隐式分组（payment 数据表中的所有行）。

然而，在大多数情况下，除了聚合函数生成的列，还需要检索其他列。假设想要扩展
之前的查询，对于每位客户执行同样的 5 个聚合函数，而不是在所有客户中查询。为
此，在查询中检索 customer_id 列以及 5 个聚合函数：

```
SELECT customer_id,
  MAX(amount) max_amt,
  MIN(amount) min_amt,
  AVG(amount) avg_amt,
  SUM(amount) tot_amt,
  COUNT(*) num_payments
FROM payment;
```

但如果执行该查询，会接收到下列错误消息：

```
ERROR 1140 (42000): In aggregated query without GROUP BY,
  expression #1 of SELECT list contains nonaggregated column
```

尽管显然是想把聚合函数应用于 payment 数据表中的每位客户，但是该查询失败了，
原因在于没有明确指定数据应该如何分组。所以，需要添加一个 group by 子句来指定
聚合函数应该应用于哪个分组：

```
mysql> SELECT customer_id,
    ->    MAX(amount) max_amt,
    ->    MIN(amount) min_amt,
    ->    AVG(amount) avg_amt,
    ->    SUM(amount) tot_amt,
    ->    COUNT(*) num_payments
```

```
    -> FROM payment
    -> GROUP BY customer_id;
+-------------+---------+---------+----------+---------+--------------+
| customer_id | max_amt | min_amt | avg_amt  | tot_amt | num_payments |
+-------------+---------+---------+----------+---------+--------------+
|           1 |    9.99 |    0.99 | 3.708750 |  118.68 |           32 |
|           2 |   10.99 |    0.99 | 4.767778 |  128.73 |           27 |
|           3 |   10.99 |    0.99 | 5.220769 |  135.74 |           26 |
|           4 |    8.99 |    0.99 | 3.717273 |   81.78 |           22 |
|           5 |    9.99 |    0.99 | 3.805789 |  144.62 |           38 |
|           6 |    7.99 |    0.99 | 3.347143 |   93.72 |           28 |
...
|         594 |    8.99 |    0.99 | 4.841852 |  130.73 |           27 |
|         595 |   10.99 |    0.99 | 3.923333 |  117.70 |           30 |
|         596 |    6.99 |    0.99 | 3.454286 |   96.72 |           28 |
|         597 |    8.99 |    0.99 | 3.990000 |   99.75 |           25 |
|         598 |    7.99 |    0.99 | 3.808182 |   83.78 |           22 |
|         599 |    9.99 |    0.99 | 4.411053 |   83.81 |           19 |
+-------------+---------+---------+----------+---------+--------------+
599 rows in set (0.04 sec)
```

有了 group by 子句，服务器就知道先将 customer_id 列中相同的值分组，然后将这 5 个聚合函数应用于所有的 599 个分组。

8.2.2　统计不同的值

使用 count()函数确定每个分组的成员数量时，可以选择是统计分组中的所有成员数量还是只对于某列统计不同的值。

例如，考虑下列查询，它以两种不同的方式对 customer_id 列使用 count()函数：

```
mysql> SELECT COUNT(customer_id) num_rows,
    ->     COUNT(DISTINCT customer_id) num_customers
    -> FROM payment;
+----------+---------------+
| num_rows | num_customers |
+----------+---------------+
|    16049 |           599 |
+----------+---------------+
1 row in set (0.01 sec)
```

查询中的第一列只是简单地统计 payment 数据表中的行数，而第二列则检查 customer_id 列中的值（仅计算其中不同值的数量）。因此，通过指定 distinct，count()函数检查分组中每个成员的列值，以便查找和删除重复项，而不是简单地计算分组中值的数量。

8.2.3　使用表达式

除了使用列作为聚合函数的参数，也可以使用表达式。例如，你可能想找出一部电影从被租借到后来归还之间相隔的最大天数，可以通过下列查询实现：

```
mysql> SELECT MAX(datediff(return_date,rental_date))
    -> FROM rental;
+----------------------------------------+
| MAX(datediff(return_date,rental_date)) |
+----------------------------------------+
|                                     10 |
+----------------------------------------+
1 row in set (0.01 sec)
```

datediff()函数用于计算每部电影的归还日期和租借日期之间相隔的天数，max()函数返回最大天数值，在本例中是 10 天。

虽然这个示例使用的表达式相当简单，但作为聚合函数参数的表达式也可以根据需要而非常复杂，只要返回数值、字符串或日期即可。在第 11 章中，将展示如何使用 case 表达式和聚合函数来确定是否应该将特定行包含在聚合中。

8.2.4 处理 null

在执行聚合函数或其他任何数值计算时，应当首先考虑 null 是否会影响计算结果，下面对此进行说明。先构建一个包含数值型数据的简单数据表，并使用集合{1,3,5}对其初始化：

```
mysql> CREATE TABLE number_tbl
    -> (val SMALLINT);
Query OK, 0 rows affected (0.01 sec)

mysql> INSERT INTO number_tbl VALUES (1);
Query OK, 1 row affected (0.00 sec)

mysql> INSERT INTO number_tbl VALUES (3);
Query OK, 1 row affected (0.00 sec)

mysql> INSERT INTO number_tbl VALUES (5);
Query OK, 1 row affected (0.00 sec)
```

下列查询对该集合执行 5 个聚合函数：

```
mysql> SELECT COUNT(*) num_rows,
    ->   COUNT(val) num_vals,
    ->   SUM(val) total,
    ->   MAX(val) max_val,
    ->   AVG(val) avg_val
    -> FROM number_tbl;
+----------+----------+-------+---------+---------+
| num_rows | num_vals | total | max_val | avg_val |
+----------+----------+-------+---------+---------+
|        3 |        3 |     9 |       5 |  3.0000 |
```

```
+----------+----------+-------+---------+---------+
1 row in set (0.08 sec)
```

结果和预想的一样：count(*)和 count(val)的返回值均为 3，sum(val)的返回值为 9，max(val)
的返回值为 5，avg(val)的返回值为 3。接下来，向 number_tbl 数据表中添加一个 null
值并再次运行该查询：

```
mysql> INSERT INTO number_tbl VALUES (NULL);
Query OK, 1 row affected (0.01 sec)

mysql> SELECT COUNT(*) num_rows,
    ->   COUNT(val) num_vals,
    ->   SUM(val) total,
    ->   MAX(val) max_val,
    ->   AVG(val) avg_val
    -> FROM number_tbl;
+----------+----------+-------+---------+---------+
| num_rows | num_vals | total | max_val | avg_val |
+----------+----------+-------+---------+---------+
|        4 |        3 |     9 |       5 |  3.0000 |
+----------+----------+-------+---------+---------+
1 row in set (0.00 sec)
```

即使数据表中增加了 null 值，函数 sum()、max()和 avg()的返回值也没有发生变化，这
表明它们忽略了任何遇到的 null 值。count(*)函数的返回值为 4，这是由于 number_tbl
数据表包含 4 行，而 count(val)函数的返回值仍为 3。这两者的区别在于，count(*)统计
行数，而 count(val)统计 val 列包含多少个值并且忽略所有遇到的 null 值。

8.3 生成分组

通常人们很少对原始数据感兴趣，而从事数据分析的人员希望对原始数据进行操作以
便更好地满足他们的需求。常见的数据操作包括：

- 生成某个地区的汇总数据，比如欧洲市场的销售额；

- 发现异常值，比如 2005 年的销售冠军；

- 确定频率，比如每个月借出的电影数量。

为了实现这些类型的查询，需要让数据库服务器根据列（一个或多个）或表达式对行
进行分组。就像在之前的几个示例中所展示的那样，可以在查询中使用 group by 子句
作为数据分组机制。本节将说明如何根据一列或多列进行数据分组，如何使用表达式
进行数据分组，以及如何在各分组中生成汇总。

8.3.1 单列分组

单列分组是最简单，也是最常用的分组类型。例如，如果要查找某位演员参演的电影数量，只需对 film_actor.actor_id 列进行分组，如下所示：

```
mysql> SELECT actor_id, count(*)
    -> FROM film_actor
    -> GROUP BY actor_id;
+----------+----------+
| actor_id | count(*) |
+----------+----------+
|        1 |       19 |
|        2 |       25 |
|        3 |       22 |
|        4 |       22 |
...
|      197 |       33 |
|      198 |       40 |
|      199 |       15 |
|      200 |       20 |
+----------+----------+
200 rows in set (0.11 sec)
```

该查询生成了 200 个分组，每位演员对应其中的一组，然后汇总每组中的电影数量。

8.3.2 多列分组

在某些情况下，需要跨越多列生成分组。接着扩展上一个示例，假设想要找出每位演员参演的各种分级电影（G、PG...）的数量。下面给出了实现：

```
mysql> SELECT fa.actor_id, f.rating, count(*)
    -> FROM film_actor fa
    ->    INNER JOIN film f
    ->    ON fa.film_id = f.film_id
    -> GROUP BY fa.actor_id, f.rating
    -> ORDER BY 1,2;
+----------+--------+----------+
| actor_id | rating | count(*) |
+----------+--------+----------+
|        1 | G      |        4 |
|        1 | PG     |        6 |
|        1 | PG-13  |        1 |
|        1 | R      |        3 |
|        1 | NC-17  |        5 |
|        2 | G      |        7 |
|        2 | PG     |        6 |
|        2 | PG-13  |        2 |
|        2 | R      |        2 |
|        2 | NC-17  |        8 |
```

```
...
|       199 | G        |         3 |
|       199 | PG       |         4 |
|       199 | PG-13    |         4 |
|       199 | R        |         2 |
|       199 | NC-17    |         2 |
|       200 | G        |         5 |
|       200 | PG       |         3 |
|       200 | PG-13    |         2 |
|       200 | R        |         6 |
|       200 | NC-17    |         4 |
+----------+--------+-----------+
996 rows in set (0.01 sec)
```

该查询生成 996 个分组，其中每组对应于通过连接数据表 film_actor 与 film 而找到的演员和电影评级的组合。除了将 rating 列添加到 select 子句，还将其添加到 group by 子句，因为 rating 列是从数据表中检索的，而不是通过 max()或 count()等聚合函数生成的。

8.3.3 通过表达式分组

除了使用列进行数据分组，也可以根据表达式产生的值构建分组。下列查询按年份对租借数据进行分组：

```
mysql> SELECT extract(YEAR FROM rental_date) year,
    ->    COUNT(*) how_many
    -> FROM rental
    -> GROUP BY extract(YEAR FROM rental_date);
+------+----------+
| year | how_many |
+------+----------+
| 2005 |    15862 |
| 2006 |      182 |
+------+----------+
2 rows in set (0.01 sec)
```

该查询使用了一个非常简单的表达式，该表达式利用 extract()函数返回日期的年份部分，用于对 rental 数据表中的行进行分组。

8.3.4 生成汇总

在 8.3.2 节中展示了一个示例，统计每位演员参演的各种评级电影的数量。假设在计算每位演员/评级组合的总计数的同时，还想知道不同演员参演的电影总数，这时可以运行一个额外的查询并合并结果，或是将查询结果载入电子表格，或是构建 Python 脚本、Java 程序或其他方法来获取数据并执行附加的计算。不过更好的办法是使用 with rollup 选项来让数据库服务器完成这些工作。下面是经过修改的查询，在 group by 子句中使用了 with rollup 选项：

```
mysql> SELECT fa.actor_id, f.rating, count(*)
    -> FROM film_actor fa
    ->   INNER JOIN film f
    ->   ON fa.film_id = f.film_id
    -> GROUP BY fa.actor_id, f.rating WITH ROLLUP
    -> ORDER BY 1,2;
+----------+--------+----------+
| actor_id | rating | count(*) |
+----------+--------+----------+
|     NULL | NULL   |     5462 |
|        1 | NULL   |       19 |
|        1 | G      |        4 |
|        1 | PG     |        6 |
|        1 | PG-13  |        1 |
|        1 | R      |        3 |
|        1 | NC-17  |        5 |
|        2 | NULL   |       25 |
|        2 | G      |        7 |
|        2 | PG     |        6 |
|        2 | PG-13  |        2 |
|        2 | R      |        2 |
|        2 | NC-17  |        8 |
...
|      199 | NULL   |       15 |
|      199 | G      |        3 |
|      199 | PG     |        4 |
|      199 | PG-13  |        4 |
|      199 | R      |        2 |
|      199 | NC-17  |        2 |
|      200 | NULL   |       20 |
|      200 | G      |        5 |
|      200 | PG     |        3 |
|      200 | PG-13  |        2 |
|      200 | R      |        6 |
|      200 | NC-17  |        4 |
+----------+--------+----------+
1197 rows in set (0.07 sec)
```

结果集中多出了 201 行，200 位不同的演员分别对应一行，还有一行对应总数（所有演员加在一起参演的电影数量）。对于 200 位演员的汇总，rating 列提供了一个 null 值，因为汇总是对所有的评级进行的。例如，观察 actor_id 为 200 的第一行，会看到与该演员相关的电影一共有 20 部，该数值等于每种评级的电影数之和（4 NC-17 + 6 R + 2 PG-13 + 3 PG + 5 G）。对于输出中第一行的总计数，actor_id 列和 rating 列都提供了 null 值，第一行输出的总数为 5,462，等于 film_actor 数据表的行数。

如果你使用的是 Oracle Database，则需要略微修改一下语法，表明要执行汇总操作。上一个查询中的 group by 子句应该写作：

```
GROUP BY ROLLUP(fa.actor_id, f.rating)
```

这种语法的优点在于，可以在 group_by 子句中对部分列汇总。如果按照列 a、b、c 进行分组，可以指示服务器通过下列语句仅对列 b 和 c 执行汇总：

```
GROUP BY a, ROLLUP(b, c)
```

除演员之外，如果还想按照评级来统计数量，可以使用 with cube 选项，该选项将为分组列的所有可能的组合生成汇总行。遗憾的是，MySQL 8.0 版并未提供 with cube 选项，但在 SQL Server 和 Oracle Database 中可以使用该选项。

8.4 分组过滤条件

第 4 章介绍了各种过滤条件并展示了其在 where 子句中的用法。在进行数据分组时，也可以在创建分组后对数据应用过滤条件。这类过滤条件应该放在 having 子句中。考虑下面的示例：

```
mysql> SELECT fa.actor_id, f.rating, count(*)
    -> FROM film_actor fa
    ->   INNER JOIN film f
    ->   ON fa.film_id = f.film_id
    -> WHERE f.rating IN ('G','PG')
    -> GROUP BY fa.actor_id, f.rating
    -> HAVING count(*) > 9;
+----------+--------+----------+
| actor_id | rating | count(*) |
+----------+--------+----------+
|      137 | PG     |       10 |
|       37 | PG     |       12 |
|      180 | PG     |       12 |
|        7 | G      |       10 |
|       83 | G      |       14 |
|      129 | G      |       12 |
|      111 | PG     |       15 |
|       44 | PG     |       12 |
|       26 | PG     |       11 |
|       92 | PG     |       12 |
|       17 | G      |       12 |
|      158 | PG     |       10 |
|      147 | PG     |       10 |
|       14 | G      |       10 |
|      102 | PG     |       11 |
```

```
|       133 | PG     |       10 |
+----------+--------+----------+
16 rows in set (0.01 sec)
```

该查询包含两个过滤条件：一个在 where 子句中，另一个在 having 子句中。前者过滤掉评级不为 G 或 PG 的电影，后者过滤掉参演电影数少于 10 部的演员。因此，其中的一个过滤条件在数据被分组之前应用，另一个在创建好数据分组之后应用。如果错误地把两个过滤条件都放入 where 子句中，会产生以下错误消息：

```
mysql> SELECT fa.actor_id, f.rating, count(*)
    -> FROM film_actor fa
    ->   INNER JOIN film f
    ->   ON fa.film_id = f.film_id
    -> WHERE f.rating IN ('G','PG')
    ->   AND count(*) > 9
    -> GROUP BY fa.actor_id, f.rating;
ERROR 1111 (HY000): Invalid use of group function
```

查询失败的原因在于：不能把聚合函数放入查询的 where 子句。where 子句中的过滤条件是在数据被分组之前评估的，所以服务器无法对分组执行任何函数。

> 向包含 group by 子句的查询中添加过滤条件时，仔细考虑是过滤原始数据（将过滤条件放入 where 子句），还是过滤分组后的数据（将过滤条件放入 having 子句）。

8.5　练习

下列练习考察你对于 SQL 的分组和聚合函数的理解。答案参见附录 B。

练习 8-1

构建查询，统计 payment 数据表中的行数。

练习 8-2

修改练习 8-1 的查询，统计每个客户的付费次数。显示客户 ID 和每个客户支付的总金额。

练习 8-3

修改练习 8-2 的查询，只包括付费次数至少为 40 次的客户。

第 9 章

子查询

子查询是一种强大的工具，可以将其用于所有的 4 种 SQL 数据语句。在本章中将展示如何使用子查询来过滤数据、生成值和构造临时数据集。经过一些动手实验，相信你也会认同子查询是 SQL 语言强大的特性之一。

9.1 什么是子查询

子查询是指包含在另一个 SQL 语句（后文称为"包含语句"）内部的查询。子查询总是被包围在括号中，通常先于包含语句执行。和其他查询一样，子查询也会返回下列形式的结果集：

- 单行单列；

- 多行单列；

- 多行多列。

子查询返回的结果集类型决定了其用法以及包含语句可以使用哪些运算符来处理子查询返回的数据。执行包含语句后，任何子查询返回的数据都会被丢弃，这使子查询像是一个具有语句作用域的临时数据表（这意味着服务器在执行 SQL 语句后会清空分配给子查询结果的内存）。

在前几章已经展示过一些子查询的示例，下面从一个简单的示例开始：

```
mysql> SELECT customer_id, first_name, last_name
    -> FROM customer
    -> WHERE customer_id = (SELECT MAX(customer_id) FROM customer);
+-------------+------------+-----------+
| customer_id | first_name | last_name |
+-------------+------------+-----------+
|         599 | AUSTIN     | CINTRON   |
```

```
+-------------+------------+-----------+
1 row in set (0.27 sec)
```

在本例中，子查询返回 customer 数据表的 customer_id 列的最大值，包含语句返回该客户的相关数据。如果不清楚子查询究竟做了什么，可以单独运行子查询（不加括号）并查看返回结果。下面是上个示例的子查询：

```
mysql> SELECT MAX(customer_id) FROM customer;
+------------------+
| MAX(customer_id) |
+------------------+
|              599 |
+------------------+
1 row in set (0.00 sec)
```

子查询返回单行单列，可以将其作为相等条件中的表达式之一（如果子查询返回的结果不止一行，可用于比较，但不能做相等判断，后续章节会详细介绍）。在本例中，可以先获得子查询的返回值，然后用它替换掉包含查询中过滤条件的右侧表达式，例如：

```
mysql> SELECT customer_id, first_name, last_name
    -> FROM customer
    -> WHERE customer_id = 599;
+-------------+------------+-----------+
| customer_id | first_name | last_name |
+-------------+------------+-----------+
|         599 | AUSTIN     | CINTRON   |
+-------------+------------+-----------+
1 row in set (0.00 sec)
```

上述子查询很有用，有了它，就可以在单个查询中检索 ID 值最大的客户信息，而不用先用一个查询检索最大的 customer_id，再用另一个查询从 customer 数据表中检索所需的数据。你会发现，子查询在其他很多场景中也有用武之地，也许会变成你的 SQL 工具箱中的强大武器之一。

9.2　子查询类型

除了之前讨论过的子查询返回的不同类型的结果集（单行/单列，单行/多列或者多行多列），还可以使用其他特性区分子查询：一些子查询完全独立（称为非关联子查询），而另一些子查询会引用包含语句中的列（称为关联子查询）。接下来我们将探究这两种子查询，展示可用于与其交互的不同运算符。

9.3　非关联子查询

本章之前展示的示例都是非关联子查询，它可以单独执行，不会引用包含语句中的任何内容。大多数子查询都属于这种类型，但是语句 update 或者 delete 经常要用到关联子查询（随后会详细讨论）。除了非关联子查询，之前示例返回的是包含单行单列的结果集。这种子查询称为标量子查询（scalar subquery），可以出现在使用普通运算符 (=、<>、<、>、<=、>=) 的过滤条件的任意一侧。下面的示例展示了如何在不等条件中使用标量子查询：

```
mysql> SELECT city_id, city
    -> FROM city
    -> WHERE country_id <>
    -> (SELECT country_id FROM country WHERE country = 'India');
+---------+----------------------------+
| city_id | city                       |
+---------+----------------------------+
|       1 | A Corua (La Corua)         |
|       2 | Abha                       |
|       3 | Abu Dhabi                  |
|       4 | Acua                       |
|       5 | Adana                      |
|       6 | Addis Abeba                |
...
|     595 | Zapopan                    |
|     596 | Zaria                      |
|     597 | Zeleznogorsk               |
|     598 | Zhezqazghan                |
|     599 | Zhoushan                   |
|     600 | Ziguinchor                 |
+---------+----------------------------+
540 rows in set (0.02 sec)
```

该查询返回所有不在印度的城市。位于语句最后一行的子查询返回印度的城市 ID，包含查询返回国家/地区 ID 不为印度的所有城市。尽管本例中的子查询非常简单，但如果有需要，子查询也可以很复杂，并且能够利用任何可用的查询子句（select、from、where、group by、having 和 order by）。

如果在相等条件中使用子查询，但该子查询的返回结果不止一行，就会出现错误。例如，如果修改上一个查询，使其中的子查询返回除印度之外的所有国家/地区，就会接收到下列错误消息：

```
mysql> SELECT city_id, city
    -> FROM city
    -> WHERE country_id <>
    -> (SELECT country_id FROM country WHERE country <> 'India');
ERROR 1242 (21000): Subquery returns more than 1 row
```

如果单独运行子查询，结果如下所示：

```
mysql> SELECT country_id FROM country WHERE country <> 'India';
```

```
+------------+
| country_id |
+------------+
|          1 |
|          2 |
|          3 |
|          4 |
...
|        106 |
|        107 |
|        108 |
|        109 |
+------------+
108 rows in set (0.00 sec)
```

包含查询出错的原因在于一个表达式（country_id）不能等于一组表达式（country_id
为 1,2,3,...,109）。换句话说，单个事物不能等于一组事物。在下一节中，将展示如何使
用其他运算符来解决这个问题。

9.3.1 多行单列子查询

如果子查询的返回结果不止一行，则不能将其放在相等条件的一侧，如之前的示例所
示。不过，还有另外 4 个运算符可用于为这种子查询构建条件。

1. in 和 not in 运算符

虽然不能把单个值与一组值进行相等比较，但是可以检查这个值能否包含在一组值中。
下面的示例没有使用子查询，但演示了如何使用 in 运算符在一组值中查找某个值：

```
mysql> SELECT country_id
    -> FROM country
    -> WHERE country IN ('Canada','Mexico');
+------------+
| country_id |
+------------+
|         20 |
|         60 |
+------------+
2 rows in set (0.00 sec)
```

条件左侧的表达式是 country 列，右侧是一组字符串。in 运算符检查是否能在 country
列中找到这组字符串中的某一个，如果能，条件成立，该行被添加到结果集。也可以
使用两个相等条件获得同样的结果：

```
mysql> SELECT country_id
    -> FROM country
    -> WHERE country = 'Canada' OR country = 'Mexico';
+------------+
```

```
| country_id |
+------------+
|         20 |
|         60 |
+------------+
2 rows in set (0.00 sec)
```

当集合只包含两个表达式时，这种方法看起来是合理的，但是如果集合包含大量的值
（如成百上千），那么很容易看出使用 in 运算符的单个条件更为可取。

尽管偶尔会创建一组字符串、日期或数值，将其用于条件的一侧，但更大的可能是使
用返回一行或多行的子查询来生成该集合。下列查询使用 in 运算符和过滤条件右侧的
子查询来返回位于 Canada 或 Mexico 的所有城市：

```
mysql> SELECT city_id, city
    -> FROM city
    -> WHERE country_id IN
    ->  (SELECT country_id
    ->   FROM country
    ->   WHERE country IN ('Canada','Mexico'));
+---------+----------------------------+
| city_id | city                       |
+---------+----------------------------+
|     179 | Gatineau                   |
|     196 | Halifax                    |
|     300 | Lethbridge                 |
|     313 | London                     |
|     383 | Oshawa                     |
|     430 | Richmond Hill              |
|     565 | Vancouver                  |
...
|     452 | San Juan Bautista Tuxtepec |
|     541 | Torren                     |
|     556 | Uruapan                    |
|     563 | Valle de Santiago          |
|     595 | Zapopan                    |
+---------+----------------------------+
37 rows in set (0.00 sec)
```

除了查看某个值是否存在于一组值中，还可以使用 not in 运算符实现相反的效果。下面
是上一个查询的另一个版本，使用 not in 代替了 in：

```
mysql> SELECT city_id, city
    -> FROM city
    -> WHERE country_id NOT IN
    -> (SELECT country_id
    ->  FROM country
    ->  WHERE country IN ('Canada','Mexico'));
+---------+----------------------------+
```

```
| city_id | city                       |
+---------+----------------------------+
|       1 | A Corua (La Corua)         |
|       2 | Abha                       |
|       3 | Abu Dhabi                  |
|       5 | Adana                      |
|       6 | Addis Abeba                |
...
|     596 | Zaria                      |
|     597 | Zeleznogorsk               |
|     598 | Zhezqazghan                |
|     599 | Zhoushan                   |
|     600 | Ziguinchor                 |
+---------+----------------------------+
563 rows in set (0.00 sec)
```

该查询搜索所有不在 Canada 或 Mexico 的城市。

2．all 运算符

in 运算符可用于查看能否在一个表达式集合中找到某个表达式，all 运算符则用于将某个值与集合中的所有值进行比较。构建这种条件时需要将比较运算符（=、<>、<、> 等）与 all 运算符配合使用。例如，下列查询搜索所有从未获得过免费电影租借的客户：

```
mysql> SELECT first_name, last_name
    -> FROM customer
    -> WHERE customer_id <> ALL
    ->   (SELECT customer_id
    ->    FROM payment
    ->    WHERE amount = 0);
+------------+--------------+
| first_name | last_name    |
+------------+--------------+
| MARY       | SMITH        |
| PATRICIA   | JOHNSON      |
| LINDA      | WILLIAMS     |
| BARBARA    | JONES        |
...
| EDUARDO    | HIATT        |
| TERRENCE   | GUNDERSON    |
| ENRIQUE    | FORSYTHE     |
| FREDDIE    | DUGGAN       |
| WADE       | DELVALLE     |
| AUSTIN     | CINTRON      |
+------------+--------------+
576 rows in set (0.01 sec)
```

子查询返回没付过电影租借费的客户 ID，包含查询返回 ID 不在子查询返回的 ID 范围内的所有客户姓名。如果你觉得这种方式有些笨拙，那么请放心，不是只有你这样想，大多数人更喜欢换一种方式编写查询，而避免使用 all 运算符。下列查询使用 not in 运算符，生成的结果和上一个示例一模一样：

```
SELECT first_name, last_name
FROM customer
WHERE customer_id NOT IN
 (SELECT customer_id
  FROM payment
  WHERE amount = 0)
```

具体用哪种方式取决于个人喜好，但我想大多数人都会觉得使用 not in 的版本更易于理解。

 使用 not in 或 <> 运算符比较一个值和一组值时，必须确保这组值中不包含 null 值，这是因为服务器会将表达式左侧的值与组中的各个值进行比较，任何值与 null 作相等比较时都会产生 unknown。因此，下列查询返回的结果集为空集：

```
mysql> SELECT first_name, last_name
    -> FROM customer
    -> WHERE customer_id NOT IN (122, 452, NULL);
Empty set (0.00 sec)
```

下面是另一个使用 all 运算符的示例，但这次的子查询位于 having 子句内：

```
mysql> SELECT customer_id, count(*)
    -> FROM rental
    -> GROUP BY customer_id
    -> HAVING count(*) > ALL
    ->   (SELECT count(*)
    ->    FROM rental r
    ->      INNER JOIN customer c
    ->      ON r.customer_id = c.customer_id
    ->      INNER JOIN address a
    ->      ON c.address_id = a.address_id
    ->      INNER JOIN city ct
    ->      ON a.city_id = ct.city_id
    ->      INNER JOIN country co
    ->      ON ct.country_id = co.country_id
    ->    WHERE co.country IN ('United States','Mexico','Canada')
    ->    GROUP BY r.customer_id
    ->   );
+-------------+----------+
| customer_id | count(*) |
+-------------+----------+
|         148 |       46 |
+-------------+----------+
1 row in set (0.01 sec)
```

此示例中的子查询返回所有北美洲客户租借的电影总数，包含查询返回电影租借总数超过任何北美洲客户的全部客户。

3．any 运算符

和 all 运算符一样，any 运算符允许将单个值与一组值中的各个值进行比较。与 all 运算符不同的是，只要有一次比较成立，使用 any 运算符的条件即为真。下面的示例将找出电影租借付款总额超过 Bolivia、Paraguay 或 Chile 所有客户付款总额的客户：

```
mysql> SELECT customer_id, sum(amount)
    -> FROM payment
    -> GROUP BY customer_id
    -> HAVING sum(amount) > ANY
    ->   (SELECT sum(p.amount)
    ->    FROM payment p
    ->      INNER JOIN customer c
    ->      ON p.customer_id = c.customer_id
    ->      INNER JOIN address a
    ->      ON c.address_id = a.address_id
    ->      INNER JOIN city ct
    ->      ON a.city_id = ct.city_id
    ->      INNER JOIN country co
    ->      ON ct.country_id = co.country_id
    ->    WHERE co.country IN ('Bolivia','Paraguay','Chile')
    ->    GROUP BY co.country
    ->   );
+-------------+-------------+
| customer_id | sum(amount) |
+-------------+-------------+
|         137 |      194.61 |
|         144 |      195.58 |
|         148 |      216.54 |
|         178 |      194.61 |
|         459 |      186.62 |
|         526 |      221.55 |
+-------------+-------------+
6 rows in set (0.03 sec)
```

子查询返回 Bolivia、Paraguay、Chile 这 3 个国家中所有客户的电影租借付款总额，包含查询返回付款超出至少其中一个国家的所有客户。

　　　　尽管大多数人喜欢使用 in，不过 = any 与 in 等效。

9.3.2　多列子查询

到目前为止，本章中的子查询示例返回的都是单行单列或多行单列。在某些情况下，要用到返回两列或以上的子查询。为了展示多列子查询的用途，下面先看一个多重单列子查询的示例：

```
mysql> SELECT fa.actor_id, fa.film_id
    -> FROM film_actor fa
    -> WHERE fa.actor_id IN
    ->  (SELECT actor_id FROM actor WHERE last_name = 'MONROE')
    ->   AND fa.film_id IN
    ->  (SELECT film_id FROM film WHERE rating = 'PG');
+----------+---------+
| actor_id | film_id |
+----------+---------+
|      120 |      63 |
|      120 |     144 |
|      120 |     414 |
|      120 |     590 |
|      120 |     715 |
|      120 |     894 |
|      178 |     164 |
|      178 |     194 |
|      178 |     273 |
|      178 |     311 |
|      178 |     983 |
+----------+---------+
11 rows in set (0.00 sec)
```

该查询使用了两个子查询来找出姓氏为 Monroe 的所有演员和评级为 PG 的所有电影，包含查询随后使用这些信息检索参演过评级为 PG 的电影且姓氏为 Monroe 的演员。可以将以上两个单列子查询合并成一个多列子查询，并将结果与 film_actor 数据表的两列的结果进行比对。为此，过滤条件必须将 film_actor 数据表的两列放入括号内，且与子查询返回的顺序一致：

```
mysql> SELECT actor_id, film_id
    -> FROM film_actor
    -> WHERE (actor_id, film_id) IN
    ->  (SELECT a.actor_id, f.film_id
    ->   FROM actor a
    ->      CROSS JOIN film f
    ->   WHERE a.last_name = 'MONROE'
    ->   AND f.rating = 'PG');
+----------+---------+
| actor_id | film_id |
+----------+---------+
|      120 |      63 |
|      120 |     144 |
|      120 |     414 |
|      120 |     590 |
|      120 |     715 |
```

```
|       120 |      894 |
|       178 |      164 |
|       178 |      194 |
|       178 |      273 |
|       178 |      311 |
|       178 |      983 |
+-----------+----------+
11 rows in set (0.00 sec)
```

该查询的执行结果和上一个示例一样，但使用返回两列的单个子查询代替各返回一列的两个子查询。此版本的子查询使用了交叉连接，我们会在第 10 章中介绍。基本思路是返回姓氏为 Monroe 的演员（2）与评级为 PG 的电影（194）的所有组合，共计 388 行，其中的 11 行可以在 film_actor 数据表中找到。

9.4 关联子查询

到目前为止，示例中的所有子查询都是与其包含语句独立的，这意味着可以单独执行这些子查询并查验结果。而关联子查询依赖其包含语句，引用了其中的一列或者多列。与非关联子查询不同，关联子查询并不是先于包含语句一次性执行完毕，而是为每一个候选行（可能会包含在最终结果中）执行一次。例如，下列查询使用关联子查询统计每个客户租借的电影数量，然后由包含查询来检索租借了 20 部电影的客户：

```
mysql> SELECT c.first_name, c.last_name
    -> FROM customer c
    -> WHERE 20 =
    ->  (SELECT count(*) FROM rental r
    ->   WHERE r.customer_id = c.customer_id);
+------------+-------------+
| first_name | last_name   |
+------------+-------------+
| LAUREN     | HUDSON      |
| JEANETTE   | GREENE      |
| TARA       | RYAN        |
| WILMA      | RICHARDS    |
| JO         | FOWLER      |
| KAY        | CALDWELL    |
| DANIEL     | CABRAL      |
| ANTHONY    | SCHWAB      |
| TERRY      | GRISSOM     |
| LUIS       | YANEZ       |
| HERBERT    | KRUGER      |
| OSCAR      | AQUINO      |
| RAUL       | FORTIER     |
| NELSON     | CHRISTENSON |
| ALFREDO    | MCADAMS     |
+------------+-------------+
```

```
15 rows in set (0.01 sec)
```

子查询得以关联的原因是其末尾引用的 c.customer_id，要想执行子查询，包含查询必须提供 c.customer_id 的值。在本例中，包含查询从 customer 数据表中检索到全部的 599 行数据，对每个客户执行一次子查询，在每次执行时传入相应的客户 ID。如果子查询返回 20，说明符合过滤条件，则该行被添加到结果集。

 因为关联子查询会对包含查询返回的每一行执行一次，所以如果包含查询返回很多行，将会引发性能问题。

除了相等条件，也可以在其他类型的条件中使用关联子查询，比如下面所示的范围条件：

```
mysql> SELECT c.first_name, c.last_name
    -> FROM customer c
    -> WHERE
    -> (SELECT sum(p.amount) FROM payment p
    -> WHERE p.customer_id = c.customer_id)
    -> BETWEEN 180 AND 240;
+------------+-----------+
| first_name | last_name |
+------------+-----------+
| RHONDA     | KENNEDY   |
| CLARA      | SHAW      |
| ELEANOR    | HUNT      |
| MARION     | SNYDER    |
| TOMMY      | COLLAZO   |
| KARL       | SEAL      |
+------------+-----------+
6 rows in set (0.03 sec)
```

该查询查找为电影支付的租借费用总额在 180～240 美元的客户。同样，关联子查询会执行 599 次（每个客户一次），每次执行后返回给定客户支付的总金额。

 上述查询的另一处细微不同在于子查询位于条件的左侧，尽管看起来有点奇怪，但完全有效。

9.4.1 exists 运算符

尽管关联子查询经常用于相等条件和范围条件中，但在构建包含关联子查询的条件时，最常用到的运算符是 exists。如果想在不考虑数量的情况下确定存在关系，可以使用 exists 运算符。例如，下列查询查找在 2005 年 5 月 25 日之前至少租借过一部电影的所有客户，不考虑租借电影的具体数量：

```
mysql> SELECT c.first_name, c.last_name
    -> FROM customer c
    -> WHERE EXISTS
    ->   (SELECT 1 FROM rental r
    ->    WHERE r.customer_id = c.customer_id
    ->      AND date(r.rental_date) < '2005-05-25');
+------------+-------------+
| first_name | last_name   |
+------------+-------------+
| CHARLOTTE  | HUNTER      |
| DELORES    | HANSEN      |
| MINNIE     | ROMERO      |
| CASSANDRA  | WALTERS     |
| ANDREW     | PURDY       |
| MANUEL     | MURRELL     |
| TOMMY      | COLLAZO     |
| NELSON     | CHRISTENSON |
+------------+-------------+
8 rows in set (0.03 sec)
```

使用 exists 运算符时，子查询可能会返回 0 行、1 行或者多行结果，然而条件只是简单地检查子查询是否返回至少 1 行。如果查看子查询中的 select 子句，就会发现它只由单个字面量 1 组成，因为包含查询内的条件只需要知道子查询返回了多少行，具体返回的数据无关紧要。事实上，可以让子查询返回任何想要的结果，如下所示：

```
mysql> SELECT c.first_name, c.last_name
    -> FROM customer c
    -> WHERE EXISTS
    ->   (SELECT r.rental_date, r.customer_id, 'ABCD' str, 2 * 3 / 7 nmbr
    ->    FROM rental r
    ->    WHERE r.customer_id = c.customer_id
    ->      AND date(r.rental_date) < '2005-05-25');
+------------+-------------+
| first_name | last_name   |
+------------+-------------+
| CHARLOTTE  | HUNTER      |
| DELORES    | HANSEN      |
| MINNIE     | ROMERO      |
| CASSANDRA  | WALTERS     |
| ANDREW     | PURDY       |
| MANUEL     | MURRELL     |
| TOMMY      | COLLAZO     |
| NELSON     | CHRISTENSON |
+------------+-------------+
8 rows in set (0.03 sec)
```

不过在使用 exists 时，惯例是指定 select 1 或 select *。

也可以使用 not exists 来检查没有返回行的子查询，如下所示：

```
mysql> SELECT a.first_name, a.last_name
    -> FROM actor a
    -> WHERE NOT EXISTS
    ->  (SELECT 1
    ->   FROM film_actor fa
    ->     INNER JOIN film f ON f.film_id = fa.film_id
    ->   WHERE fa.actor_id = a.actor_id
    ->     AND f.rating = 'R');
+------------+-----------+
| first_name | last_name |
+------------+-----------+
| JANE       | JACKMAN   |
+------------+-----------+
1 row in set (0.00 sec)
```

该查询查找从未参演过 R 级电影的所有演员。

9.4.2 使用关联子查询操作数据

到目前为止,本章的所有示例都是 select 语句,但这并不意味着子查询在其他 SQL 语句中没有用处。子查询也大量应用于 update、delete 和 insert 语句,关联子查询也频繁出现于 update 和 delete 语句中。下面的关联子查询用于修改 customer 数据表中的 last_update 列:

```
UPDATE customer c
SET c.last_update =
 (SELECT max(r.rental_date) FROM rental r
  WHERE r.customer_id = c.customer_id);
```

该语句通过查找 rental 数据表中每个客户最近的租借日期,修改了 customer 数据表中的每一行(因为没有 where 子句)。尽管认为每个客户至少租借一部电影似乎合情合理,但最好还是在更新 last_update 列之前检查一下,否则,如果子查询什么都不返回的话,该列会被设置为 null。下面是 update 语句的另一个版本,其中使用了 where 子句和另一个关联子查询:

```
UPDATE customer c
SET c.last_update =
 (SELECT max(r.rental_date) FROM rental r
  WHERE r.customer_id = c.customer_id)
WHERE EXISTS
 (SELECT 1 FROM rental r
  WHERE r.customer_id = c.customer_id);
```

除了 select 子句,这两个关联子查询没什么不同。但是,set 子句中的子查询仅在 update 语句的 where 子句中被评估为真(意味着客户至少租借过一次电影)时才执行,这样就避免了 last_update 列被 null 覆盖。

关联子查询在 delete 语句中也很常见。例如，你可能会在每个月末运行数据维护脚本，以删除不需要的数据。该脚本可能包含下列语句，从 customer 数据表中删除去年没有租借电影的行：

```
DELETE FROM customer
WHERE 365 < ALL
 (SELECT datediff(now(), r.rental_date) days_since_last_rental
  FROM rental r
  WHERE r.customer_id = customer.customer_id);
```

切记，在 MySQL 的 delete 语句中使用关联子查询时，无论如何都不能使用数据表别名，这就是在子查询中使用数据表全名的原因。不过，在其他大多数数据库服务器中，customer 数据表是可以使用别名的：

```
DELETE FROM customer c
WHERE 365 < ALL
 (SELECT datediff(now(), r.rental_date) days_since_last_rental
  FROM rental r
  WHERE r.customer_id = c.customer_id);
```

9.5　何时使用子查询

目前已经学习了不同类型的子查询以及可以用来与子查询返回的数据进行交互的各种运算符，现在是时候探究如何使用子查询构建强大的 SQL 语句了。在接下来的内容中，将演示如何使用子查询来构造自定义数据表、构建条件以及在结果集中生成列值。

9.5.1　子查询作为数据源

在第 3 章中介绍过，select 语句的 from 子句的作用是列出查询要用到的数据表。因为子查询生成的是包含行列数据的结果集，所以非常适合将子查询与数据表一起包含在 from 子句中。虽然乍一看这似乎是一个没有太多实用价值的有趣特性，但这其实是编写查询时的强大工具之一。下面来看一个简单的示例：

```
mysql> SELECT c.first_name, c.last_name,
    ->   pymnt.num_rentals, pymnt.tot_payments
    -> FROM customer c
    ->   INNER JOIN
    ->   (SELECT customer_id,
    ->     count(*) num_rentals, sum(amount) tot_payments
    ->    FROM payment
    ->    GROUP BY customer_id
    ->   ) pymnt
    ->   ON c.customer_id = pymnt.customer_id;
+------------+-----------+-------------+--------------+
| first_name | last_name | num_rentals | tot_payments |
+------------+-----------+-------------+--------------+
```

```
| MARY        | SMITH       |          32 |      118.68 |
| PATRICIA    | JOHNSON     |          27 |      128.73 |
| LINDA       | WILLIAMS    |          26 |      135.74 |
| BARBARA     | JONES       |          22 |       81.78 |
| ELIZABETH   | BROWN       |          38 |      144.62 |
...
| TERRENCE    | GUNDERSON   |          30 |      117.70 |
| ENRIQUE     | FORSYTHE    |          28 |       96.72 |
| FREDDIE     | DUGGAN      |          25 |       99.75 |
| WADE        | DELVALLE    |          22 |       83.78 |
| AUSTIN      | CINTRON     |          19 |       83.81 |
+-------------+-------------+-------------+-------------+
599 rows in set (0.03 sec)
```

在本例中，子查询生成了客户 ID 列表以及客户租借的电影数量和支付的总金额。下面是子查询生成的结果集：

```
mysql> SELECT customer_id, count(*) num_rentals, sum(amount) tot_payments
    -> FROM payment
    -> GROUP BY customer_id;
+-------------+-------------+--------------+
| customer_id | num_rentals | tot_payments |
+-------------+-------------+--------------+
|           1 |          32 |       118.68 |
|           2 |          27 |       128.73 |
|           3 |          26 |       135.74 |
|           4 |          22 |        81.78 |
...
|         596 |          28 |        96.72 |
|         597 |          25 |        99.75 |
|         598 |          22 |        83.78 |
|         599 |          19 |        83.81 |
+-------------+-------------+--------------+
599 rows in set (0.03 sec)
```

子查询被命名为 pymnt 并通过 customer_id 列与 customer 数据表连接。然后包含查询从 customer 数据表中检索客户姓名，并从 pymnt 子查询检索汇总列。

from 子句中的子查询必须是非关联查询[①]，它们首先被执行，结果数据一直保留在内存中直至包含查询执行完毕。在编写查询时，子查询提供了极大的灵活性，可以在可用的数据表集合之外创建需要的任何数据视图，然后将结果与其他数据表或子查询连接。如果需要创建报表或是为外部系统生成数据源，用一个查询就能够实现过去需要多重查询或者过程化语言来完成的任务。

---

① 事实上，取决于所使用的数据库服务器，可以通过使用 cross apply 或 outer apply 在 from 子句中加入关联子查询，但这些特性超出了本书的范围。

1．数据加工

除了使用子查询汇总现有数据，还可以利用子查询生成数据库中不存在的数据。例如，希望按照电影租金对客户进行分组，但是这些分组的定义并未存储在数据库中。例如，假设要将客户分组到表 9-1 所示的组中。

表 9-1　客户支付组

组名	下限	上限
Small Fry	0	$74.99
Average Joes	$75	$149.99
Heavy Hitters	$150	$9,999,999.99

要想在单个查询中生成这些分组，需要通过某种方式定义这 3 个组。第一步是编写生成分组定义的查询：

```
mysql> SELECT 'Small Fry' name, 0 low_limit, 74.99 high_limit
    -> UNION ALL
    -> SELECT 'Average Joes' name, 75 low_limit, 149.99 high_limit
    -> UNION ALL
    -> SELECT 'Heavy Hitters' name, 150 low_limit, 9999999.99 high_limit;
+---------------+-----------+------------+
| name          | low_limit | high_limit |
+---------------+-----------+------------+
| Small Fry     |         0 |      74.99 |
| Average Joes  |        75 |     149.99 |
| Heavy Hitters |       150 | 9999999.99 |
+---------------+-----------+------------+
3 rows in set (0.00 sec)
```

上述查询中使用了集合运算符 union all 将来自 3 个独立查询的结果合并成单个结果集。每个查询返回 3 个字面量，3 个查询的结果被组合在一起，生成包含 3 行 3 列的结果集。现在已经有了能够生成所需分组的查询，只要将其放入另一个查询的 from 子句中就可以了：

```
mysql> SELECT pymnt_grps.name, count(*) num_customers
    -> FROM
    ->  (SELECT customer_id,
    ->     count(*) num_rentals, sum(amount) tot_payments
    ->   FROM payment
    ->   GROUP BY customer_id
    ->  ) pymnt
    ->   INNER JOIN
    ->  (SELECT 'Small Fry' name, 0 low_limit, 74.99 high_limit
    ->   UNION ALL
    ->   SELECT 'Average Joes' name, 75 low_limit, 149.99 high_limit
    ->   UNION ALL
```

```
    ->     SELECT 'Heavy Hitters' name, 150 low_limit, 9999999.99 high_limit
    ->   ) pymnt_grps
    ->   ON pymnt.tot_payments
    ->     BETWEEN pymnt_grps.low_limit AND pymnt_grps.high_limit
    -> GROUP BY pymnt_grps.name;
+---------------+---------------+
| name          | num_customers |
+---------------+---------------+
| Average Joes  |           515 |
| Heavy Hitters |            46 |
| Small Fry     |            38 |
+---------------+---------------+
3 rows in set (0.03 sec)
```

from 子句包含两个子查询：第一个子查询 pymnt 返回每个客户租借的电影总数和支付的总金额，第二个子查询 pymnt_grps 生成 3 个客户分组。两个子查询通过查找每个客户属于哪个分组连接在一起，然后按照组名对行进行分组，以计算每组中的客户数量。

当然，也可以不使用子查询，而是简单地选择构建一个永久性（或临时）数据表来保存分组定义。使用这种方法，你会发现经过一段时间后，数据库中散落的都是一些小型专用数据表，其中对于大多数数据表的创建原因也很难回忆起来。但如果使用子查询，你就能够遵守仅在有明确的存储新数据的业务需求时才向数据库添加新数据表的原则。

2．面向任务的子查询

假设想要生成一份报表，显示每个客户的姓名、所在城市、租借的电影总数以及支付的总金额，可以通过连接数据表 payment、customer、address 和 city，然后按照客户的姓氏和名字进行分组，以实现该需求：

```
mysql> SELECT c.first_name, c.last_name, ct.city,
    ->     sum(p.amount) tot_payments, count(*) tot_rentals
    -> FROM payment p
    ->   INNER JOIN customer c
    ->   ON p.customer_id = c.customer_id
    ->   INNER JOIN address a
    ->   ON c.address_id = a.address_id
    ->   INNER JOIN city ct
    ->   ON a.city_id = ct.city_id
    -> GROUP BY c.first_name, c.last_name, ct.city;
+------------+-----------+----------------+--------------+-------------+
| first_name | last_name | city           | tot_payments | tot_rentals |
+------------+-----------+----------------+--------------+-------------+
| MARY       | SMITH     | Sasebo         |       118.68 |          32 |
| PATRICIA   | JOHNSON   | San Bernardino |       128.73 |          27 |
| LINDA      | WILLIAMS  | Athenai        |       135.74 |          26 |
| BARBARA    | JONES     | Myingyan       |        81.78 |          22 |
...
| TERRENCE   | GUNDERSON | Jinzhou        |       117.70 |          30 |
```

```
| ENRIQUE    | FORSYTHE   | Patras          |        96.72 |        28 |
| FREDDIE    | DUGGAN     | Sullana         |        99.75 |        25 |
| WADE       | DELVALLE   | Lausanne        |        83.78 |        22 |
| AUSTIN     | CINTRON    | Tieli           |        83.81 |        19 |
+------------+------------+-----------------+--------------+-----------+
599 rows in set (0.06 sec)
```

该查询返回了所需的数据，但如果仔细观察，会发现数据表 customer、address、city 仅用于显示，payment 数据表包含了用于生成分组所需的所有数据（customer_id 和 amount）。因此，可以将生成分组的任务交由子查询完成，然后将另外 3 个数据表与子查询产生的数据表连接，从而获得最终的结果。下面是生成分组的子查询：

```
mysql> SELECT customer_id,
    ->    count(*) tot_rentals, sum(amount) tot_payments
    -> FROM payment
    -> GROUP BY customer_id;
+-------------+-------------+--------------+
| customer_id | tot_rentals | tot_payments |
+-------------+-------------+--------------+
|           1 |          32 |       118.68 |
|           2 |          27 |       128.73 |
|           3 |          26 |       135.74 |
|           4 |          22 |        81.78 |
...
|         595 |          30 |       117.70 |
|         596 |          28 |        96.72 |
|         597 |          25 |        99.75 |
|         598 |          22 |        83.78 |
|         599 |          19 |        83.81 |
+-------------+-------------+--------------+
599 rows in set (0.03 sec)
```

这是查询的核心所在，其他数据表仅用于提供有意义的字符串来代替 customer_id 值。接下来的查询将上面的数据集与另外 3 个数据表连接起来：

```
mysql> SELECT c.first_name, c.last_name,
    ->    ct.city,
    ->    pymnt.tot_payments, pymnt.tot_rentals
    -> FROM
    ->    (SELECT customer_id,
    ->       count(*) tot_rentals, sum(amount) tot_payments
    ->     FROM payment
    ->     GROUP BY customer_id
    ->    ) pymnt
    ->    INNER JOIN customer c
    ->    ON pymnt.customer_id = c.customer_id
    ->    INNER JOIN address a
    ->    ON c.address_id = a.address_id
```

```
    ->    INNER JOIN city ct
    ->    ON a.city_id = ct.city_id;
+------------+-----------+----------------+--------------+-------------+
| first_name | last_name | city           | tot_payments | tot_rentals |
+------------+-----------+----------------+--------------+-------------+
| MARY       | SMITH     | Sasebo         |       118.68 |          32 |
| PATRICIA   | JOHNSON   | San Bernardino |       128.73 |          27 |
| LINDA      | WILLIAMS  | Athenai        |       135.74 |          26 |
| BARBARA    | JONES     | Myingyan       |        81.78 |          22 |
...
| TERRENCE   | GUNDERSON | Jinzhou        |       117.70 |          30 |
| ENRIQUE    | FORSYTHE  | Patras         |        96.72 |          28 |
| FREDDIE    | DUGGAN    | Sullana        |        99.75 |          25 |
| WADE       | DELVALLE  | Lausanne       |        83.78 |          22 |
| AUSTIN     | CINTRON   | Tieli          |        83.81 |          19 |
+------------+-----------+----------------+--------------+-------------+
599 rows in set (0.06 sec)
```

我觉得这个版本的查询比那个又大又扁平的版本更加令人满意，而且在执行速度上可能更快，因为分组是基于单个数值列（customer_id）完成的，而非多个很长的字符串列（customer.first_name、customer.last_name 和 city.city）。

3．公用表表达式

公用表表达式（common table expression，CTE）是 MySQL 8.0 版新引入的特性，不过在其他数据库服务器中已经出现多年了。CTE 是一个具名子查询，出现在 with 子句内查询的顶部，该子句可以包含多个以逗号分隔的 CTE。除了使查询更易于理解，此特性还允许每个 CTE 引用相同 with 子句内在其之前定义的其他 CTE。下列示例包括 3 个 CTE，其中第 2 个 CTE 引用了第 1 个 CTE，第 3 个 CTE 引用了第 2 个 CTE：

```
mysql> WITH actors_s AS
    ->   (SELECT actor_id, first_name, last_name
    ->    FROM actor
    ->    WHERE last_name LIKE 'S%'
    ->   ),
    -> actors_s_pg AS
    -> (SELECT s.actor_id, s.first_name, s.last_name,
    ->    f.film_id, f.title
    ->  FROM actors_s s
    ->    INNER JOIN film_actor fa
    ->    ON s.actor_id = fa.actor_id
    ->    INNER JOIN film f
    ->    ON f.film_id = fa.film_id
    ->  WHERE f.rating = 'PG'
    -> ),
    -> actors_s_pg_revenue AS
    -> (SELECT spg.first_name, spg.last_name, p.amount
    ->  FROM actors_s_pg spg
```

```
    ->      INNER JOIN inventory i
    ->      ON i.film_id = spg.film_id
    ->      INNER JOIN rental r
    ->      ON i.inventory_id = r.inventory_id
    ->      INNER JOIN payment p
    ->      ON r.rental_id = p.rental_id
    ->  ) -- end of With clause
    -> SELECT spg_rev.first_name, spg_rev.last_name,
    ->   sum(spg_rev.amount) tot_revenue
    -> FROM actors_s_pg_revenue spg_rev
    -> GROUP BY spg_rev.first_name, spg_rev.last_name
    -> ORDER BY 3 desc;
+------------+-------------+-------------+
| first_name | last_name   | tot_revenue |
+------------+-------------+-------------+
| NICK       | STALLONE    |      692.21 |
| JEFF       | SILVERSTONE |      652.35 |
| DAN        | STREEP      |      509.02 |
| GROUCHO    | SINATRA     |      457.97 |
| SISSY      | SOBIESKI    |      379.03 |
| JAYNE      | SILVERSTONE |      372.18 |
| CAMERON    | STREEP      |      361.00 |
| JOHN       | SUVARI      |      296.36 |
| JOE        | SWANK       |      177.52 |
+------------+-------------+-------------+
9 rows in set (0.18 sec)
```

该查询计算由姓氏以 S 开头的演员参演的 PG 级电影租借所产生的总收入。第一个子查询（actors_s）查找姓氏以 S 开头的所有演员，第二个子查询（actors_s_pg）将得到的数据集与 film 数据表连接并过滤评级为 PG 的电影，第三个子查询（actors_s_pg_revenue）将得到的数据集与 payment 数据表连接，以检索出租借这些电影所支付的金额。最后的查询只是简单地按照名字/姓氏对来自 actor_s_pg_revenue 的数据进行分组以及对收入求和。

对于喜欢使用临时数据表来存储后续查询要用到的查询结果的用户，也许会发现 CTE 是一个有吸引力的替代方案。

9.5.2 子查询作为表达式生成器

本节将对一开始提到的单列单行的标量子查询进行总结。除了用于过滤条件，标量子查询还可以用在表达式可以出现的任何位置，其中包括查询的 select 和 order by 子句以及 insert 语句的 values 子句。

在 9.5.1 节的"面向任务的子查询"小节中，展示了如何使用子查询将分组机制从其他查询中分离出来。下面是相同查询的另一个版本，使用子查询实现了同样的目的，但方法不一样：

```
mysql> SELECT
    -> (SELECT c.first_name FROM customer c
    ->  WHERE c.customer_id = p.customer_id
    -> ) first_name,
    -> (SELECT c.last_name FROM customer c
    ->  WHERE c.customer_id = p.customer_id
    -> ) last_name,
    -> (SELECT ct.city
    ->  FROM customer c
    ->  INNER JOIN address a
    ->    ON c.address_id = a.address_id
    ->  INNER JOIN city ct
    ->    ON a.city_id = ct.city_id
    ->  WHERE c.customer_id = p.customer_id
    -> ) city,
    ->  sum(p.amount) tot_payments,
    ->  count(*) tot_rentals
    -> FROM payment p
    -> GROUP BY p.customer_id;
+------------+-----------+----------------+--------------+-------------+
| first_name | last_name | city           | tot_payments | tot_rentals |
+------------+-----------+----------------+--------------+-------------+
| MARY       | SMITH     | Sasebo         |       118.68 |          32 |
| PATRICIA   | JOHNSON   | San Bernardino |       128.73 |          27 |
| LINDA      | WILLIAMS  | Athenai        |       135.74 |          26 |
| BARBARA    | JONES     | Myingyan       |        81.78 |          22 |
...
| TERRENCE   | GUNDERSON | Jinzhou        |       117.70 |          30 |
| ENRIQUE    | FORSYTHE  | Patras         |        96.72 |          28 |
| FREDDIE    | DUGGAN    | Sullana        |        99.75 |          25 |
| WADE       | DELVALLE  | Lausanne       |        83.78 |          22 |
| AUSTIN     | CINTRON   | Tieli          |        83.81 |          19 |
+------------+-----------+----------------+--------------+-------------+
599 rows in set (0.06 sec)
```

该查询与之前在 from 子句中使用子查询的版本有两处主要不同：

- 在 select 子句中使用关联标量子查询查找客户的姓氏/名字和所在城市，而不是将 customer、address 和 city 数据表与支付数据连接；
- customer 数据表被访问了 3 次（3 个子查询，每个子查询访问一次），而非 1 次。

customer 数据表被访问 3 次的原因在于标量子查询每次只能返回单列单行，如果需要与客户相关的 3 列数据，则必须使用 3 个不同的子查询。

如前所述，标量子查询也可以出现在 order by 子句中。下列查询检索演员的姓氏和名字，并按照其参演电影的数量进行排序：

```
mysql> SELECT a.actor_id, a.first_name, a.last_name
    -> FROM actor a
    -> ORDER BY
    -> (SELECT count(*) FROM film_actor fa
    ->   WHERE fa.actor_id = a.actor_id) DESC;
+----------+------------+--------------+
| actor_id | first_name | last_name    |
+----------+------------+--------------+
|      107 | GINA       | DEGENERES    |
|      102 | WALTER     | TORN         |
|      198 | MARY       | KEITEL       |
|      181 | MATTHEW    | CARREY       |
...
|       71 | ADAM       | GRANT        |
|      186 | JULIA      | ZELLWEGER    |
|       35 | JUDY       | DEAN         |
|      199 | JULIA      | FAWCETT      |
|      148 | EMILY      | DEE          |
+----------+------------+--------------+
200 rows in set (0.01 sec)
```

该查询在 order by 子句中使用关联标量子查询返回演员参演的电影数量，这个值仅用于排序。

除了在 select 语句中使用关联标量子查询，也可以使用非关联标量子查询为 insert 语句生成值。例如，假设你要在 film_actor 数据表中生成一个新行，现在手头上已经有下列数据：

- 演员的姓氏和名字；

- 电影名。

你有两个选择：执行两次查询，检索数据表 film 和 actor 的主键值，然后将主键值放入 insert 语句；或者在 insert 语句中使用子查询检索这两个键值。下面是后一种选择的示例：

```
INSERT INTO film_actor (actor_id, film_id, last_update)
VALUES (
 (SELECT actor_id FROM actor
  WHERE first_name = 'JENNIFER' AND last_name = 'DAVIS'),
 (SELECT film_id FROM film
  WHERE title = 'ACE GOLDFINGER'),
 now()
 );
```

使用单个 SQL 语句，可以在 film_actor 数据表中创建一行，同时查找两个外键的列值。

9.6　子查询小结

本章介绍了丰富的内容，在此有必要回顾一下。其中的示例演示过的子查询包括：

- 返回单行单列、多行单列、多列多行；

- 独立于包含语句（非关联子查询）；

- 引用包含语句中的一列或多列（关联子查询）；

- 可用于条件中，这些条件使用比较运算符和其他专用运算符（in、not in、exists 和 not exists）；

- 出现在 select、update、delete 和 insert 语句内；

- 生成的结果集可以与查询中的其他数据表或者子查询连接；

- 可以生成值来填充数据表或者查询结果集中的列；

- 可用于查询的 select、from、where、having、order by 子句中。

显然，子查询是一种用途非常广泛的工具，如果第一次阅读本章后还没有理解所有的相关概念，也不必灰心。只要不断地尝试子查询的各种用法，你很快就会发现每次在编写一个复杂的 SQL 语句时都会考虑如何利用子查询来实现。

9.7　练习

下列练习考察你对于子查询的理解。答案参见附录 B。

练习 9-1

对 film 数据表构建查询，使用过滤条件和针对 category 数据表的非关联子查询来查找所有动作片（category.name ='Action'）。

练习 9-2

修改练习 9-1 的查询，对 category 和 film_category 数据表使用关联子查询，以实现相同的结果。

练习 9-3

将下列查询与 film_actor 数据表的子查询连接，以显示每位演员的级别：

```
SELECT 'Hollywood Star' level, 30 min_roles, 99999 max_roles
UNION ALL
SELECT 'Prolific Actor' level, 20 min_roles, 29 max_roles
UNION ALL
SELECT 'Newcomer' level, 1 min_roles, 19 max_roles
```

film_actor 数据表的子查询应该使用 group by actor_id 统计每位演员的行数，将该值与 min_roles/max_roles 列对比，以确定每位演员的级别。

第 10 章

再谈连接

至此，我们应该已经熟悉了第 5 章介绍过的内连接的概念。本章着重学习包括外连接（outer join）和交叉连接（cross join）在内的其他连接数据表的方法。

10.1　外连接

到目前为止，所有的示例都包括多个数据表，我们并没有考虑过连接条件可能无法为数据表中的所有行找到匹配。例如，inventory 数据表中的每行包含的都是一部可供租借的电影，但是 film 数据表中的 1,000 部电影（1,000 行）中只有 958 部在 inventory 数据表中有一行或多行，其余 42 部电影不能用于租借（可能因为是新片，刚到货几天），所以这些电影的 ID 无法在 inventory 数据表中找到。下列查询通过连接这两个数据表，统计每部电影可用的拷贝数量：

```
mysql> SELECT f.film_id, f.title, count(*) num_copies
    -> FROM film f
    ->   INNER JOIN inventory i
    ->   ON f.film_id = i.film_id
    -> GROUP BY f.film_id, f.title;
+---------+----------------------------+------------+
| film_id | title                      | num_copies |
+---------+----------------------------+------------+
|       1 | ACADEMY DINOSAUR           |          8 |
|       2 | ACE GOLDFINGER             |          3 |
|       3 | ADAPTATION HOLES           |          4 |
|       4 | AFFAIR PREJUDICE           |          7 |
...
|      13 | ALI FOREVER                |          4 |
|      15 | ALIEN CENTER               |          6 |
...
|     997 | YOUTH KICK                 |          2 |
```

```
|   998 | ZHIVAGO CORE                |           2 |
|   999 | ZOOLANDER FICTION           |           5 |
|  1000 | ZORRO ARK                   |           8 |
+---------+-----------------------------+------------+
```
958 rows in set (0.02 sec)

你可能以为该查询能返回 1,000 行（一部电影一行），但只返回了 958 行。这是因为查询使用的是内连接，只返回满足连接条件的行。例如，电影 Alice Fantasia (film_id 14) 就没有出现在查询结果中，因为该电影在 inventory 数据表中没有任何对应行。

如果希望查询返回所有的 1,000 部电影，而不管在 inventory 数据表中有没有对应的行，那么可以使用外连接，使连接条件成为可选的：

```
mysql> SELECT f.film_id, f.title, count(i.inventory_id) num_copies
    -> FROM film f
    ->    LEFT OUTER JOIN inventory i
    ->    ON f.film_id = i.film_id
    -> GROUP BY f.film_id, f.title;
+---------+-----------------------------+------------+
| film_id | title                       | num_copies |
+---------+-----------------------------+------------+
|       1 | ACADEMY DINOSAUR            |          8 |
|       2 | ACE GOLDFINGER              |          3 |
|       3 | ADAPTATION HOLES            |          4 |
|       4 | AFFAIR PREJUDICE            |          7 |
...
|      13 | ALI FOREVER                 |          4 |
|      14 | ALICE FANTASIA              |          0 |
|      15 | ALIEN CENTER                |          6 |
...
|     997 | YOUTH KICK                  |          2 |
|     998 | ZHIVAGO CORE                |          2 |
|     999 | ZOOLANDER FICTION           |          5 |
|    1000 | ZORRO ARK                   |          8 |
+---------+-----------------------------+------------+
```
1000 rows in set (0.01 sec)

从上述结果中可以看到，该查询返回了 film 数据表的全部 1,000 行，其中有 42 行（包括 Alice Fantasia）的 num_copies 列的值为 0，表示没有库存。

下面描述了对该查询的改动：

- 将连接定义从 inner 改为 left outer，指示服务器包含该连接左侧数据表（在本例中为 film）的所有行，如果连接成功，再包含该连接右侧数据表（inventory）的列；

- num_copies 列的定义从 count(*)改为 count(i.inventory_id)，后者统计 inventory.inventory_id 列值为非 null 的数量。

接下来，为了清晰地观察 inner 连接和 outer 连接的不同，我们删除 group by 子句，过滤掉大多数行。下列查询使用 inner 连接和过滤条件返回部分电影对应的行：

```
mysql> SELECT f.film_id, f.title, i.inventory_id
    ->  FROM film f
    ->    INNER JOIN inventory i
    ->    ON f.film_id = i.film_id
    ->  WHERE f.film_id BETWEEN 13 AND 15;
+---------+---------------+--------------+
| film_id | title         | inventory_id |
+---------+---------------+--------------+
|      13 | ALI FOREVER   |           67 |
|      13 | ALI FOREVER   |           68 |
|      13 | ALI FOREVER   |           69 |
|      13 | ALI FOREVER   |           70 |
|      15 | ALIEN CENTER  |           71 |
|      15 | ALIEN CENTER  |           72 |
|      15 | ALIEN CENTER  |           73 |
|      15 | ALIEN CENTER  |           74 |
|      15 | ALIEN CENTER  |           75 |
|      15 | ALIEN CENTER  |           76 |
+---------+---------------+--------------+
10 rows in set (0.00 sec)
```

查询结果显示，Ali Forever 有 4 份拷贝，Alien Center 有 6 份拷贝。下面使用 outer 连接实现相同的查询：

```
mysql> SELECT f.film_id, f.title, i.inventory_id
    ->  FROM film f
    ->    LEFT OUTER JOIN inventory i
    ->    ON f.film_id = i.film_id
    ->  WHERE f.film_id BETWEEN 13 AND 15;
+---------+----------------+--------------+
| film_id | title          | inventory_id |
+---------+----------------+--------------+
|      13 | ALI FOREVER    |           67 |
|      13 | ALI FOREVER    |           68 |
|      13 | ALI FOREVER    |           69 |
|      13 | ALI FOREVER    |           70 |
|      14 | ALICE FANTASIA |         NULL |
|      15 | ALIEN CENTER   |           71 |
|      15 | ALIEN CENTER   |           72 |
|      15 | ALIEN CENTER   |           73 |
|      15 | ALIEN CENTER   |           74 |
|      15 | ALIEN CENTER   |           75 |
|      15 | ALIEN CENTER   |           76 |
+---------+----------------+--------------+
11 rows in set (0.00 sec)
```

对于 Ali Forever 和 Alien Center 的查询结果依然是相同的,但多出了一行 Alice Fantasia,其中 inventory.inventory_id 列的值为 null。这个示例演示了 outer 连接如何在不限制查询返回的行数的情况下添加列值。如果不满足连接条件(就像本例中的 Alice Fantasia),从外连接数据表中检索出的列值均为 null。

10.1.1　左外连接与右外连接

在 10.1 节的外连接示例中指定的是 left outer join。关键字 left 指明该连接左侧的数据表决定结果集的行数,而连接右侧的数据表只负责提供与之匹配的列值。也可以指定 right outer join,由连接右侧的数据表决定结果集的行数,连接左侧的数据表提供列值。

下面使用 right outer join 代替 left outer join,改写 10.1 节中最后一个查询:

```
mysql> SELECT f.film_id, f.title, i.inventory_id
    -> FROM inventory i
    ->   RIGHT OUTER JOIN film f
    ->   ON f.film_id = i.film_id
    -> WHERE f.film_id BETWEEN 13 AND 15;
+---------+----------------+--------------+
| film_id | title          | inventory_id |
+---------+----------------+--------------+
|      13 | ALI FOREVER    |           67 |
|      13 | ALI FOREVER    |           68 |
|      13 | ALI FOREVER    |           69 |
|      13 | ALI FOREVER    |           70 |
|      14 | ALICE FANTASIA |         NULL |
|      15 | ALIEN CENTER   |           71 |
|      15 | ALIEN CENTER   |           72 |
|      15 | ALIEN CENTER   |           73 |
|      15 | ALIEN CENTER   |           74 |
|      15 | ALIEN CENTER   |           75 |
|      15 | ALIEN CENTER   |           76 |
+---------+----------------+--------------+
11 rows in set (0.00 sec)
```

记住,这两个版本的查询执行的都是外连接,而关键字 left 和 right 只是告知服务器哪个数据表的数据可以不足。如果想要通过数据表 A 和 B 的外连接得到结果为 A 中的所有行和 B 中的匹配列,可以指定 A left outer join B 或者 B right outer join A。

因为很少(如果有的话)会遇到右外连接,而且也不是所有的数据库服务器都支持这种连接,因此推荐使用左外连接。outer 关键字是可选的,你可以使用 A left join B 来代替,不过出于清晰性的考虑,最好还是加上 outer。

10.1.2　三路外连接

有些情况下可能想要将一个数据表与另外两个数据表进行外连接。例如，可以扩展
10.1.1 节的查询，加入 rental 数据表的数据：

```
mysql> SELECT f.film_id, f.title, i.inventory_id, r.rental_date
    -> FROM film f
    ->   LEFT OUTER JOIN inventory i
    ->   ON f.film_id = i.film_id
    ->   LEFT OUTER JOIN rental r
    ->   ON i.inventory_id = r.inventory_id
    -> WHERE f.film_id BETWEEN 13 AND 15;
+---------+----------------+--------------+---------------------+
| film_id | title          | inventory_id | rental_date         |
+---------+----------------+--------------+---------------------+
|      13 | ALI FOREVER    |           67 | 2005-07-31 18:11:17 |
|      13 | ALI FOREVER    |           67 | 2005-08-22 21:59:29 |
|      13 | ALI FOREVER    |           68 | 2005-07-28 15:26:20 |
|      13 | ALI FOREVER    |           68 | 2005-08-23 05:02:31 |
|      13 | ALI FOREVER    |           69 | 2005-08-01 23:36:10 |
|      13 | ALI FOREVER    |           69 | 2005-08-22 02:12:44 |
|      13 | ALI FOREVER    |           70 | 2005-07-12 10:51:09 |
|      13 | ALI FOREVER    |           70 | 2005-07-29 01:29:51 |
|      13 | ALI FOREVER    |           70 | 2006-02-14 15:16:03 |
|      14 | ALICE FANTASIA |         NULL | NULL                |
|      15 | ALIEN CENTER   |           71 | 2005-05-28 02:06:37 |
|      15 | ALIEN CENTER   |           71 | 2005-06-17 16:40:03 |
|      15 | ALIEN CENTER   |           71 | 2005-07-11 05:47:08 |
|      15 | ALIEN CENTER   |           71 | 2005-08-02 13:58:55 |
|      15 | ALIEN CENTER   |           71 | 2005-08-23 05:13:09 |
|      15 | ALIEN CENTER   |           72 | 2005-05-27 22:49:27 |
|      15 | ALIEN CENTER   |           72 | 2005-06-19 13:29:28 |
|      15 | ALIEN CENTER   |           72 | 2005-07-07 23:05:53 |
|      15 | ALIEN CENTER   |           72 | 2005-08-01 05:55:13 |
|      15 | ALIEN CENTER   |           72 | 2005-08-20 15:11:48 |
|      15 | ALIEN CENTER   |           73 | 2005-07-06 15:51:58 |
|      15 | ALIEN CENTER   |           73 | 2005-07-30 14:48:24 |
|      15 | ALIEN CENTER   |           73 | 2005-08-20 22:32:11 |
|      15 | ALIEN CENTER   |           74 | 2005-07-27 00:15:18 |
|      15 | ALIEN CENTER   |           74 | 2005-08-23 19:21:22 |
|      15 | ALIEN CENTER   |           75 | 2005-07-09 02:58:41 |
|      15 | ALIEN CENTER   |           75 | 2005-07-29 23:52:01 |
|      15 | ALIEN CENTER   |           75 | 2005-08-18 21:55:01 |
|      15 | ALIEN CENTER   |           76 | 2005-06-15 08:01:29 |
|      15 | ALIEN CENTER   |           76 | 2005-07-07 18:31:50 |
|      15 | ALIEN CENTER   |           76 | 2005-08-01 01:49:36 |
|      15 | ALIEN CENTER   |           76 | 2005-08-17 07:26:47 |
+---------+----------------+--------------+---------------------+
32 rows in set (0.01 sec)
```

查询结果中包含了指定电影的所有租借数据，但是影片 Alice Fantasia 的两个外连接数据表中的列的值都为 null。

10.2 交叉连接

在第 5 章中介绍了笛卡儿积的概念，本质上它就是在未指定任何连接条件的情况下的多数据表连接的结果。笛卡儿积经常会偶然用到（比如，忘记在 from 子句中添加连接条件），但是使用频率并不高。如果确实打算生成两个数据表的笛卡儿积，应该指定交叉连接（cross join），例如：

```
mysql> SELECT c.name category_name, l.name language_name
    -> FROM category c
    ->    CROSS JOIN language l;
+---------------+---------------+
| category_name | language_name |
+---------------+---------------+
| Action        | English       |
| Action        | Italian       |
| Action        | Japanese      |
| Action        | Mandarin      |
| Action        | French        |
| Action        | German        |
| Animation     | English       |
| Animation     | Italian       |
| Animation     | Japanese      |
| Animation     | Mandarin      |
| Animation     | French        |
| Animation     | German        |
...
| Sports        | English       |
| Sports        | Italian       |
| Sports        | Japanese      |
| Sports        | Mandarin      |
| Sports        | French        |
| Sports        | German        |
| Travel        | English       |
| Travel        | Italian       |
| Travel        | Japanese      |
| Travel        | Mandarin      |
| Travel        | French        |
| Travel        | German        |
+---------------+---------------+
96 rows in set (0.00 sec)
```

该查询生成数据表 category 和 language 的笛卡儿积，共计 96 行（category 数据表 16 行 × language 数据表 6 行）。现在已经了解了什么是交叉连接以及如何指定交叉连接，那么交叉连接又有什么用处呢？大多数 SQL 相关书籍会先描述什么是交叉连接，然后告知交叉连接没有很多用处，但我想分享一个非常适合使用交叉连接的场景。

第 9 章中讨论过如何使用子查询加工数据表，演示了如何构建与其他数据表连接的 3 行数据表。下面是该示例中的加工后的数据表：

```
mysql> SELECT 'Small Fry' name, 0 low_limit, 74.99 high_limit
    -> UNION ALL
    -> SELECT 'Average Joes' name, 75 low_limit, 149.99 high_limit
    -> UNION ALL
    -> SELECT 'Heavy Hitters' name, 150 low_limit, 9999999.99 high_limit;
+---------------+-----------+------------+
| name          | low_limit | high_limit |
+---------------+-----------+------------+
| Small Fry     |         0 |      74.99 |
| Average Joes  |        75 |     149.99 |
| Heavy Hitters |       150 | 9999999.99 |
+---------------+-----------+------------+
3 rows in set (0.00 sec)
```

要想根据客户支付的电影总租金将客户划归到 3 个组，这个数据表正是我们所需要的，但是这种使用集合运算符 union all 合并单行数据表的策略在加工大型数据表时就不太适用了。

假设你打算编写查询，为 2020 年的每一天生成一行，但是数据库中没有包含每天一行的数据表。如果使用第 9 章中的方法，你可能会这样做：

```
SELECT '2020-01-01' dt
UNION ALL
SELECT '2020-01-02' dt
UNION ALL
SELECT '2020-01-03' dt
UNION ALL
...
...
...
SELECT '2020-12-29' dt
UNION ALL
SELECT '2020-12-30' dt
UNION ALL
SELECT '2020-12-31' dt
```

构建一个查询将 366 个查询的结果合并到一起确实有点乏味，可能需要另一种策略。可以这样：首先通过单列生成 366 行的数据表（2020 年是闰年），此单列包含 0～366 的某个数值，然后将该数值对应的天数与 2020 年 1 月 1 日相加。下面来生成这样一个数据表：

```
mysql> SELECT ones.num + tens.num + hundreds.num
    -> FROM
    -> (SELECT 0 num UNION ALL
    -> SELECT 1 num UNION ALL
    -> SELECT 2 num UNION ALL
    -> SELECT 3 num UNION ALL
    -> SELECT 4 num UNION ALL
    -> SELECT 5 num UNION ALL
    -> SELECT 6 num UNION ALL
    -> SELECT 7 num UNION ALL
    -> SELECT 8 num UNION ALL
    -> SELECT 9 num) ones
    -> CROSS JOIN
    -> (SELECT 0 num UNION ALL
    -> SELECT 10 num UNION ALL
    -> SELECT 20 num UNION ALL
    -> SELECT 30 num UNION ALL
    -> SELECT 40 num UNION ALL
    -> SELECT 50 num UNION ALL
    -> SELECT 60 num UNION ALL
    -> SELECT 70 num UNION ALL
    -> SELECT 80 num UNION ALL
    -> SELECT 90 num) tens
    -> CROSS JOIN
    -> (SELECT 0 num UNION ALL
    -> SELECT 100 num UNION ALL
    -> SELECT 200 num UNION ALL
    -> SELECT 300 num) hundreds;
+-----------------------------------+
| ones.num + tens.num + hundreds.num |
+-----------------------------------+
|                                 0 |
|                                 1 |
|                                 2 |
|                                 3 |
|                                 4 |
|                                 5 |
|                                 6 |
|                                 7 |
|                                 8 |
|                                 9 |
|                                10 |
|                                11 |
|                                12 |
...
...
...
|                               391 |
|                               392 |
```

```
|                                 393 |
|                                 394 |
|                                 395 |
|                                 396 |
|                                 397 |
|                                 398 |
|                                 399 |
+-----------------------------------+
400 rows in set (0.00 sec)
```

如果生成{0, 1, 2, 3, 4, 5, 6, 7, 8, 9}、{0, 10, 20, 30, 40, 50, 60, 70, 80, 90}和{0, 100, 200, 300}这 3 个集合的笛卡儿积，并将这 3 列的值相加，就可以得到包含 0～399 的所有数值的 400 行结果集。可是这个行数超过了生成 2020 年天数集合所需的 366 行，消除这些额外的行很容易，随后将展示具体方法。

下一步是将数值集合转换为日期集合。为此，使用 date_add()函数将结果集中的数值与 2020 年 1 月 1 日相加，然后添加过滤条件来排除 2021 年的所有日期：

```
mysql> SELECT DATE_ADD('2020-01-01',
    ->     INTERVAL (ones.num + tens.num + hundreds.num) DAY) dt
    -> FROM
    ->  (SELECT 0 num UNION ALL
    ->    SELECT 1 num UNION ALL
    ->    SELECT 2 num UNION ALL
    ->    SELECT 3 num UNION ALL
    ->    SELECT 4 num UNION ALL
    ->    SELECT 5 num UNION ALL
    ->    SELECT 6 num UNION ALL
    ->    SELECT 7 num UNION ALL
    ->    SELECT 8 num UNION ALL
    ->    SELECT 9 num) ones
    ->  CROSS JOIN
    ->  (SELECT 0 num UNION ALL
    ->    SELECT 10 num UNION ALL
    ->    SELECT 20 num UNION ALL
    ->    SELECT 30 num UNION ALL
    ->    SELECT 40 num UNION ALL
    ->    SELECT 50 num UNION ALL
    ->    SELECT 60 num UNION ALL
    ->    SELECT 70 num UNION ALL
    ->    SELECT 80 num UNION ALL
    ->    SELECT 90 num) tens
    ->  CROSS JOIN
    ->  (SELECT 0 num UNION ALL
    ->    SELECT 100 num UNION ALL
    ->    SELECT 200 num UNION ALL
    ->    SELECT 300 num) hundreds
    -> WHERE DATE_ADD('2020-01-01',
```

```
    ->     INTERVAL (ones.num + tens.num + hundreds.num) DAY) < '2021-01-01'
    -> ORDER BY 1;
+------------+
| dt         |
+------------+
| 2020-01-01 |
| 2020-01-02 |
| 2020-01-03 |
| 2020-01-04 |
| 2020-01-05 |
| 2020-01-06 |
| 2020-01-07 |
| 2020-01-08 |
...
...
...
| 2020-02-26 |
| 2020-02-27 |
| 2020-02-28 |
| 2020-02-29 |
| 2020-03-01 |
| 2020-03-02 |
| 2020-03-03 |
...
...
...
| 2020-12-24 |
| 2020-12-25 |
| 2020-12-26 |
| 2020-12-27 |
| 2020-12-28 |
| 2020-12-29 |
| 2020-12-30 |
| 2020-12-31 |
+------------+
366 rows in set (0.03 sec)
```

这个方法的妙处在于无须人为介入，结果集会自动包含额外的闰日（2月29日），这是由数据库服务器通过将 2020 年 1 月 1 日加上 59 天计算得出的。

现在已经能构造出 2020 年中的每一天，这有什么用处呢？你可能会被要求生成一份报表，以展示 2020 年的每一天以及每一天的电影租借数量。该报表需要包含一年中的每一天，包括没有电影借出的天数。该查询如下所示（使用 2005 年的数据来匹配 rental 数据表中的数据）：

```
mysql> SELECT days.dt, COUNT(r.rental_id) num_rentals
    -> FROM rental r
    ->    RIGHT OUTER JOIN
```

```
    ->    (SELECT DATE_ADD('2005-01-01',
    ->       INTERVAL (ones.num + tens.num + hundreds.num) DAY) dt
    ->    FROM
    ->     (SELECT 0 num UNION ALL
    ->      SELECT 1 num UNION ALL
    ->      SELECT 2 num UNION ALL
    ->      SELECT 3 num UNION ALL
    ->      SELECT 4 num UNION ALL
    ->      SELECT 5 num UNION ALL
    ->      SELECT 6 num UNION ALL
    ->      SELECT 7 num UNION ALL
    ->      SELECT 8 num UNION ALL
    ->      SELECT 9 num) ones
    ->     CROSS JOIN
    ->     (SELECT 0 num UNION ALL
    ->      SELECT 10 num UNION ALL
    ->      SELECT 20 num UNION ALL
    ->      SELECT 30 num UNION ALL
    ->      SELECT 40 num UNION ALL
    ->      SELECT 50 num UNION ALL
    ->      SELECT 60 num UNION ALL
    ->      SELECT 70 num UNION ALL
    ->      SELECT 80 num UNION ALL
    ->      SELECT 90 num) tens
    ->     CROSS JOIN
    ->     (SELECT 0 num UNION ALL
    ->      SELECT 100 num UNION ALL
    ->      SELECT 200 num UNION ALL
    ->      SELECT 300 num) hundreds
    ->    WHERE DATE_ADD('2005-01-01',
    ->       INTERVAL (ones.num + tens.num + hundreds.num) DAY)
    ->         < '2006-01-01'
    ->    ) days
    ->    ON days.dt = date(r.rental_date)
    -> GROUP BY days.dt
    -> ORDER BY 1;
+------------+-------------+
| dt         | num_rentals |
+------------+-------------+
| 2005-01-01 |           0 |
| 2005-01-02 |           0 |
| 2005-01-03 |           0 |
| 2005-01-04 |           0 |
...
| 2005-05-23 |           0 |
| 2005-05-24 |           8 |
| 2005-05-25 |         137 |
| 2005-05-26 |         174 |
| 2005-05-27 |         166 |
```

```
| 2005-05-28 |          196 |
| 2005-05-29 |          154 |
| 2005-05-30 |          158 |
| 2005-05-31 |          163 |
| 2005-06-01 |            0 |
...
| 2005-06-13 |            0 |
| 2005-06-14 |           16 |
| 2005-06-15 |          348 |
| 2005-06-16 |          324 |
| 2005-06-17 |          325 |
| 2005-06-18 |          344 |
| 2005-06-19 |          348 |
| 2005-06-20 |          331 |
| 2005-06-21 |          275 |
| 2005-06-22 |            0 |
...
| 2005-12-27 |            0 |
| 2005-12-28 |            0 |
| 2005-12-29 |            0 |
| 2005-12-30 |            0 |
| 2005-12-31 |            0 |
+------------+--------------+
365 rows in set (8.99 sec)
```

这是到目前为止本书中最有趣的查询之一，因为其中涉及交叉连接、外连接、日期函数、分组、集合运算（union all）和聚合函数（count()）。当然，这并不是对于该问题的最优雅的解决方法，但它可以作为一个示例，说明只要有一点创造力，再加上对语言的深刻把握，你甚至可以将交叉连接这个很少被用到的特性变成你的 SQL 工具箱中的得力工具。

10.3　自然连接

你可以选择一种连接类型，其允许命名要连接的数据表，但是由数据库服务器决定需要什么样的连接条件。这种连接类型被称为自然连接（natural join），它依靠多个数据表之间相同的列名来推断适合的连接条件。例如，rental 数据表包含 customer_id 列，该列是 customer 数据表的外键，customer 数据表的主键名也是 customer_id。因此，可以尝试编写查询，使用自然连接来连接这两个数据表：

```
mysql> SELECT c.first_name, c.last_name, date(r.rental_date)
    -> FROM customer c
    ->    NATURAL JOIN rental r;
Empty set (0.04 sec)
```

因为指定了自然连接，所以数据库服务器检查数据表定义并添加了连接条件

r.customer_id = c.customer_id。在本例中，这么做没有问题，但在 Sakila 模式中，所有的数据表都包含 last_update 列，以指明每行最后被修改的时间，因此，数据库服务器也会添加连接条件 r.last_update = c.last_update，这会造成查询没有返回任何数据。

解决该问题的唯一方法是使用子查询来限制其中至少一个数据表的列：

```
mysql> SELECT cust.first_name, cust.last_name, date(r.rental_date)
    -> FROM
    -> (SELECT customer_id, first_name, last_name
    ->  FROM customer
    -> ) cust
    -> NATURAL JOIN rental r;
+------------+-----------+---------------------+
| first_name | last_name | date(r.rental_date) |
+------------+-----------+---------------------+
| MARY       | SMITH     | 2005-05-25          |
| MARY       | SMITH     | 2005-05-28          |
| MARY       | SMITH     | 2005-06-15          |
| MARY       | SMITH     | 2005-06-15          |
| MARY       | SMITH     | 2005-06-15          |
| MARY       | SMITH     | 2005-06-16          |
| MARY       | SMITH     | 2005-06-18          |
| MARY       | SMITH     | 2005-06-18          |
...
| AUSTIN     | CINTRON   | 2005-08-21          |
| AUSTIN     | CINTRON   | 2005-08-21          |
| AUSTIN     | CINTRON   | 2005-08-21          |
| AUSTIN     | CINTRON   | 2005-08-23          |
| AUSTIN     | CINTRON   | 2005-08-23          |
| AUSTIN     | CINTRON   | 2005-08-23          |
+------------+-----------+---------------------+
16044 rows in set (0.03 sec)
```

那么，为了省事而不输入连接条件到底值不值得呢？绝对不值得，应该避免使用这种连接类型，而使用带有显式连接条件的内连接。

10.4　练习

下列练习考察你对于外连接和交叉连接的理解。答案参见附录 B。

练习 10-1

使用下列数据表定义和数据编写查询，返回每个客户的姓名及其支付的总金额：

```
                    Customer:
Customer_id Name
```

```
----------- ----------------
1           John Smith
2           Kathy Jones
3           Greg Oliver

                    Payment:
Payment_id  Customer_id  Amount
-----------  -----------  --------
101          1           8.99
102          3           4.99
103          1           7.99
```

查询结果包括所有客户，即便是没有付款记录的客户。

练习 10-2

使用其他外连接重新编写练习 10-1 的查询（如果你在练习 10-1 中使用的是左外连接，那么这里使用右外连接），实现与练习 10-1 相同的结果。

练习 10-3（附加题）

编写查询，生成集合 {1, 2, 3, ..., 99, 100}。（提示：使用至少有两个 for 子句的子查询的交叉连接。）

第 11 章

条件逻辑

在某些情况下，可能希望 SQL 逻辑根据特定列或表达式转向不同的分支来处理。本章着重讨论如何编写能够根据执行过程中遇到的数据做出不同行为的语句。SQL 语句中作为条件逻辑的机制是 case 表达式，可以在 select、insert、update 和 delete 语句中使用。

11.1　什么是条件逻辑

简单地说，条件逻辑是在程序执行时从多个路径中选取一个路径的能力。例如，在查询客户信息时希望包含 customer.active 列，该列要么存储 1，要么存储 0，前者表明是活跃客户，后者表明是非活跃客户。如果查询结果用于生成报表，可能需要将该值转换形式，以提高可读性。尽管所有数据库对于这种类型的情况都提供了相关的内建函数，但并未标准化，所以需要记住哪种数据库使用哪个函数。好在数据库的 SQL 实现都包含 case 表达式，在很多情况下都能派上用场，包括简单的转换：

```
mysql> SELECT first_name, last_name,
    ->   CASE
    ->     WHEN active = 1 THEN 'ACTIVE'
    ->     ELSE 'INACTIVE'
    ->   END activity_type
    -> FROM customer;
+------------+-----------+---------------+
| first_name | last_name | activity_type |
+------------+-----------+---------------+
| MARY       | SMITH     | ACTIVE        |
| PATRICIA   | JOHNSON   | ACTIVE        |
| LINDA      | WILLIAMS  | ACTIVE        |
| BARBARA    | JONES     | ACTIVE        |
| ELIZABETH  | BROWN     | ACTIVE        |
| JENNIFER   | DAVIS     | ACTIVE        |
...
```

```
| KENT        | ARSENAULT   | ACTIVE       |
| TERRANCE    | ROUSH       | INACTIVE     |
| RENE        | MCALISTER   | ACTIVE       |
| EDUARDO     | HIATT       | ACTIVE       |
| TERRENCE    | GUNDERSON   | ACTIVE       |
| ENRIQUE     | FORSYTHE    | ACTIVE       |
| FREDDIE     | DUGGAN      | ACTIVE       |
| WADE        | DELVALLE    | ACTIVE       |
| AUSTIN      | CINTRON     | ACTIVE       |
+-------------+-------------+--------------+
599 rows in set (0.00 sec)
```

该查询包含 case 表达式，用以生成 activity_type 列的值，根据 customer.active 列的值，表达式返回字符串"ACTIVE"或"INACTIVE"。

11.2 case 表达式

所有的主流数据库服务器都提供了旨在模拟大多数编程语言中 if-then-else 语句的内建函数（比如 Oracle 的 decode()函数、MySQL 的 if()函数和 SQL Server 的 coalesce()函数）。除了模拟 if-then-else 逻辑，case 表达式与内建函数相比有两个优势：

- case 表达式是 SQL 标准的一部分（SQL92 发布版），已经在 Oracle Database、SQL Server、MySQL、PostgreSQL、IBM UDB 等数据库中实现；

- case 表达式内建于 SQL 语法中，可以用于 select、insert、update 和 delete 语句。

接下来将介绍两种不同类型的 case 表达式，然后展示一些 case 表达式示例。

11.2.1 搜索型 case 表达式

本章之前展示的 case 表达式属于搜索型 case 表达式（searched case expression），其语法如下：

```
CASE
  WHEN C1 THEN E1
  WHEN C2 THEN E2
  ...
  WHEN CN THEN EN
  [ELSE ED]
END
```

在上面的定义中，符号 C1、C2、...、CN 代表条件，E1、E2、...、EN 代表 case 表达式返回的表达式。如果 when 子句中的条件为真，则 case 表达式返回相应的表达式。另外，符号 ED 代表默认表达式，如果条件 C1、C2、...、CN 无一为真，则返回该表达式（else 子句是可选的，这就是要将其放入方括号内的原因）。各种 when 子句返回的表达式的类型必须相同（例如 date、number、varchar）。

下面是搜索型 case 表达式的一个示例：

```
CASE
  WHEN category.name IN ('Children','Family','Sports','Animation')
    THEN 'All Ages'
  WHEN category.name = 'Horror'
    THEN 'Adult'
  WHEN category.name IN ('Music','Games')
    THEN 'Teens'
  ELSE 'Other'
END
```

case 表达式返回的字符串可用于根据电影分类对电影进行划分。在对 case 表达式求值时，按照自上而下的顺序评估 when 子句，只要 when 子句中的某个条件为真，就返回相应的表达式，而不再处理剩余的 when 子句。如果 when 子句中的条件均不为真，则返回 else 子句中的表达式。

尽管上一个示例返回的是字符串表达式，但要记住，case 表达式可以返回包括子查询在内的任意类型的表达式。下列查询使用子查询返回活跃客户租借电影的数量：

```
mysql> SELECT c.first_name, c.last_name,
    ->   CASE
    ->     WHEN active = 0 THEN 0
    ->     ELSE
    ->     (SELECT count(*) FROM rental r
    ->      WHERE r.customer_id = c.customer_id)
    ->   END num_rentals
    -> FROM customer c;
+------------+------------+-------------+
| first_name | last_name  | num_rentals |
+------------+------------+-------------+
| MARY       | SMITH      |          32 |
| PATRICIA   | JOHNSON    |          27 |
| LINDA      | WILLIAMS   |          26 |
| BARBARA    | JONES      |          22 |
| ELIZABETH  | BROWN      |          38 |
| JENNIFER   | DAVIS      |          28 |
...
| TERRANCE   | ROUSH      |           0 |
| RENE       | MCALISTER  |          26 |
| EDUARDO    | HIATT      |          27 |
| TERRENCE   | GUNDERSON  |          30 |
| ENRIQUE    | FORSYTHE   |          28 |
| FREDDIE    | DUGGAN     |          25 |
| WADE       | DELVALLE   |          22 |
| AUSTIN     | CINTRON    |          19 |
+------------+------------+-------------+
599 rows in set (0.01 sec)
```

该版本的查询使用关联子查询检索每个活跃客户租借的电影数量。取决于活跃用户的占比，这种方法可能比连接数据表 customer 和 rental 并对 customer_id 列进行分组的方法效率更高。

11.2.2　简单的 case 表达式

简单的 case 表达式（simple case expression）非常类似于搜索型 case 表达式，但是在灵活性上略逊。其语法如下：

```
CASE V0
   WHEN V1 THEN E1
   WHEN V2 THEN E2
   ...
   WHEN VN THEN EN
   [ELSE ED]
END
```

在上述定义中，V0 代表值，符号 V1、V2、…、VN 代表要同 V0 比较的值。符号 E1、E2、…、EN 代表 case 表达式返回的表达式，ED 代表集合 V1、V2、…、VN 中没有与 V0 匹配的值时所返回的表达式。

下面是一个简单 case 表达式的示例：

```
CASE category.name
   WHEN 'Children' THEN 'All Ages'
   WHEN 'Family' THEN 'All Ages'
   WHEN 'Sports' THEN 'All Ages'
   WHEN 'Animation' THEN 'All Ages'
   WHEN 'Horror' THEN 'Adult'
   WHEN 'Music' THEN 'Teens'
   WHEN 'Games' THEN 'Teens'
   ELSE 'Other'
END
```

简单的 case 表达式没有搜索型 case 表达式灵活，因为无法指定自己的条件，而搜索型 case 表达式可以包含范围条件、不等条件、使用 and/or/not 组合多个条件，所以，除最简单的逻辑之外，我推荐使用搜索型 case 表达式。

11.3　case 表达式示例

下面给出了各种 case 表达式示例，以说明条件逻辑在 SQL 语句中的功用。

11.3.1　结果集变换

你可能遇到过这种情况：对一组有限的值（例如一周中的天数）进行聚合，但希望结果集中只包含一行，每个值占一列，而不是每个值占一行。例如，假设你要编写一个查询，显示 2005 年 5 月、6 月、7 月的电影租借数量：

```
mysql> SELECT monthname(rental_date) rental_month,
    ->    count(*) num_rentals
    -> FROM rental
    -> WHERE rental_date BETWEEN '2005-05-01' AND '2005-08-01'
    -> GROUP BY monthname(rental_date);
+--------------+-------------+
| rental_month | num_rentals |
+--------------+-------------+
| May          |        1156 |
| June         |        2311 |
| July         |        6709 |
+--------------+-------------+
3 rows in set (0.01 sec)
```

但是，你希望返回的是 1 行 3 列的数据（每列对应一个月）。要将上述结果变换为单行，需要创建 3 列，在每列中，只汇总属于该月份的行：

```
mysql> SELECT
    ->    SUM(CASE WHEN monthname(rental_date) = 'May' THEN 1
    ->          ELSE 0 END) May_rentals,
    ->    SUM(CASE WHEN monthname(rental_date) = 'June' THEN 1
    ->          ELSE 0 END) June_rentals,
    ->    SUM(CASE WHEN monthname(rental_date) = 'July' THEN 1
    ->          ELSE 0 END) July_rentals
    -> FROM rental
    -> WHERE rental_date BETWEEN '2005-05-01' AND '2005-08-01';
+-------------+--------------+--------------+
| May_rentals | June_rentals | July_rentals |
+-------------+--------------+--------------+
|        1156 |         2311 |         6709 |
+-------------+--------------+--------------+
1 row in set (0.01 sec)
```

上述查询中的 3 列，除了月份值，每列都一样。如果 monthname()函数返回了所需的列值，case 表达式返回 1；否则，返回 0。对所有行求和时，每列返回为该月开设的账户数。显然，这种变换仅适用于少量值的情况，而为 1905 年以来的每年各生成一列就会变得枯燥。

尽管对本书来说有点超纲，但还是值得指出：SQL Server 和 Oracle Database 特别为这些类型的查询提供了 pivot 子句。

11.3.2　检查存在性

有时候，只希望确定两个实体之间是否存在某种关系，而并不关心数量。例如，你可能想知道某位演员是否参演过 G 级电影，具体参演过多少部并不关心。下列查询使用多个 case 表达式来生成 3 列输出，其中第一列显示该演员是否参演过 G 级电影，第二列显示是否参演过 PG 级电影，第三列显示是否参演过 NC-17 级电影：

```
mysql> SELECT a.first_name, a.last_name,
    ->   CASE
    ->     WHEN EXISTS (SELECT 1 FROM film_actor fa
    ->                       INNER JOIN film f ON fa.film_id = f.film_id
    ->                   WHERE fa.actor_id = a.actor_id
    ->                     AND f.rating = 'G') THEN 'Y'
    ->     ELSE 'N'
    ->   END g_actor,
    ->   CASE
    ->     WHEN EXISTS (SELECT 1 FROM film_actor fa
    ->                       INNER JOIN film f ON fa.film_id = f.film_id
    ->                   WHERE fa.actor_id = a.actor_id
    ->                     AND f.rating = 'PG') THEN 'Y'
    ->     ELSE 'N'
    ->   END pg_actor,
    ->   CASE
    ->     WHEN EXISTS (SELECT 1 FROM film_actor fa
    ->                       INNER JOIN film f ON fa.film_id = f.film_id
    ->                   WHERE fa.actor_id = a.actor_id
    ->                     AND f.rating = 'NC-17') THEN 'Y'
    ->     ELSE 'N'
    ->   END nc17_actor
    -> FROM actor a
    -> WHERE a.last_name LIKE 'S%' OR a.first_name LIKE 'S%';
+------------+------------+---------+----------+------------+
| first_name | last_name  | g_actor | pg_actor | nc17_actor |
+------------+------------+---------+----------+------------+
| JOE        | SWANK      | Y       | Y        | Y          |
| SANDRA     | KILMER     | Y       | Y        | Y          |
| CAMERON    | STREEP     | Y       | Y        | Y          |
| SANDRA     | PECK       | Y       | Y        | Y          |
| SISSY      | SOBIESKI   | Y       | Y        | N          |
| NICK       | STALLONE   | Y       | Y        | Y          |
| SEAN       | WILLIAMS   | Y       | Y        | Y          |
| GROUCHO    | SINATRA    | Y       | Y        | Y          |
| SCARLETT   | DAMON      | Y       | Y        | Y          |
| SPENCER    | PECK       | Y       | Y        | Y          |
| SEAN       | GUINESS    | Y       | Y        | Y          |
| SPENCER    | DEPP       | Y       | Y        | Y          |
| SUSAN      | DAVIS      | Y       | Y        | Y          |
| SIDNEY     | CROWE      | Y       | Y        | Y          |
| SYLVESTER  | DERN       | Y       | Y        | Y          |
```

```
| SUSAN       | DAVIS       | Y        | Y        | Y          |
| DAN         | STREEP      | Y        | Y        | Y          |
| SALMA       | NOLTE       | Y        | N        | Y          |
| SCARLETT    | BENING      | Y        | Y        | Y          |
| JEFF        | SILVERSTONE | Y        | Y        | Y          |
| JOHN        | SUVARI      | Y        | Y        | Y          |
| JAYNE       | SILVERSTONE | Y        | Y        | Y          |
+-----------+-------------+--------+----------+------------+
22 rows in set (0.00 sec)
```

每个 case 表达式都包含了一个针对数据表 film_actor 和 film 的关联子查询,分别查找 G 级电影、PG 级电影和 NC-17 级电影。因为每个 when 子句都使用了 exists 运算符,所以只要该演员参演过一部相应评级的电影,条件就为真。

在其他情况中,你可能关心涉及多少行,不过仅限于一定程度。例如,下列查询使用简单的 case 表达式统计每部电影的库存数量,然后返回'Out Of Stock'、'Scarce'、'Available' 或'Common':

```
mysql> SELECT f.title,
    ->   CASE (SELECT count(*) FROM inventory i
    ->       WHERE i.film_id = f.film_id)
    ->     WHEN 0 THEN 'Out Of Stock'
    ->     WHEN 1 THEN 'Scarce'
    ->     WHEN 2 THEN 'Scarce'
    ->     WHEN 3 THEN 'Available'
    ->     WHEN 4 THEN 'Available'
    ->     ELSE 'Common'
    ->   END film_availability
    -> FROM film f
    -> ;
+----------------------------+-------------------+
| title                      | film_availability |
+----------------------------+-------------------+
| ACADEMY DINOSAUR           | Common            |
| ACE GOLDFINGER             | Available         |
| ADAPTATION HOLES           | Available         |
| AFFAIR PREJUDICE           | Common            |
| AFRICAN EGG                | Available         |
| AGENT TRUMAN               | Common            |
| AIRPLANE SIERRA            | Common            |
| AIRPORT POLLOCK            | Available         |
| ALABAMA DEVIL              | Common            |
| ALADDIN CALENDAR           | Common            |
| ALAMO VIDEOTAPE            | Common            |
| ALASKA PHANTOM             | Common            |
| ALI FOREVER                | Available         |
| ALICE FANTASIA             | Out Of Stock      |
...
```

```
| YOUNG LANGUAGE            | Scarce            |
| YOUTH KICK                | Scarce            |
| ZHIVAGO CORE              | Scarce            |
| ZOOLANDER FICTION         | Common            |
| ZORRO ARK                 | Common            |
+--------------------------+-------------------+
1000 rows in set (0.01 sec)
```

对于该查询，库存数量到达 5 之后就停止计数，因为只要数量大于 5，就会被标上 Common 标签。

11.3.3　除零错误

在执行涉及除法的运算时，应该始终注意确保分母不能为 0。有些数据库服务器（比如 Oracle Database）在遇到分母为 0 时会产生错误，而 MySQL 只是简单地将运算结果置为 null，如下所示：

```
mysql> SELECT 100 / 0;
+---------+
| 100 / 0 |
+---------+
|    NULL |
+---------+
1 row in set (0.00 sec)
```

为了避免计算过程出现错误或是被莫名其妙地置为 null 值，应该将所有分母放入条件逻辑内，如下所示：

```
mysql> SELECT c.first_name, c.last_name,
    ->    sum(p.amount) tot_payment_amt,
    ->    count(p.amount) num_payments,
    ->    sum(p.amount) /
    ->      CASE WHEN count(p.amount) = 0 THEN 1
    ->        ELSE count(p.amount)
    ->      END avg_payment
    -> FROM customer c
    ->    LEFT OUTER JOIN payment p
    ->    ON c.customer_id = p.customer_id
    -> GROUP BY c.first_name, c.last_name;
+------------+-----------+-----------------+--------------+-------------+
| first_name | last_name | tot_payment_amt | num_payments | avg_payment |
+------------+-----------+-----------------+--------------+-------------+
| MARY       | SMITH     |          118.68 |           32 |    3.708750 |
| PATRICIA   | JOHNSON   |          128.73 |           27 |    4.767778 |
| LINDA      | WILLIAMS  |          135.74 |           26 |    5.220769 |
| BARBARA    | JONES     |           81.78 |           22 |    3.717273 |
| ELIZABETH  | BROWN     |          144.62 |           38 |    3.805789 |
...
```

EDUARDO	HIATT	130.73	27	4.841852
TERRENCE	GUNDERSON	117.70	30	3.923333
ENRIQUE	FORSYTHE	96.72	28	3.454286
FREDDIE	DUGGAN	99.75	25	3.990000
WADE	DELVALLE	83.78	22	3.808182
AUSTIN	CINTRON	83.81	19	4.411053
+-----------+-------------+-----------------+-------------+-------------+
599 rows in set (0.07 sec)

该查询计算每个客户的平均支付金额。因为有些客户可能是新客户，还没有租借过电影，所以最好是加入 case 表达式，以确保分母不为 0。

11.3.4　条件更新

在更新数据表中的行时，有时候需要根据条件逻辑生成列值。例如，假设你每周要运行一项作业，将最近 90 天内没有租借过电影的客户的 customer.active 列设置为 0。下列语句会将每个客户的该列值设置为 0 或 1：

```
UPDATE customer
SET active =
  CASE
    WHEN 90 <= (SELECT datediff(now(), max(rental_date))
                FROM rental r
                WHERE r.customer_id = customer.customer_id)
    THEN 0
    ELSE 1
  END
WHERE active = 1;
```

该语句使用关联子查询来确定每个客户自上一次租借电影日期之后所经过的天数，并将这个天数与 90 比较。如果子查询返回的值为 90 或更高，则此客户被标记为非活跃客户。

11.3.5　处理 null 值

null 是在列值未知时存储在数据表中的值，但是在检索时显示 null 值或者 null 作为表达式的组成部分时未必总是合适。例如，你可能希望在数据输入的屏幕上显示 unknown，而不是留下一个空白区域。检索数据时，如果值为 null，你可以使用 case 表达式替换这个字符串，如下所示：

```
SELECT c.first_name, c.last_name,
  CASE
    WHEN a.address IS NULL THEN 'Unknown'
    ELSE a.address
  END address,
  CASE
    WHEN ct.city IS NULL THEN 'Unknown'
```

```
      ELSE ct.city
    END city,
    CASE
      WHEN cn.country IS NULL THEN 'Unknown'
      ELSE cn.country
    END country
  FROM customer c
    LEFT OUTER JOIN address a
    ON c.address_id = a.address_id
    LEFT OUTER JOIN city ct
    ON a.city_id = ct.city_id
    LEFT OUTER JOIN country cn
    ON ct.country_id = cn.country_id;
```

null 值经常会造成最终的计算结果为 null，如下例所示：

```
mysql> SELECT (7 * 5) / ((3 + 14) * null);
+----------------------------+
| (7 * 5) / ((3 + 14) * null) |
+----------------------------+
|                       NULL |
+----------------------------+
1 row in set (0.08 sec)
```

在执行计算时，case 表达式可用于将 null 值转换为数值（通常为 0 或 1），以避免最终
结果为 null。

11.4　练习

下列练习考察你解决条件逻辑问题的能力。答案参见附录 B。

练习 11-1

使用搜索型 case 表达式重新编写下列简单的 case 表达式查询，以获得相同的结果。尝
试尽可能少用 when 子句。

```
SELECT name,
  CASE name
    WHEN 'English' THEN 'latin1'
    WHEN 'Italian' THEN 'latin1'
    WHEN 'French' THEN 'latin1'
    WHEN 'German' THEN 'latin1'
    WHEN 'Japanese' THEN 'utf8'
    WHEN 'Mandarin' THEN 'utf8'
    ELSE 'Unknown'
  END character_set
FROM language;
```

练习 11-2

重新编写下列查询，产生包含 1 行 5 列（每个分级占一列）的结果集。将 5 列分别命名为 G、PG、PG_13、R 和 NC_17。

```
mysql> SELECT rating, count(*)
    -> FROM film
    -> GROUP BY rating;
+--------+----------+
| rating | count(*) |
+--------+----------+
| PG     |      194 |
| G      |      178 |
| NC-17  |      210 |
| PG-13  |      223 |
| R      |      195 |
+--------+----------+
5 rows in set (0.00 sec)
```

第 12 章

事务

到目前为止，本书中的所有示例都是一些单个的独立 SQL 语句。尽管这可能是临时性报表或数据维护脚本的典型形式，但应用程序逻辑通常包含多个需要作为逻辑工作单元共同执行的 SQL 语句。本章探讨事务，这是一种用于将多个 SQL 语句划分在一起的机制，这些语句作为整体，要么执行成功，要么执行失败。

12.1　多用户数据库

数据库管理系统允许单个用户查询和修改数据，但如今，可能有数千人同时对数据库进行数据更改。如果每个用户都只是执行查询，比如正常业务时间中的数据仓库，那么数据库服务器要应对的问题很少。但是，如果有用户正在添加和/或修改数据，那么服务器要处理的事可就多了。

假设你正在生成一份报表，汇总本周的电影租借情况。然而，在生成报表的同时，发生了下列活动：

- 一个客户租借了一部电影；
- 一个客户归还了一部超期的电影并支付了滞纳金；
- 库存中添加了 5 部新电影。

在生成报表的时候，多个用户正在修改底层数据，那么报表中应该出现什么样的数据呢？答案取决于你的数据库服务器如何处理锁定（locking），这正是我们下面要介绍的内容。

12.1.1　锁定

锁是数据库服务器用来控制数据资源被同时使用的一种机制。当部分数据库被锁定时，任何打算修改（也可能是读取）相应数据的用户必须等到锁被释放。大多数数据库服务器使用下列两种锁定策略之一。

- 数据库的写操作必须向服务器发出请求并获得写入锁才能修改数据,而读操作必须发出请求并获得读取锁才能查询数据。多个用户可以同时读取数据,每个数据表(或部分)一次只能发放一个写入锁,并且读请求被阻断直至写入锁被释放。

- 数据库的写操作必须向服务器发出请求并获得写入锁才能修改数据,而读操作不需要任何类型的锁就可以查询数据,服务器要确保从查询开始到结束期间读操作读取到的是一致的数据视图(即使其他用户做了数据修改,数据看上去也要一致)。这个方法被称为版本控制。

这两种方法各有利弊。第一种方法在有较多并发读写请求时等待时间过长;如果在修改数据时存在耗时查询,第二种方法也会出现问题。对于本书所讨论的三种数据库服务器,Microsoft SQL Server 采用第一种方法,Oracle Database 采用第二种方法,MySQL则两者皆用(取决于存储引擎的选择,本章稍后会讨论)。

12.1.2 锁的粒度

确定如何锁定资源时也有一些不同的策略可供选择。服务器可以在以下三个不同级别(或者粒度)上应用锁。

数据表锁

　　避免多个用户同时修改同一数据表中的数据。

页锁

　　避免多个用户同时修改某数据表中同一页的数据(一页通常是大小为 2~16KB 的内存段)。

行锁

　　避免多个用户同时修改某数据表中同一行的数据。

同样,这些方法也是各有利弊。锁定整个数据表只需要很少的簿记(bookkeeping),但是随着用户量的增加,该方法会迅速产生无法接受的等待时间。而行锁定需要更多的簿记,但是这种方法允许多个用户修改同一数据表,前提是被处理的是不同的行。本书讨论的三种数据库服务器中,Microsoft SQL Server 采用数据表锁、页锁和行锁,Oracle Database 只有行锁,而 MySQL 则采用数据表锁、页锁或行锁(同样取决于存储引擎的选择)。某些情况下,SQL Server 可以将锁从行提升至页,再从页提升至数据表,不过 Oracle Database 不能提升锁。

回到上文谈及的报表,报表中的数据要么反映报表开始生成时的数据库状态(如果服务器使用版本控制方法),要么反映服务器为报表应用程序发放读取锁时的数据库状态(如果服务器使用读取锁和写入锁)。

12.2　什么是事务

如果数据库服务器始终能够正常运行，如果用户总是允许程序执行完毕，如果应用程序总能顺利结束而不会遇到致命错误，就没必要讨论数据库并发访问。然而，上述情况无法发挥作用，因此另一个必要因素就是允许多个用户访问相同的数据。

有关并发的难题中的额外部分就是事务，它是一种将多个 SQL 语句组合在一起的机制，所有语句要么全部成功，要么全部失败（即原子性）。试想从储蓄账户划转 500 美元到支票账户时，如果钱已从储蓄账户成功支取却没有成功存入支票账户，你肯定会有点不满意。不管失败的原因是什么（服务器因维护而关闭、account 数据表的的页锁定请求超时等），你都希望拿回你的 500 美元。

为了避免产生这种错误，处理转账请求的程序将首先启动一个事务，然后发起 SQL 语句将钱从储蓄账户转到支票账户，如果一切顺利，则发出 commit 命令结束事务。如果发生意外情况，则发出 rollback 命令撤销服务器自事务开始以来做出的所有变更。整个过程大致如下：

```
START TRANSACTION;

 /* withdraw money from first account, making sure balance is sufficient */
UPDATE account SET avail_balance = avail_balance - 500
WHERE account_id = 9988
  AND avail_balance > 500;

IF <exactly one row was updated by the previous statement> THEN
  /* deposit money into second account */
  UPDATE account SET avail_balance = avail_balance + 500
    WHERE account_id = 9989;

  IF <exactly one row was updated by the previous statement> THEN
    /* everything worked, make the changes permanent */
    COMMIT;
  ELSE
    /* something went wrong, undo all changes in this transaction */
    ROLLBACK;
  END IF;
ELSE
  /* insufficient funds, or error encountered during update */
  ROLLBACK;
END IF;
```

 虽然这些代码块看上去类似于主流数据库公司提供的过程化语言（比如 Oracle 的 PL/SQL 或 Microsoft 的 Transact-SQL），但是这只是伪代码，也并不是在模仿哪种语言。

上述代码块从启动事务开始，然后尝试从储蓄账户划转 500 美元并存入支票账户。如果一切顺利，则事务将被提交；如果出现了错误，则事务将被回滚，这意味着撤销自事务开始以来的所有数据变更。

通过使用事务，程序可以确保这 500 美元要么留在储蓄账户，要么转移到支票账户，不存在出现意外的可能。不管事务被提交还是回滚，在事务执行期间所获得的资源（比如写入锁）在事务完成后都会被释放。

当然，如果程序完成了执行两个 update 语句后尚未来得及执行命令 commit 或 rollback 时服务器突然宕机了，那么该事务会在服务器重新上线后被回滚。（数据库服务器上线前必须完成的任务之一就是查找服务器宕机前正在运行但未完成的事务并将其回滚。）此外，如果程序完成了事务并发出了 commit 命令，但还没有将变更应用于永久性存储（也就是说，修改的数据仍然位于内存，尚未被写入磁盘）时服务器就宕机了，那么当服务器重启时，数据库服务器必须重新应用来自事务的变更（这种属性称为持久性）。

12.2.1 启动事务

数据库服务器采用下列两种方式之一创建事务。

- 一个活跃的事务总是和数据库会话相关联，所以没有必要也没有方法显式地开始一个事务。当前事务结束后，服务器会自动为会话启动一个新的事务。

- 除非显式地开始一个事务，否则各个 SQL 语句会被自动提交，彼此独立。要想启动事务，必须先发出一个命令。

对于本书介绍的三种数据库服务器，Oracle Database 采用第一种方法，而 Microsoft SQL Server 和 MySQL 采用第二种方法。Oracle 的事务处理方法的优点之一是，哪怕只发出了一个 SQL 命令，如果对结果不满意或是改变了主意，也能够回滚变更。因此，如果忘记在 delete 语句中添加 where 子句，还是有机会挽回损失的（假设你清晨喝过咖啡后意识到自己并不是要删除数据表中所有的 125,000 行）。然而，对于 MySQL 和 SQL Server 来说，一旦你按下 Enter 键，你的 SQL 语句所带来的变更将是永久性的（除非数据库管理员可以通过备份或其他方法恢复原始数据）。

SQL:2003 标准提供了 start transaction 命令，可用于显式地启动事务。MySQL 遵守该标准，但 SQL Server 用户必须使用替代命令 begin transaction。对于这两种服务器，除非显式地启动事务，否则将一直处于自动提交模式（autocommit mode），这意味着单个语句会被服务器自动提交。因此，你可以自己发出事务启动命令或是简单地让服务器提交单独的语句。

MySQL 和 SQL Server 都允许关闭单个会话的自动提交模式，在这种情况下，对事务而言，这些服务器的行为就像 Oracle Database 一样。可以使用下列命令关闭 SQL Server 的自动提交模式：

```
SET IMPLICIT_TRANSACTIONS ON
```

对于 MySQL，可以通过下列命令关闭自动提交模式：

```
SET AUTOCOMMIT=0
```

一旦离开了自动提交模式，所有的 SQL 命令都会作用在同一个事务的范围内，并且必须显式地提交或者回滚事务。

 建议每次登录时关闭自动提交模式，养成在事务内运行所有 SQL 语句的习惯。即使没有其他好处，至少能避免请求数据库管理员重建被自己无意中删除的数据的窘境。

12.2.2　结束事务

一旦事务启动，不管是通过 start transaction 命令显式地启动还是由数据库服务器隐式地启动，为了使变更持久生效，都必须显式地结束事务，可以通过 commit 命令来实现，该命令指示服务器将此变更标记为永久性的并释放事务中使用的任何资源（页锁或者行锁）。

如果打算撤销自事务启动后所做的所有变更，必须发出 rollback 命令，该命令指示服务器将数据恢复到事务之前的状态。rollback 命令完成后，会话所使用的资源全都会被释放。

除了发出 commit 或 rollback 命令，其他场景也会导致事务结束，要么作为操作的间接结果，要么作为意外结果，如下所示。

* 服务器宕机，在这种情况下，事务会在服务器重启时被自动回滚。

* 发出 SQL 模式语句，比如 alter table，这会使当前事务被提交并启动一个新的事务。

* 发出另一个 start transaction 命令，这会造成前一个事务被提交。

* 如果服务器检测到死锁并认定当前事务就是导致死锁的根源，服务器就会提前结束当前事务。在这种情况下，该事务会被回滚，同时也会接收到错误消息。

在这 4 个场景中，第一个和第三个比较容易理解，其他两个值得进行一番讨论。就第二个情景而言，对数据库的更改，无论是增加一个新数据表或新索引，还是删除数据表中的一列，都无法被回滚，因此，更改模式的命令必须出现在事务之外。如果事务正在进行，服务器会先提交当前事务，然后执行 SQL 模式语句命令，再为会话自动启动一个新事务。服务器不会通知你到底发生了什么，所以应该注意保护那些组成一个工作单元的语句不被服务器意外地拆分成多个事务。

第四个场景处理死锁检测。死锁出现在两个不同的事务相互等待对方当前所持有的资源的情况下。例如，事务 A 可能刚好更新了 account 数据表，正在等待 transaction 数据表的写入锁，而事务 B 向 transaction 数据表插入了一行，正在等待 account 数据表的写入锁。如果两个事务修改的刚好是同一页或者同一行（取决于数据库服务器所使用的锁粒度），那么两者都将一直等待对方完成并释放自己所需的资源。数据库服务器必须时刻注意这种情况，才能使吞吐量不会陷入停滞。如果检测到死锁，就要选择一个事务（任意选择或者根据某种标准）回滚，以便让其他事务得以继续。在大多数情况下，被终止的事务可以重启，如果没有再遇到死锁，就可以顺利完成。

不像之前讨论的第二个情景，数据库服务器会显示错误消息，告知你由于检测到死锁，该事务已经被回滚。例如，MySQL 会返回错误#1213，包含如下消息：

```
Message: Deadlock found when trying to get lock; try restarting transaction
```

正如错误消息所指出的，重新尝试由于检测到死锁而被回滚的事务是一种合理的做法。但是，如果死锁出现得过于频繁，那么可能需要对访问数据库的应用程序进行修改，以降低死锁的可能性（一个常用的策略是确保始终按照同样的顺序访问数据资源，比如总是在插入交易数据之前修改账户数据）。

12.2.3　事务保存点

在某些情况下，你可能会遇到一些问题需要回滚事务，但是又并不想撤销所有完成的工作。此时，可以在事务内创建一个或多个保存点，利用其回滚到事务内的特定位置，而不必一路回滚到事务的启动点。

选择存储引擎

在使用 Oracle Database 和 Microsoft SQL Server 时，数据库都有单独的一套代码负责低层级数据库操作，比如根据主键值从数据表中检索特定行。不过，MySQL 数据库服务器被设计成可以用多个存储引擎提供低层级数据库功能，包括资源锁定和事务管理。MySQL 8.0 版提供了下列存储引擎。

MyISAM

采用数据表锁定的非事务引擎。

MEMORY

用于内存数据表（in-memory table）的非事务引擎。

CSV

在逗号分隔的文件（comma-separated file）中存储数据的事务引擎。

InnoDB

采用行级锁定的事务引擎。

Merge

使多个相同的 MyISAM 数据表以单表形式出现（也称为表分区）的专用引擎。

Archive

用于存储大量未索引数据的专用引擎，多作为归档之用。

你可能认为只能为数据库选择单一的数据引擎，但 MySQL 非常灵活，允许以数据表为单位来选择存储引擎。对于那些参与事务的数据表，应该选择 InnoDB 引擎，这种引擎使用行级锁定和版本控制，提供了所有存储引擎中最高级别的并发性。

可以在创建数据表时明确指定存储引擎，或是修改现有数据表的存储引擎。如果不知道数据表使用的是什么引擎，可以使用 show table 命令：

```
mysql> show table status like 'customer' \G;
*************************** 1. row ***************************
           Name: customer
         Engine: InnoDB
        Version: 10
     Row_format: Dynamic
           Rows: 599
 Avg_row_length: 136
    Data_length: 81920
Max_data_length: 0
   Index_length: 49152
      Data_free: 0
 Auto_increment: 599
    Create_time: 2019-03-12 14:24:46
    Update_time: NULL
     Check_time: NULL
      Collation: utf8_general_ci
       Checksum: NULL
  Create_options:
        Comment:
1 row in set (0.16 sec)
```

通过观察第二项，可以看到 customer 数据表使用的是 InnoDB 引擎，如果不是，可以使用下列命令为其指定 InnoDB 引擎：

```
ALTER TABLE customer ENGINE = INNODB;
```

所有保存点都必须给定名称，这样就可以在单个事务中设置多个保存点。使用下列命令创建名为 my_savepoint 的保存点：

```
SAVEPOINT my_savepoint;
```

要想回滚到特定的保存点，只需发出 rollback 命令，后跟关键字 to savepoint 和保存点名称：

```
ROLLBACK TO SAVEPOINT my_savepoint;
```

下面是保存点的用法示例：

```
START TRANSACTION;

UPDATE product
SET date_retired = CURRENT_TIMESTAMP()
WHERE product_cd = 'XYZ';

SAVEPOINT before_close_accounts;

UPDATE account
SET status = 'CLOSED', close_date = CURRENT_TIMESTAMP(),
  last_activity_date = CURRENT_TIMESTAMP()
WHERE product_cd = 'XYZ';

ROLLBACK TO SAVEPOINT before_close_accounts;
COMMIT;
```

该事务的效果是虚构的 XYZ 产品退出市场，但涉及的账户并没有被关闭。

使用保存点时，记住以下两点：

- 创建保存点时，除了名称，什么都没有保存。要想使事务具有持久性，最终必须发出 commit 命令。

- 如果发出 rollback 命令的时候没有指定保存点名称，事务中的所有保存点都会被忽略，整个事务都会被撤销。

如果使用的是 SQL Server，需要使用专有命令 save transaction 创建一个保存点，使用 rollback transaction 命令回滚到某个保存点，这两个命令后面都需要后跟保存点的名称。

12.3　练习

下列练习考察你对于事务的理解。答案参见附录 B。

练习 12-1

生成一个工作单元，将 50 美元从账户 123 划转到账户 789。需要在 transaction 数据表中插入两行并更新 account 数据表中的两行。使用下列数据表定义及数据：

```
                         Account:
account_id       avail_balance   last_activity_date
----------       -------------   -------------------
123              500             2019-07-10 20:53:27
789              75              2019-06-22 15:18:35


                       Transaction:
txn_id           txn_date        account_id      txn_type_cd     amount
---------        ------------    ----------      -----------     --------
1001             2019-05-15      123             C               500
1002             2019-06-01      789             C               75
```

使用 txn_type_cd = 'C'表示贷方（加），使用 txn_type_cd = 'D'表示借方（减）。

第 13 章

索引和约束

由于本书关注的是编程技术，因此之前的 12 章集中讨论了 SQL 语言的基础知识，可用于编写功能强大的语句 select、insert、update 和 delete。不过，数据库的其他特性也会间接影响所编写的代码。本章重点探讨其中的两个特性：索引和约束。

13.1 索引

向数据表中插入行时，数据库服务器并不会将数据放到数据表中的特定位置。例如，要向 customer 数据表添加一行，服务器不会依据 customer_id 列的数值顺序或者 last_name 列的字母顺序放置该行，而只是简单地将数据存放在文件中的下一个可用位置（服务器为每个数据表预留了一系列可用空间）。因此，当查询 customer 数据表时，服务器需要检查数据表中的每一行才能完成查询。例如，对于下面的查询：

```
mysql> SELECT first_name, last_name
    -> FROM customer
    -> WHERE last_name LIKE 'Y%';
+------------+-----------+
| first_name | last_name |
+------------+-----------+
| LUIS       | YANEZ     |
| MARVIN     | YEE       |
| CYNTHIA    | YOUNG     |
+------------+-----------+
3 rows in set (0.09 sec)
```

要想找出所有姓氏以 Y 开头的客户，服务器必须访问 customer 数据表中的每一行并检查 last_name 列的内容。如果姓氏以 Y 开头，则将该行添加到结果集。这种访问形式被称为表扫描（table scan）。

尽管这种方法对于仅有 3 行的数据表的效果的确不错，但想象一下，如果数据表中包含 300 万行，那么查询需要花多长时间？对于大于 3 且小于 300 万的行数，如果没有额外的帮助，服务器无法在合理的时间内响应查询。能够帮上忙的就是 customer 数据表上的一个或多个索引。

即使你从未听说过数据库索引，也肯定知道什么是索引。索引是查找资源内特定项的一种机制。例如，每本科技出版物的结尾都配有索引以供读者定位书中的特定单词或者短语。索引依字母顺序列出这些单词或者短语，使读者能够快速定位到索引中的特定字母，找到所需的条目，然后翻到相应页或是单词/短语可能出现的那些页。

如同人们使用索引在出版物中查找单词一样，数据库服务器也使用索引来定位数据表中的行。与普通的数据表不同，索引是一种以特定顺序保存的专用数据表。不过，索引并不包含实体的所有相关数据，而是只包含那些可用于定位数据表中行的列，以及描述这些行所在的物理位置信息。因此，索引的作用就是使检索数据表中行和列的子集实现便捷化，无须再检查数据表中的每一行。

13.1.1　创建索引

回到 customer 数据表，现在决定为 email 列添加索引，以提高指定该列值的查询以及指定了客户电子邮件地址的 update 或 delete 操作的查询速度。向 MySQL 数据库添加索引的操作如下：

```
mysql> ALTER TABLE customer
    -> ADD INDEX idx_email (email);
Query OK, 0 rows affected (1.87 sec)
Records: 0 Duplicates: 0 Warnings: 0
```

该语句为 customer.email 列创建了一个索引（准确地说是 B 树索引，随后我们会详述），而且将该索引命名为 idx_email。有了索引后，如果索引有利于改善查询，查询优化器（第 3 章中讨论过）就选择使用索引。如果数据表中的索引不止一个，那么优化器必须确定对于特定的 SQL 语句哪个索引是最佳的。

MySQL 将索引视为数据表的可选组件，这就是在早期版本中可以使用 alter table 命令添加或删除索引的原因。包括 SQL Server 和 Oracle Database 在内的其他数据库服务器则将索引视为独立的模式对象。对于 SQL Server 和 Oracle Database，可以使用 create index 命令生成索引：

```
CREATE INDEX dept_name_idx
ON department (name);
```

MySQL 5.0 版也提供了 create index，但该命令被映射到 alter table 命令，仍然必须使用 alter table 命令创建主键索引。

所有的数据库服务器都允许查看可用的索引。MySQL 用户可以使用 show 命令查看特定数据表的所有索引：

```
mysql> SHOW INDEX FROM customer \G;
*************************** 1. row ***************************
        Table: customer
   Non_unique: 0
     Key_name: PRIMARY
 Seq_in_index: 1
  Column_name: customer_id
    Collation: A
  Cardinality: 599
     Sub_part: NULL
       Packed: NULL
         Null:
   Index_type: BTREE
...
*************************** 2. row ***************************
        Table: customer
   Non_unique: 1
     Key_name: idx_fk_store_id
 Seq_in_index: 1
  Column_name: store_id
    Collation: A
  Cardinality: 2
     Sub_part: NULL
       Packed: NULL
         Null:
   Index_type: BTREE
...
*************************** 3. row ***************************
        Table: customer
   Non_unique: 1
     Key_name: idx_fk_address_id
 Seq_in_index: 1
  Column_name: address_id
    Collation: A
  Cardinality: 599
     Sub_part: NULL
       Packed: NULL
         Null:
   Index_type: BTREE
...
*************************** 4. row ***************************
        Table: customer
   Non_unique: 1
     Key_name: idx_last_name
 Seq_in_index: 1
  Column_name: last_name
    Collation: A
  Cardinality: 599
     Sub_part: NULL
```

```
        Packed: NULL
          Null:
     Index_type: BTREE
...
*************************** 5. row ***************************
         Table: customer
    Non_unique: 1
      Key_name: idx_email
  Seq_in_index: 1
   Column_name: email
     Collation: A
   Cardinality: 599
      Sub_part: NULL
        Packed: NULL
          Null: YES
    Index_type: BTREE
...
5 rows in set (0.06 sec)
```

该输出显示 customer 数据表共有 5 个索引：一个是 customer_id 列的索引 PRIMARY，另外四个位于列 store_id、address_id、last_name 和 email。对于这些索引的来源是：email 列的索引是自行创建的，剩余的索引是作为样本数据库 Sakila 的一部分安装好的。创建数据表的语句如下：

```
CREATE TABLE customer (
  customer_id SMALLINT UNSIGNED NOT NULL AUTO_INCREMENT,
  store_id TINYINT UNSIGNED NOT NULL,
  first_name VARCHAR(45) NOT NULL,
  last_name VARCHAR(45) NOT NULL,
  email VARCHAR(50) DEFAULT NULL,
  address_id SMALLINT UNSIGNED NOT NULL,
  active BOOLEAN NOT NULL DEFAULT TRUE,
  create_date DATETIME NOT NULL,
  last_update TIMESTAMP DEFAULT CURRENT_TIMESTAMP,
  PRIMARY KEY (customer_id),
  KEY idx_fk_store_id (store_id),
  KEY idx_fk_address_id (address_id),
  KEY idx_last_name (last_name),
  ...
```

创建数据表时，MySQL 服务器自动为主键列（在本例中是 customer_id）生成索引并将其命名为 PRIMARY。这是一种具有主键约束的特殊类型索引，本章稍后会介绍约束。

如果创建索引之后觉得索引用处不大，可以将其删除：

```
mysql> ALTER TABLE customer
    -> DROP INDEX idx_email;
Query OK, 0 rows affected (0.50 sec)
Records: 0 Duplicates: 0 Warnings: 0
```

SQL Server 和 Oracle Database 用户必须使用 drop index 命令来删除索引：

```
DROP INDEX idx_email; (Oracle)

DROP INDEX idx_email ON customer; (SQL Server)
```

MySQL 目前也支持 drop index 命令，不过同样是被映射到 alter table 命令。

1. 唯一索引

设计数据库时，考虑好哪些列可以、哪些列不可以出现重复数据是一件很重要的事情。例如，customer 数据表中允许出现两个名为 John Smith 的客户，因为每行有不同的标识符（customer_id）、电子邮件以及地址来进行区分。但是，两个不同的客户不能有相同的电子邮件地址，可以通过对 customer.email 列创建唯一索引（unique index）来强制避免出现重复值。

唯一索引身兼数职：除了提供普通索引所能提供的所有便利，还作为一种避免索引列出现重复值的机制。只要有行插入或是索引列被修改，数据库服务器就会检查唯一索引，以查看该值是否已经在数据表中的其他行存在。创建 customer.email 列的唯一索引的方法如下：

```
mysql> ALTER TABLE customer
    -> ADD UNIQUE idx_email (email);
Query OK, 0 rows affected (0.64 sec)
Records: 0 Duplicates: 0 Warnings: 0
```

SQL Server 和 Oracle Database 用户只需在创建索引时加入 unique 关键字：

```
CREATE UNIQUE INDEX idx_email
ON customer (email);
```

建立好索引之后，如果尝试添加的新客户所拥有的电子邮件地址已经存在，则会接收到错误消息：

```
mysql> INSERT INTO customer
    -> (store_id, first_name, last_name, email, address_id, active)
    -> VALUES
    -> (1,'ALAN','KAHN', 'ALAN.KAHN@sakilacustomer.org', 394, 1);
ERROR 1062 (23000): Duplicate entry 'ALAN.KAHN@sakilacustomer.org'
  for key 'idx_email'
```

不必为主键列创建索引，因为服务器已经检查过主键值的唯一性。如果有必要，可以为同一个数据表创建多个唯一索引。

2. 多列索引

除了单列索引，还可以创建跨多列的索引。如果想要根据姓氏和名字搜索客户，可以为这两列一起创建索引：

```
mysql> ALTER TABLE customer
    -> ADD INDEX idx_full_name (last_name, first_name);
Query OK, 0 rows affected (0.35 sec)
Records: 0 Duplicates: 0 Warnings: 0
```

该索引适用于两种查询：一种指定了姓氏和名字，另一种只指定了姓氏。但该索引不适用于只指定客户名字的查询。要想知道其原因，可以考虑一下你是如何查找某个人的电话号码的。如果知道此人的姓氏和名字，就可以用电话簿快速查到电话号码，因为电话簿是先依据姓氏顺序，再依据名字顺序组织的，如果只知道此人的名字，就需要浏览电话簿中的每个条目，以找出有指定名字的所有条目。

因此，在创建多列索引时，必须仔细考虑哪一列在前，哪一列在后，这样才能使索引尽可能地发挥作用。记住，如果需要确保充分的响应时间，完全可以基于不同顺序为列的同一集合创建多个索引。

13.1.2 索引类型

索引是一种功能强大的工具，但因为存在很多不同类型的数据，单一的索引策略并不总能适用。下面描述了不同服务器提供的各种类型的索引。

1. B树索引

到目前为止，所展示的所有索引都属于平衡树索引（balanced-tree index），其更常见的名称是 B 树索引（B-tree index）。MySQL、Oracle Database 和 SQL Server 均默认采用 B 树索引，除非明确要求使用其他类型的索引。B 树索引按照树的形式组织，拥有一级或多级分支节点，分支节点又指向单级的叶子节点。分支节点用于遍历树，叶子节点则保存实际的值和位置信息。例如，customer.last_name 列的 B 树索引如图 13-1 所示。

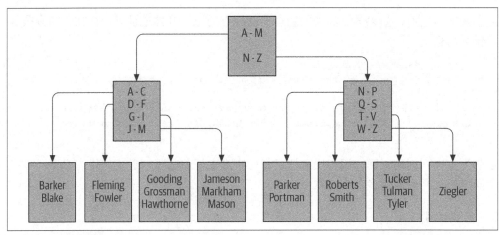

图 13-1　B 树示例

如果要检索所有姓氏以 G 开头的客户，服务器将首先查找顶层分支节点（称为根节点），接着沿链接方向到达处理姓氏以 A 开头直到 M 开头的分支节点。该分支节点再将服务器引向姓氏以 G 开头直到 I 开头的叶子节点。然后服务器读取叶子节点中的值，直至遇到不以 G 开头的值（在本例中是 Hawthorne）。

对 customer 数据表插入、更新、删除行时，服务器会尽力保持树的平衡，以避免出现根节点的某一侧比另一侧拥有过多的分支节点/叶子节点。服务器通过添加或删除分支节点使值分布得更加均匀，甚至可以添加或删除整个一级的分支节点。通过保持树的平衡，服务器就能够快速遍历叶子节点以找到所需的值，而不用再经过多级分支节点。

2. 位图索引

虽然 B 树索引擅长处理包含大量不同值的列，比如客户的姓氏/名字，但是在处理仅允许少量不同值的列时就显得不便了。例如，为了快速检索所有的活跃客户或非活跃客户，你可能希望为 customer.active 列创建索引，但是，由于只有 2 个不同的值（1 表示活跃客户，0 表示非活跃客户），而且活跃客户的数量要多得多，因此随着客户数量的不断增长，很难维持 B 树索引的平衡。

对于那些只包含少量值却占据了大量行的列（所谓的低基数数据），需要采用不同的索引策略。为了更有效地处理这个问题，Oracle Database 引入了位图索引（bitmap index），其为存储在列中的每个值生成一个位图。如果为 customer.active 列创建位图索引，则该索引维护两个位图：一个用于值 0，另一个用于值 1。当编写查询以检索所有的非活跃客户时，数据库服务器遍历 0 位图，并快速检索所需的行。

对于低基数数据而言，位图索引是一种友好且紧凑的索引解决方案，但是如果列中存储的值的数量相较于行数攀升得过高（所谓的高基数数据），这种索引策略就不适合了，因为服务器需要维护太多的位图。例如，你永远不会选择为主键列创建位图索引，因为这代表了可能的最大基数（每行的值都不一样）。

Oracle 用户只需通过在 create index 语句中加入 bitmap 关键字就可以生成位图索引：

```
CREATE BITMAP INDEX idx_active ON customer (active);
```

位图索引通常用于数据仓库环境，其中大量数据通常在包含相对较少值的列（例如销售季度、地理区域、产品、销售人员）上进行索引。

3. 文本索引

如果数据库中存储了文档，那么可能需要允许用户在文档中搜索单词或者短语。你当然不希望在每次请求搜索时服务器都要浏览每份文档并扫描所需的文本，传统的索引策略对这种情况并不适用。为此，MySQL、SQL Server 和 Oracle Database 为文档提供了专用的索引和搜索机制，其中，MySQL 和 SQL Server 提供的是全文索引（full-text index），Oracle Database 提供了一套称为 Oracle Text 的强大工具集。文档搜索的专业性很强，我就不举例子了，不过至少要知道可用的处理方法。

13.1.3　如何使用索引

服务器通常首先利用索引快速定位特定数据表中的行，之后再访问相关数据表以提取用户请求的其他信息。考虑下列查询：

```
mysql> SELECT customer_id, first_name, last_name
    -> FROM customer
    -> WHERE first_name LIKE 'S%' AND last_name LIKE 'P%';
+-------------+------------+-----------+
| customer_id | first_name | last_name |
+-------------+------------+-----------+
|          84 | SARA       | PERRY     |
|         197 | SUE        | PETERS    |
|         167 | SALLY      | PIERCE    |
+-------------+------------+-----------+
3 rows in set (0.00 sec)
```

就该查询而言，服务器可以使用下列任一策略：

- 扫描 customer 数据表的所有行；

- 使用 last_name 列上的索引查找姓氏以 P 开头的所有客户，然后访问 customer 数据表的各行，找出名字以 S 开头的那些行；

- 使用列 last_name 和 first_name 上的索引找出姓氏以 P 开头且名字以 S 开头的所有客户。

看起来第三个选项是最佳的选项，因为索引能产生所需的全部行，而无须再重新访问数据表。但如何知道服务器会使用这三个选项中的哪一个呢？要想知道 MySQL 的查询优化器如何确定执行查询，可以使用 explain 语句让服务器显示查询的执行计划，而不是执行查询：

```
mysql> EXPLAIN
    -> SELECT customer_id, first_name, last_name
    -> FROM customer
    -> WHERE first_name LIKE 'S%' AND last_name LIKE 'P%' \G;
*************************** 1. row ***************************
           id: 1
  select_type: SIMPLE
        table: customer
   partitions: NULL
         type: range
possible_keys: idx_last_name,idx_full_name
          key: idx_full_name
      key_len: 274
          ref: NULL
         rows: 28
```

```
    filtered: 11.11
      Extra: Using where; Using index
1 row in set, 1 warning (0.00 sec)
```

每种数据库服务器都提供了相关工具，允许用户查看查询优化器是如何处理 SQL 语句的。SQL Server 用户可以在执行 SQL 语句之前通过发出 set showplan_text on 语句查看该语句的执行计划。Oracle Database 提供了 explain plan 语句，通过执行该语句可以将执行计划写入专用的数据表 plan_table。

观察查询结果，possible_keys 列表明服务器确定使用 idx_last_name 或 idx_full_name 索引，key 列表明服务器选择了 idx_full_name 索引。而且，type 列表明将使用范围扫描，这意味着数据库服务器会在索引内查找一系列值，而不是检索单行。

我们一起探讨了一个查询优化的示例。优化涉及查看 SQL 语句并确定服务器用于执行语句的可用资源。为了提高语句的执行效率，可以修改 SQL 语句或调整数据库资源，也可以两者皆做。优化是一个细致深入的话题，我强烈建议你阅读服务器的优化指南或者挑选一本优秀的性能调优方面的书，以了解服务器可用的所有方法。

13.1.4　索引的不足

既然索引如此有用处，那么为什么不创建更多的索引呢？这是因为索引并不是越多越好，理解这个问题的关键在于要知道每个索引其实都是一个数据表（特殊类型的表）。因此，每次对数据表添加或者删除行时，数据表中的所有索引都必须被相应修改，更新行时，受影响的那些列的索引也需要被修改。因此，索引越多，服务器就需要做越多的工作来保持所有模式对象都处于最新状态，这会使服务器的运行速度减慢。

索引需要磁盘空间，同时也需要管理员花费精力进行管理，因此对于索引的最佳策略就是仅当有明确需求时才添加索引。如果出于一些特殊目的要用到索引，比如每月的例行维护工作，可以先添加索引，例行维护，然后再删除索引，下次需要例行维护时再如此重复。对于数据仓库来说，当用户生成报表和临时查询时，索引在业务运行期间至关重要，但是当数据被连夜加载到数据仓库时就会出现问题，常见做法是在数据被加载之前撤销索引，然后在数据仓库开放业务之前重新创建索引。

一般来说，索引不能太多，也不能太少。如果不确定到底需要多少个索引，可以使用下列默认策略。

* 确保所有主键列被索引（大部分服务器会在创建主键约束时自动生成唯一索引）。对于多列主键，可以考虑为主键列的子集或是以不同于主键约束定义的顺序为所有主键列创建额外的索引。

- 为所有被外键约束引用的列创建索引。记住，服务器在准备删除父行时会检查以确保没有子行存在，为此它必须发出查询，搜索列中的特定值，如果该列没有索引，就必须扫描整个数据表。

- 为被用于频繁检索数据的列创建索引。除了短字符串（2～50 个字符）列，大多数日期列也是不错的候选对象。

在创建初始索引之后，尽力获取数据表的真实查询，观察服务器的执行计划，然后修改索引策略以适合最常见的访问路径。

13.2 约束

约束就是施加于数据表中一列或多列的限制。约束包括下列几种不同的类型。

主键约束

标识一列或多列，保证其值在数据表中的唯一性。

外键约束

限制一列或多列只能包含其他数据表的主键列中的值（如果已建立 update cascade 或 delete cascade 规则，也可以限制其他数据表中的可用值）。

唯一约束

限制一列或多列的值，保证其在数据表中的唯一性（主键约束是一种特殊类型的唯一约束）。

检查约束

限制列的可用值范围。

如果没有约束，数据库的一致性就会存疑。例如，如果服务器允许在不修改 rental 数据表中相同客户 ID 的情况下修改 customer 数据表中的客户 ID，那么最终结果就是租借数据不再指向有效的客户记录（所谓的孤儿行）。但是，有了主键约束和外键约束，如果试图修改或删除被其他数据表引用的数据，服务器要么引发错误，要么将这些改动传播到其他数据表（稍后会进行更详细讨论）。

 如果想在 MySQL 服务器中使用外键约束，数据表的存储引擎必须是 InnoDB。

创建约束

约束一般是通过 create table 语句与关联数据表同时创建的。为了说明这一点，这里有一个来自 Sakila 样本数据库的模式生成脚本示例：

```
CREATE TABLE customer (
  customer_id SMALLINT UNSIGNED NOT NULL AUTO_INCREMENT,
  store_id TINYINT UNSIGNED NOT NULL,
  first_name VARCHAR(45) NOT NULL,
  last_name VARCHAR(45) NOT NULL,
  email VARCHAR(50) DEFAULT NULL,
  address_id SMALLINT UNSIGNED NOT NULL,
  active BOOLEAN NOT NULL DEFAULT TRUE,
  create_date DATETIME NOT NULL,
  last_update TIMESTAMP DEFAULT CURRENT_TIMESTAMP
    ON UPDATE CURRENT_TIMESTAMP,
  PRIMARY KEY (customer_id),
  KEY idx_fk_store_id (store_id),
  KEY idx_fk_address_id (address_id),
  KEY idx_last_name (last_name),
  CONSTRAINT fk_customer_address FOREIGN KEY (address_id)
    REFERENCES address (address_id) ON DELETE RESTRICT ON UPDATE CASCADE,
  CONSTRAINT fk_customer_store FOREIGN KEY (store_id)
    REFERENCES store (store_id) ON DELETE RESTRICT ON UPDATE CASCADE
) ENGINE=InnoDB DEFAULT CHARSET=utf8
```

customer 数据表包括 3 个约束：一个指定 customer_id 列作为该数据表的主键，另外两个指定列 address_id 和 store_id 作为数据表 address 和 store 的外键。也可以不使用外键约束创建 customer 数据表，随后再通过 alter table 语句添加外键约束：

```
ALTER TABLE customer
ADD CONSTRAINT fk_customer_address FOREIGN KEY (address_id)
REFERENCES address (address_id) ON DELETE RESTRICT ON UPDATE CASCADE;

ALTER TABLE customer
ADD CONSTRAINT fk_customer_store FOREIGN KEY (store_id)
REFERENCES store (store_id) ON DELETE RESTRICT ON UPDATE CASCADE;
```

上述两个语句都包含了若干 on 子句：

- on delete restrict，如果删除了父表（address 或 store）中被子表（customer）引用的行，服务器会引发错误；
- on update cascade，使服务器将父表（address 或 store）主键值的改动传播到子表（customer）。

当从父表中删除行时，on delete restrict 子句避免了出现孤儿记录。为了说明这一点，我们在 address 数据表中选择一行，显示共享此值的数据表 address 和 customer 中的数据：

```
mysql> SELECT c.first_name, c.last_name, c.address_id, a.address
    -> FROM customer c
    ->   INNER JOIN address a
    ->   ON c.address_id = a.address_id
    -> WHERE a.address_id = 123;
+------------+-----------+------------+----------------------------------+
| first_name | last_name | address_id | address                          |
+------------+-----------+------------+----------------------------------+
| SHERRY     | MARSHALL  |        123 | 1987 Coacalco de Berriozbal Loop |
+------------+-----------+------------+----------------------------------+
1 row in set (0.00 sec)
```

结果显示，customer 数据表中有一行（Sherry Marshall），其 address_id 列包含值 123。

如果尝试从父表（address）中删除该行会出现：

```
mysql> DELETE FROM address WHERE address_id = 123;
ERROR 1451 (23000): Cannot delete or update a parent row:
  a foreign key constraint fails (`sakila`.`customer`,
  CONSTRAINT `fk_customer_address` FOREIGN KEY (`address_id`)
  REFERENCES `address` (`address_id`)
  ON DELETE RESTRICT ON UPDATE CASCADE)
```

因为子表中至少有一行的 address_id 列包含值 123，所以外键约束的 on delete restrict 子句导致执行该语句失败。

当使用不同策略更新父表中的主键值时，on update cascade 子句还可以防止出现孤儿记录。如果修改 address.address_id 列中的值，会发生以下情况：

```
mysql> UPDATE address
    -> SET address_id = 9999
    -> WHERE address_id = 123;
Query OK, 1 row affected (0.37 sec)
Rows matched: 1 Changed: 1 Warnings: 0
```

语句执行无误并修改了一行。但是，customer 数据表中的 Sherry Marshall 那一行发生了什么情况？是不是仍然指向已经不存在的地址 ID 123？为了找出答案，我们再次运行上一个查询，但是使用新值 9999 替换之前的 123：

```
mysql> SELECT c.first_name, c.last_name, c.address_id, a.address
    -> FROM customer c
    ->   INNER JOIN address a
    ->   ON c.address_id = a.address_id
    -> WHERE a.address_id = 9999;
+------------+-----------+------------+----------------------------------+
| first_name | last_name | address_id | address                          |
+------------+-----------+------------+----------------------------------+
| SHERRY     | MARSHALL  |       9999 | 1987 Coacalco de Berriozbal Loop |
+------------+-----------+------------+----------------------------------+
```

```
1 row in set (0.00 sec)
```

结果和之前一样（除了新地址 ID），这意味着值 9999 在 customer 数据表中被自动更新了，这称为级联（cascade），它是用于防止出现孤儿行的第二种机制。

除了 restrict 和 cascade，还可以选择 set null，当父表中的行被删除或更新时，set null 会将子表中的外键值设置为 null。在定义外键约束时，共有 6 种不同的选择：

- on delete restrict；
- on delete cascade；
- on delete set null；
- on update restrict；
- on update cascade；
- on update set null。

这些选择都是可选的，所以在定义外键约束时，可以选择 0 个、1 个或 2 个（一个 on delete，一个 on update）。

最后，如果想删除主键约束或外键约束，也可以使用 alter table 语句，只不过要将 add 改为 drop。尽管撤销主键约束并不常见，但有时候在某些维护操作中会先撤销外键约束，然后再重建。

13.3 练习

下列练习考察你对于索引和约束的理解。答案参见附录 B。

练习 13-1

为 rental 数据表编写 alter table 语句，以便在 customer 数据表中删除包含有 rental.customer_id 列值的行时引发错误。

练习 13-2

在 payment 数据表上生成一个可供以下两个查询使用的多列索引：

```
SELECT customer_id, payment_date, amount
FROM payment
WHERE payment_date > cast('2019-12-31 23:59:59' as datetime);

SELECT customer_id, payment_date, amount
FROM payment
WHERE payment_date > cast('2019-12-31 23:59:59' as datetime)
  AND amount < 5;
```

第 14 章

视图

精心设计的应用程序通常会在保持实现细节私有的同时公开公有接口，以便未来在不影响最终用户的情况下修改设计。在设计数据库时，可以通过保持数据表私有且只允许用户通过一系列视图访问数据的方法来实现类似的结果。本章致力于定义什么是视图、如何创建视图以及何时和如何使用视图。

14.1　什么是视图

视图就是一种数据查询机制。不同于数据表，视图并不涉及数据存储，不用担心视图会填满你的磁盘空间。可以先通过命名 select 语句来创建视图，然后将该查询保存起来供他人使用。其他用户使用视图访问数据时就像自己直接查询数据表一样（实际上，他们甚至可能不知道正在使用视图）。

举一个简单的例子，假设你希望部分模糊化 customer 数据表中的电子邮件地址。例如，市场部为了促销，可能需要访问客户的电子邮件地址，但除此之外，公司的隐私政策要求保护这些数据的安全。因此，不能直接访问 customer 数据表，而是可以定义一个名为 customer_vw 的视图，强制要求所有非营销人员用其来访问客户数据。该视图定义如下：

```
CREATE VIEW customer_vw
  (customer_id,
   first_name,
   last_name,
   email
  )
AS
SELECT
  customer_id,
  first_name,
```

```
    last_name,
    concat(substr(email,1,2), '*****', substr(email, -4)) email
FROM customer;
```

上述语句的第一部分列出了视图的列名，这可能与基础数据表的列名不同。第二部分是一个 select 语句，其必须为视图中的每列提供一个表达式。email 列通过提取电子邮件地址的前 2 个字符并与'*****'和电子邮件地址的后 4 个字符拼接而成。

当执行 create view 语句时，数据库服务器只是保存视图定义以备后用，并不会执行查询，也不会检索或存储数据。创建好视图之后，用户就可以像对数据表那样查询视图了：

```
mysql> SELECT first_name, last_name, email
    -> FROM customer_vw;
+-------------+-------------+-------------+
| first_name  | last_name   | email       |
+-------------+-------------+-------------+
| MARY        | SMITH       | MA*****.org |
| PATRICIA    | JOHNSON     | PA*****.org |
| LINDA       | WILLIAMS    | LI*****.org |
| BARBARA     | JONES       | BA*****.org |
| ELIZABETH   | BROWN       | EL*****.org |
...
| ENRIQUE     | FORSYTHE    | EN*****.org |
| FREDDIE     | DUGGAN      | FR*****.org |
| WADE        | DELVALLE    | WA*****.org |
| AUSTIN      | CINTRON     | AU*****.org |
+-------------+-------------+-------------+
599 rows in set (0.00 sec)
```

尽管 customer_vw 视图定义包含了 customer 数据表中的 4 列，但上述查询只获取了其中的 3 列。随后在本章中会看到，如果视图中的部分列被附加到函数或子查询，这是一处重要的不同。

从用户的视角来看，视图和数据表没什么两样。如果你想知道视图中有哪些列可用，可以使用 MySQL（或 Oracle）的 describe 命令：

```
mysql> describe customer_vw;
+-------------+---------------------+------+-----+---------+-------+
| Field       | Type                | Null | Key | Default | Extra |
+-------------+---------------------+------+-----+---------+-------+
| customer_id | smallint(5) unsigned | NO  |     | 0       |       |
| first_name  | varchar(45)         | NO   |     | NULL    |       |
| last_name   | varchar(45)         | NO   |     | NULL    |       |
| email       | varchar(11)         | YES  |     | NULL    |       |
+-------------+---------------------+------+-----+---------+-------+
4 rows in set (0.00 sec)
```

在查询视图时，可以自由使用包括 group by、having 和 order by 在内的各种 select 子句。

例如：

```
mysql> SELECT first_name, count(*), min(last_name), max(last_name)
    -> FROM customer_vw
    -> WHERE first_name LIKE 'J%'
    -> GROUP BY first_name
    -> HAVING count(*) > 1
    -> ORDER BY 1;
+------------+----------+----------------+----------------+
| first_name | count(*) | min(last_name) | max(last_name) |
+------------+----------+----------------+----------------+
| JAMIE      |        2 | RICE           | WAUGH          |
| JESSIE     |        2 | BANKS          | MILAM          |
+------------+----------+----------------+----------------+
2 rows in set (0.00 sec)
```

另外，还可以在查询中将视图与其他数据表连接：

```
mysql> SELECT cv.first_name, cv.last_name, p.amount
    -> FROM customer_vw cv
    ->    INNER JOIN payment p
    ->    ON cv.customer_id = p.customer_id
    -> WHERE p.amount >= 11;
+------------+----------+--------+
| first_name | last_name | amount |
+------------+----------+--------+
| KAREN      | JACKSON  |  11.99 |
| VICTORIA   | GIBSON   |  11.99 |
| VANESSA    | SIMS     |  11.99 |
| ALMA       | AUSTIN   |  11.99 |
| ROSEMARY   | SCHMIDT  |  11.99 |
| TANYA      | GILBERT  |  11.99 |
| RICHARD    | MCCRARY  |  11.99 |
| NICHOLAS   | BARFIELD |  11.99 |
| KENT       | ARSENAULT |  11.99 |
| TERRANCE   | ROUSH    |  11.99 |
+------------+----------+--------+
10 rows in set (0.01 sec)
```

该查询将 customer_vw 视图与 payment 数据表连接，从中找出所支付的电影租借费用为
11 美元或更多的客户。

14.2 为什么要使用视图

在 14.1 节中演示了一个简单的视图，其作用是掩蔽 customer.email 列的内容。尽管视图
经常用于此目的，但还有很多用途，详述如下。

14.2.1 数据安全

如果你创建了数据表并允许用户查询，用户就可以访问数据表中的每一行和每一列。之前曾指出，数据表中的某些列可能包含敏感数据，比如身份证号或者信用卡号，把这些信息暴露给所有用户可不是好主意，而且还会违反公司的隐私政策，甚至涉及违法。

应对这种情况的最好方法就是保持数据表的私有性（不授权任何用户 select 许可），然后创建一个或多个视图，忽略或模糊化（比如 customer_vw.email 列采用的'*****'方法）敏感列。也可以通过在视图定义中添加 where 子句来约束用户可以访问的行。例如，下列视图定义排除了非活跃客户：

```
CREATE VIEW active_customer_vw
 (customer_id,
  first_name,
  last_name,
  email
 )
AS
SELECT
  customer_id,
  first_name,
  last_name,
  concat(substr(email,1,2), '*****', substr(email, -4)) email
FROM customer
WHERE active = 1;
```

如果将该视图提供给市场部，对方就能避免将信息发送给非活跃客户，因为视图的 where 条件子句会一直包含在查询中，将非活跃用户排除在外。

 Oracle Database 用户还有另一种选择可以保护数据表的行列数据安全：虚拟私有数据库（virtual private database，VPD）。VPD 允许用户对数据表施加策略，服务器据此对用户的查询进行修改。例如，你可以要求销售部和市场部的人员只能够看到活跃客户，那么条件 active = 1 会被添加到所有针对 customer 数据表的查询中。

14.2.2 数据聚合

生成报表的应用程序通常需要聚合数据，视图就是一种不错的方法，可以使数据就像预先聚合就绪并存储在数据库中一样。例如，假设某应用程序每月都要生成报表，展示各类电影的总销售额，以便经理决定要购进哪些新电影。你可以为应用程序开发人员提供下列视图[①]，而不用让他们再对于基础数据表编写查询：

---

① Sakila 样本数据库中包含了该视图以及另外 6 个视图的定义，其中部分视图会在接下来的示例中用到。

```
CREATE VIEW sales_by_film_category
AS
SELECT
  c.name AS category,
  SUM(p.amount) AS total_sales
FROM payment AS p
  INNER JOIN rental AS r ON p.rental_id = r.rental_id
  INNER JOIN inventory AS i ON r.inventory_id = i.inventory_id
  INNER JOIN film AS f ON i.film_id = f.film_id
  INNER JOIN film_category AS fc ON f.film_id = fc.film_id
  INNER JOIN category AS c ON fc.category_id = c.category_id
GROUP BY c.name
ORDER BY total_sales DESC;
```

这种方法给数据库设计者带来了很大的灵活性。如果你随后确定将数据预先在数据表中聚合而不是使用视图求和以极大地提高查询性能，可以创建一个 film_category_sales 数据表并加载聚合数据，修改 sales_by_film_category 视图定义以从该数据表中检索数据。在此之后，所有使用 sales_by_film_category 视图的查询将从新的 film_category_sales 数据表中检索数据，这意味着用户在无须修改查询的情况下就能感受到性能提升。

14.2.3　隐藏复杂性

部署视图的一个最常见的原因是为了使最终用户免受复杂性的影响。例如，假设每个月都要生成一份报表，显示所有电影的相关信息，以及电影类别、电影中参演演员的数量、库存中的拷贝总数和每部电影的租借数量。可以提供下列视图，不再需要报表设计人员跨越 6 个不同的数据表来收集必要的数据：

```
CREATE VIEW film_stats
AS
SELECT f.film_id, f.title, f.description, f.rating,
  (SELECT c.name
   FROM category c
     INNER JOIN film_category fc
     ON c.category_id = fc.category_id
   WHERE fc.film_id = f.film_id) category_name,
  (SELECT count(*)
   FROM film_actor fa
   WHERE fa.film_id = f.film_id
  ) num_actors,
  (SELECT count(*)
   FROM inventory i
   WHERE i.film_id = f.film_id
  ) inventory_cnt,
  (SELECT count(*)
   FROM inventory i
     INNER JOIN rental r
     ON i.inventory_id = r.inventory_id
```

```
    WHERE i.film_id = f.film_id
  ) num_rentals
FROM film f;
```

该视图的定义很有意思，即便是通过视图检索来自 6 个不同数据表的数据，该查询的 from 子句中也只有一个数据表（film），其他 5 个数据表中的数据是使用标量子查询生成的。如果有人使用此视图，但未引用列 category_name、num_actors、inventory_cnt 或 num_rentals，则不会执行任何子查询。这种方法允许视图用于提供来自 film 数据表的描述性信息，而无须不必要地连接其他 5 个数据表。

14.2.4 连接分区数据

一些数据库设计人员为了提升性能会将较大的数据表拆分为多个部分。假设 payment 数据表变大了，设计人员可能会决定将其拆分为两个数据表：payment_current 和 payment_historic。前者保存最近 6 个月的数据，后者保存 6 个月之前的所有数据。如果想要查看特定客户的所有支付数据，需要查询两个数据表。通过创建视图，查询两个数据表并合并查询结果，就可以让所有的支付数据看起来就像存储在单个数据表中一样。视图定义如下：

```
CREATE VIEW payment_all
  (payment_id,
   customer_id,
   staff_id,
   rental_id,
   amount,
   payment_date,
   last_update
  )
AS
SELECT payment_id, customer_id, staff_id, rental_id,
  amount, payment_date, last_update
FROM payment_historic
UNION ALL
SELECT payment_id, customer_id, staff_id, rental_id,
  amount, payment_date, last_update
FROM payment_current;
```

在这种情况下，使用视图是一个不错的主意，因为设计人员可以在无须强制数据库用户修改查询的情况下改动底层数据的结构。

14.3 可更新视图

如果提供给用户一系列视图以作为检索数据之用，要是用户还需要修改同一数据该怎么办呢？强制用户使用视图检索数据,但又允许他们使用 update 或 insert 语句直接修改底层数据表，这似乎有点奇怪。为此，MySQL、Oracle Database 和 SQL Server 都允许用户在遵守特定限制的前提下通过视图修改数据。就 MySQL 而言，如果满足下列条件，视图就是可更新的。

- 没有使用聚合函数（max()、min()、avg()等）。

- 视图没有使用 group by 或 having 子句。

- select 或 from 子句中不存在子查询，并且 where 子句中的任何子查询都不引用 from 子句中的数据表。

- 视图没有使用 union、union all 或 distinct。

- from 子句至少包括一个数据表或可更新视图。

- 如果有不止一个数据表或视图，from 子句只使用内连接。

为了演示可更新视图的功用，我们先从简单的视图定义开始，然后逐步介绍更加复杂的视图。

14.3.1　更新简单视图

本章开头介绍的视图很简单，我们就从它开始：

```
CREATE VIEW customer_vw
 (customer_id,
  first_name,
  last_name,
  email
 )
AS
SELECT
  customer_id,
  first_name,
  last_name,
  concat(substr(email,1,2), '*****', substr(email, -4)) email
FROM customer;
```

customer.vw 视图查询单个数据表，4 列中只有 1 列是通过表达式得到的。该视图定义没有违反之前所列的任何限制，所以可以用其修改 customer 数据表中的数据。我们来用这个视图将 Mary Smith 的姓氏更新为 Smith-Allen：

```
mysql> UPDATE customer_vw
    -> SET last_name = 'SMITH-ALLEN'
    -> WHERE customer_id = 1;
Query OK, 1 row affected (0.11 sec)
Rows matched: 1 Changed: 1 Warnings: 0
```

结果显示，语句已经修改了一行，我们来检查一下底层的 customer 数据表，确认是否属实：

```
mysql> SELECT first_name, last_name, email
    -> FROM customer
    -> WHERE customer_id = 1;
+------------+------------+------------------------------+
| first_name | last_name  | email                        |
+------------+------------+------------------------------+
| MARY       | SMITH-ALLEN | MARY.SMITH@sakilacustomer.org |
+------------+------------+------------------------------+
1 row in set (0.00 sec)
```

尽管可以使用这种方式修改视图中的大部分列，但 email 列是一个例外，因为此列是通过表达式得到的：

```
mysql> UPDATE customer_vw
    -> SET email = 'MARY.SMITH-ALLEN@sakilacustomer.org'
    -> WHERE customer_id = 1;
ERROR 1348 (HY000): Column 'email' is not updatable
```

在本例中，这倒也不是什么坏事，毕竟创建该视图的主要原因是模糊化电子邮件地址。

如果想使用 customer_vw 视图插入数据，就不合适了，因为包含从表达式得到的列的视图不能用于插入数据，即使这样的列没有包含在语句中。例如，下列语句尝试使用 customer_vw 视图填充列 customer_id、first_name 和 last_name：

```
mysql> INSERT INTO customer_vw
    -> (customer_id,
    ->  first_name,
    ->  last_name)
    -> VALUES (99999,'ROBERT','SIMPSON');
ERROR 1471 (HY000): The target table customer_vw of the INSERT
is not insertable-into
```

上述介绍了简单视图的局限，下面将演示使用视图连接多个数据表。

14.3.2　更新复杂视图

单数据表视图确实很常用，不过也会遇到不少在底层查询的 from 子句中包含多个数据表的视图。例如，下列视图连接了数据表 customer、address、city 和 country，以便轻松地查询客户的所有数据：

```
CREATE VIEW customer_details
AS
SELECT c.customer_id,
  c.store_id,
  c.first_name,
  c.last_name,
  c.address_id,
  c.active,
  c.create_date,
```

```
        a.address,
        ct.city,
        cn.country,
        a.postal_code
    FROM customer c
        INNER JOIN address a
        ON c.address_id = a.address_id
        INNER JOIN city ct
        ON a.city_id = ct.city_id
        INNER JOIN country cn
        ON ct.country_id = cn.country_id;
```

可以使用该视图更新数据表 customer 或 address 中的数据，如下述语句所示：

```
mysql> UPDATE customer_details
    -> SET last_name = 'SMITH-ALLEN', active = 0
    -> WHERE customer_id = 1;
Query OK, 1 row affected (0.10 sec)
Rows matched: 1 Changed: 1 Warnings: 0

mysql> UPDATE customer_details
    -> SET address = '999 Mockingbird Lane'
    -> WHERE customer_id = 1;
Query OK, 1 row affected (0.06 sec)
Rows matched: 1 Changed: 1 Warnings: 0
```

第一个语句修改了列 customer.last_name 和 customer.active，而第二个语句修改了
address.address 列。你可能好奇的是，如果在单个语句中更新来自两个数据表的列会怎
样。我们来试试看：

```
mysql> UPDATE customer_details
    -> SET last_name = 'SMITH-ALLEN',
    ->     active = 0,
    ->     address = '999 Mockingbird Lane'
    -> WHERE customer_id = 1;
ERROR 1393 (HY000): Can not modify more than one base table
    through a join view 'sakila.customer_details'
```

如结果所显示的，可以分别修改两个底层数据表，但不能在单个语句中同时修改。接
下来，我们试试向两个数据表中插入一些新客户（customer_id = 9998 和 9999）的数据：

```
mysql> INSERT INTO customer_details
    ->   (customer_id, store_id, first_name, last_name,
    ->    address_id, active, create_date)
    -> VALUES (9998, 1, 'BRIAN', 'SALAZAR', 5, 1, now());
Query OK, 1 row affected (0.23 sec)
```

该语句成功地向 customer 数据表的列填充了数据。下面来看看如果扩大列的范围，加
入来自 address 数据表的列会怎样：

```
mysql> INSERT INTO customer_details
    -> (customer_id, store_id, first_name, last_name,
    ->  address_id, active, create_date, address)
    -> VALUES (9999, 2, 'THOMAS', 'BISHOP', 7, 1, now(),
    -> '999 Mockingbird Lane');
ERROR 1393 (HY000): Can not modify more than one base table
  through a join view 'sakila.customer_details'
```

这个版本包含了来自两个不同数据表的列，结果引发了异常。为了通过复杂视图插入数据，需要知道各列的来源。因为很多视图就是为了向最终用户隐藏复杂性才创建的，所以如果用户还需要明确了解视图的定义，似乎就事与愿违了。

 Oracle Database 和 SQL Server 同样允许通过视图插入和更新数据，但和 MySQL 一样，也有很多限制。如果你打算编写 PL/SQL 或 Transact-SQL 代码，可以使用替代触发器（instead-of trigger）特性，该特性允许拦截作用于视图的语句 insert、update、delete，再编写纳入了这些改动的自定义代码。如果没有这种特性，对于重要的应用程序而言，要想通过视图进行更新成为一种可行的策略就存在太多的限制了。

14.4 练习

下列练习考察你对于视图的理解。答案参见附录 B。

练习 14-1

创建可供下列查询使用的视图定义，以生成给定结果：

```
SELECT title, category_name, first_name, last_name
FROM film_ctgry_actor
WHERE last_name = 'FAWCETT';
```

```
+--------------------+---------------+------------+-----------+
| title              | category_name | first_name | last_name |
+--------------------+---------------+------------+-----------+
| ACE GOLDFINGER     | Horror        | BOB        | FAWCETT   |
| ADAPTATION HOLES   | Documentary   | BOB        | FAWCETT   |
| CHINATOWN GLADIATOR| New           | BOB        | FAWCETT   |
| CIRCUS YOUTH       | Children      | BOB        | FAWCETT   |
| CONTROL ANTHEM     | Comedy        | BOB        | FAWCETT   |
| DARES PLUTO        | Animation     | BOB        | FAWCETT   |
| DARN FORRESTER     | Action        | BOB        | FAWCETT   |
| DAZED PUNK         | Games         | BOB        | FAWCETT   |
| DYNAMITE TARZAN    | Classics      | BOB        | FAWCETT   |
| HATE HANDICAP      | Comedy        | BOB        | FAWCETT   |
| HOMICIDE PEACH     | Family        | BOB        | FAWCETT   |
```

```
| JACKET FRISCO        | Drama         | BOB        | FAWCETT    |
| JUMANJI BLADE        | New           | BOB        | FAWCETT    |
| LAWLESS VISION       | Animation     | BOB        | FAWCETT    |
| LEATHERNECKS DWARFS  | Travel        | BOB        | FAWCETT    |
| OSCAR GOLD           | Animation     | BOB        | FAWCETT    |
| PELICAN COMFORTS     | Documentary   | BOB        | FAWCETT    |
| PERSONAL LADYBUGS    | Music         | BOB        | FAWCETT    |
| RAGING AIRPLANE      | Sci-Fi        | BOB        | FAWCETT    |
| RUN PACIFIC          | New           | BOB        | FAWCETT    |
| RUNNER MADIGAN       | Music         | BOB        | FAWCETT    |
| SADDLE ANTITRUST     | Comedy        | BOB        | FAWCETT    |
| SCORPION APOLLO      | Drama         | BOB        | FAWCETT    |
| SHAWSHANK BUBBLE     | Travel        | BOB        | FAWCETT    |
| TAXI KICK            | Music         | BOB        | FAWCETT    |
| BERETS AGENT         | Action        | JULIA      | FAWCETT    |
| BOILED DARES         | Travel        | JULIA      | FAWCETT    |
| CHISUM BEHAVIOR      | Family        | JULIA      | FAWCETT    |
| CLOSER BANG          | Comedy        | JULIA      | FAWCETT    |
| DAY UNFAITHFUL       | New           | JULIA      | FAWCETT    |
| HOPE TOOTSIE         | Classics      | JULIA      | FAWCETT    |
| LUKE MUMMY           | Animation     | JULIA      | FAWCETT    |
| MULAN MOON           | Comedy        | JULIA      | FAWCETT    |
| OPUS ICE             | Foreign       | JULIA      | FAWCETT    |
| POLLOCK DELIVERANCE  | Foreign       | JULIA      | FAWCETT    |
| RIDGEMONT SUBMARINE  | New           | JULIA      | FAWCETT    |
| SHANGHAI TYCOON      | Travel        | JULIA      | FAWCETT    |
| SHAWSHANK BUBBLE     | Travel        | JULIA      | FAWCETT    |
| THEORY MERMAID       | Animation     | JULIA      | FAWCETT    |
| WAIT CIDER           | Animation     | JULIA      | FAWCETT    |
+---------------------+---------------+------------+-----------+
40 rows in set (0.00 sec)
```

练习 14-2

电影租借公司的经理希望有一份报表，其中包括每个国家/地区的名称以及在各个国家/地区居住的所有客户的付款总额。创建一个视图定义，查询 country 数据表并用一个标量子查询来计算 tot_payments 列的值。

第 15 章

元数据

除了存储各个用户插入数据库的所有数据，数据库服务器还需要记录存储这些数据所需的所有数据库对象（数据表、视图、索引等）的信息。不足为奇的是，数据库服务器把这些信息存储在数据库中。本章将讨论这些所谓的元数据信息是如何被存储的，存储在哪里，如何访问元数据以及如何利用其构建灵活的系统。

15.1 关于数据的数据

元数据（metadata）就是关于数据的数据。每次创建数据库对象时，数据库服务器就需要记录各种信息。例如，如果要创建一个包含多列、主键约束、3 个索引以及外键约束的数据表，数据库服务器就需要存储以下信息：

- 数据表名；

- 存储数据表的信息（数据表空间、初始大小等）；

- 存储引擎；

- 列名；

- 列数据类型；

- 列的默认值；

- not null 列约束；

- 主键列；

- 主键名；

- 主键索引名；

- 索引名；

- 索引类型（B 树、位图）；

- 已索引的列；

- 索引列的排序（升序或降序）；

- 存储索引的信息；

- 外键名；

- 外键列；

- 与外键关联的数据表/列。

上述信息统称为数据字典或者系统编目（system catalog），数据库服务器需要将其永久保存，同时，为了验证和执行 SQL 语句，还需要能够快速地检索这些数据。此外，数据库服务器对这些数据采取相应的保护措施,使其只能通过恰当的机制（比如 alter table 语句）被修改。

尽管确实存在服务器间进行元数据交换的标准，但是各种数据库服务器提供元数据的机制各不相同，例如：

- 一组视图，比如 Oracle Database 的视图 user_tables 和 all_constraints；

- 一组系统存储的过程，比如 SQL Server 的 sp_tables 过程或 Oracle Database 的 dbms_metadata 包；

- 一种特殊数据库，比如 MySQL 的 information_schema 数据库。

除了 SQL Server 的系统存储过程（这是其 Sybase 谱系的遗留产物），SQL Server 还包含一个称为 information_schema 的特殊模式,在每个数据库中自动提供。为了遵循 ANSI SQL:2003 标准，MySQL 和 SQL Server 都提供这个接口。本章的剩余部分将讨论可用于 MySQL 和 SQL Server 的 information_schema 对象。

15.2　information_schema

information_schema 数据库（在 SQL Server 中称为模式）中的所有可用对象都是视图。与本书前几章中用于显示数据表和视图结构的 describe 不同的是，information_schema 数据库中的视图是可以被查询的，因此可以通过编程的方式使用（本章稍后会详述）。下面的示例演示了如何检索 Sakila 数据库中的所有数据表名：

```
mysql> SELECT table_name, table_type
    -> FROM information_schema.tables
    -> WHERE table_schema = 'sakila'
    -> ORDER BY 1;
```

```
+---------------------------+------------+
| TABLE_NAME                | TABLE_TYPE |
+---------------------------+------------+
| actor                     | BASE TABLE |
| actor_info                | VIEW       |
| address                   | BASE TABLE |
| category                  | BASE TABLE |
| city                      | BASE TABLE |
| country                   | BASE TABLE |
| customer                  | BASE TABLE |
| customer_list             | VIEW       |
| film                      | BASE TABLE |
| film_actor                | BASE TABLE |
| film_category             | BASE TABLE |
| film_list                 | VIEW       |
| film_text                 | BASE TABLE |
| inventory                 | BASE TABLE |
| language                  | BASE TABLE |
| nicer_but_slower_film_list | VIEW      |
| payment                   | BASE TABLE |
| rental                    | BASE TABLE |
| sales_by_film_category    | VIEW       |
| sales_by_store            | VIEW       |
| staff                     | BASE TABLE |
| staff_list                | VIEW       |
| store                     | BASE TABLE |
+---------------------------+------------+
23 rows in set (0.00 sec)
```

如结果所展示的，information_schema.tables 视图包含了数据表和视图，如果要排除视图，只需在 where 子句中再添加另一个条件：

```
mysql> SELECT table_name, table_type
    -> FROM information_schema.tables
    -> WHERE table_schema = 'sakila'
    ->   AND table_type = 'BASE TABLE'
    -> ORDER BY 1;
+---------------+------------+
| TABLE_NAME    | TABLE_TYPE |
+---------------+------------+
| actor         | BASE TABLE |
| address       | BASE TABLE |
| category      | BASE TABLE |
| city          | BASE TABLE |
| country       | BASE TABLE |
| customer      | BASE TABLE |
| film          | BASE TABLE |
| film_actor    | BASE TABLE |
| film_category | BASE TABLE |
```

```
| film_text    | BASE TABLE |
| inventory    | BASE TABLE |
| language     | BASE TABLE |
| payment      | BASE TABLE |
| rental       | BASE TABLE |
| staff        | BASE TABLE |
| store        | BASE TABLE |
+--------------+------------+
16 rows in set (0.00 sec)
```

如果你只对关于视图的信息感兴趣，可以查询 information_schema.views。除了视图名称，还可以检索其他信息，例如显示视图是否可更新的标志：

```
mysql> SELECT table_name, is_updatable
    -> FROM information_schema.views
    -> WHERE table_schema = 'sakila'
    -> ORDER BY 1;
+----------------------------+--------------+
| TABLE_NAME                 | IS_UPDATABLE |
+----------------------------+--------------+
| actor_info                 | NO           |
| customer_list              | YES          |
| film_list                  | NO           |
| nicer_but_slower_film_list | NO           |
| sales_by_film_category     | NO           |
| sales_by_store             | NO           |
| staff_list                 | YES          |
+----------------------------+--------------+
7 rows in set (0.00 sec)
```

对于数据表和视图的列信息，可以通过 columns 视图查看。下列查询展示了 film 数据表的列信息：

```
mysql> SELECT column_name, data_type,
    ->    character_maximum_length char_max_len,
    ->    numeric_precision num_prcsn, numeric_scale num_scale
    -> FROM information_schema.columns
    -> WHERE table_schema = 'sakila' AND table_name = 'film'
    -> ORDER BY ordinal_position;
+----------------------+-----------+--------------+-----------+-----------+
| COLUMN_NAME          | DATA_TYPE | char_max_len | num_prcsn | num_scale |
+----------------------+-----------+--------------+-----------+-----------+
| film_id              | smallint  |         NULL |         5 |         0 |
| title                | varchar   |          255 |      NULL |      NULL |
| description          | text      |        65535 |      NULL |      NULL |
| release_year         | year      |         NULL |      NULL |      NULL |
| language_id          | tinyint   |         NULL |         3 |         0 |
| original_language_id | tinyint   |         NULL |         3 |         0 |
| rental_duration      | tinyint   |         NULL |         3 |         0 |
```

```
| rental_rate       | decimal   |    NULL |        4 |        2 |
| length            | smallint  |    NULL |        5 |        0 |
| replacement_cost  | decimal   |    NULL |        5 |        2 |
| rating            | enum      |       5 |     NULL |     NULL |
| special_features  | set       |      54 |     NULL |     NULL |
| last_update       | timestamp |    NULL |     NULL |     NULL |
+-------------------+-----------+---------+----------+----------+
13 rows in set (0.00 sec)
```

ordinal_position 列仅作为一种手段，按照列被加入数据表的顺序来检索列。

可以像下面的查询那样，通过 information_schema.statistics 视图检索关于数据表的索引信息，该查询检索 rental 数据表的索引信息：

```
mysql> SELECT index_name, non_unique, seq_in_index, column_name
    -> FROM information_schema.statistics
    -> WHERE table_schema = 'sakila' AND table_name = 'rental'
    -> ORDER BY 1, 3;
+-------------------+------------+--------------+--------------+
| INDEX_NAME        | NON_UNIQUE | SEQ_IN_INDEX | COLUMN_NAME  |
+-------------------+------------+--------------+--------------+
| idx_fk_customer_id  |        1 |            1 | customer_id  |
| idx_fk_inventory_id |        1 |            1 | inventory_id |
| idx_fk_staff_id     |        1 |            1 | staff_id     |
| PRIMARY             |        0 |            1 | rental_id    |
| rental_date         |        0 |            1 | rental_date  |
| rental_date         |        0 |            2 | inventory_id |
| rental_date         |        0 |            3 | customer_id  |
+-------------------+------------+--------------+--------------+
7 rows in set (0.02 sec)
```

rental 数据表共有 5 个索引，其中一个索引有 3 列（rental_date），还有一个适用于主键约束的唯一索引（PRIMARY）。

可以通过 information_schema.table_constraints 视图检索已创建的不同类型的约束（外键、主键、唯一）。下列查询检索 Sakila 模式中的所有约束：

```
mysql> SELECT constraint_name, table_name, constraint_type
    -> FROM information_schema.table_constraints
    -> WHERE table_schema = 'sakila'
    -> ORDER BY 3,1;
+-------------------------+--------------+-----------------+
| constraint_name         | table_name   | constraint_type |
+-------------------------+--------------+-----------------+
| fk_address_city         | address      | FOREIGN KEY     |
| fk_city_country         | city         | FOREIGN KEY     |
| fk_customer_address     | customer     | FOREIGN KEY     |
| fk_customer_store       | customer     | FOREIGN KEY     |
| fk_film_actor_actor     | film_actor   | FOREIGN KEY     |
```

```
| fk_film_actor_film         | film_actor     | FOREIGN KEY     |
| fk_film_category_category  | film_category  | FOREIGN KEY     |
| fk_film_category_film      | film_category  | FOREIGN KEY     |
| fk_film_language           | film           | FOREIGN KEY     |
| fk_film_language_original  | film           | FOREIGN KEY     |
| fk_inventory_film          | inventory      | FOREIGN KEY     |
| fk_inventory_store         | inventory      | FOREIGN KEY     |
| fk_payment_customer        | payment        | FOREIGN KEY     |
| fk_payment_rental          | payment        | FOREIGN KEY     |
| fk_payment_staff           | payment        | FOREIGN KEY     |
| fk_rental_customer         | rental         | FOREIGN KEY     |
| fk_rental_inventory        | rental         | FOREIGN KEY     |
| fk_rental_staff            | rental         | FOREIGN KEY     |
| fk_staff_address           | staff          | FOREIGN KEY     |
| fk_staff_store             | staff          | FOREIGN KEY     |
| fk_store_address           | store          | FOREIGN KEY     |
| fk_store_staff             | store          | FOREIGN KEY     |
| PRIMARY                    | film           | PRIMARY KEY     |
| PRIMARY                    | film_actor     | PRIMARY KEY     |
| PRIMARY                    | staff          | PRIMARY KEY     |
| PRIMARY                    | film_category  | PRIMARY KEY     |
| PRIMARY                    | store          | PRIMARY KEY     |
| PRIMARY                    | actor          | PRIMARY KEY     |
| PRIMARY                    | film_text      | PRIMARY KEY     |
| PRIMARY                    | address        | PRIMARY KEY     |
| PRIMARY                    | inventory      | PRIMARY KEY     |
| PRIMARY                    | customer       | PRIMARY KEY     |
| PRIMARY                    | category       | PRIMARY KEY     |
| PRIMARY                    | language       | PRIMARY KEY     |
| PRIMARY                    | city           | PRIMARY KEY     |
| PRIMARY                    | payment        | PRIMARY KEY     |
| PRIMARY                    | country        | PRIMARY KEY     |
| PRIMARY                    | rental         | PRIMARY KEY     |
| idx_email                  | customer       | UNIQUE          |
| idx_unique_manager         | store          | UNIQUE          |
| rental_date                | rental         | UNIQUE          |
+----------------------------+----------------+-----------------+
41 rows in set (0.02 sec)
```

表 15-1 展示了很多可用于 MySQL 8.0 版的 information_schema 视图。

表 15-1　information_schema 视图

视图名	所提供的信息
schemata	数据库
tables	数据表和视图
columns	数据表和视图的列

视图名	所提供的信息
statistics	索引
user_privileges	谁对哪些模式对象拥有权限
schema_privileges	谁对哪些数据库拥有权限
table_privileges	谁对哪些数据表拥有权限
column_privileges	谁对哪些数据表的哪些列拥有权限
character_sets	可用的字符集
collations	哪些排序规则可用于哪些字符集
collation_character_set_applicability	哪些字符集可用于哪些排序规则
table_constraints	唯一约束、外键约束和主键约束
key_column_usage	与每个键列关联的约束
routines	存储例程（过程和函数）
views	视图
triggers	数据表触发器
plugins	服务器插件
engines	可用的存储引擎
partitions	数据表分区
events	预定事件
processlist	正在运行的进程
referential_constraints	外键
parameters	存储过程和函数的参数
profiling	用户配置信息

尽管其中有些视图是 MySQL 特有的，比如 engines、events 和 plugins，但还有不少视图在 SQL Server 中也是可用的。

15.3 使用元数据

之前曾提到，能够通过 SQL 查询检索模式对象的相关信息为提供一些有趣的功能提供了可能性。本节介绍几种在应用程序中利用元数据的方法。

15.3.1 模式生成脚本

虽然有些项目团队配备了全职数据库设计人员，负责监督数据库的设计与实现，但许多项目仍采用"委员会设计"（design-by-committee）[①]的方法，允许多人创建数据库对象。经过数周或数月的开发，可能需要生成一个脚本，用其创建团队已经部署的各种数据表、索引、视图等。虽然很多工具都可以生成这种脚本，但也可以自行查询 information_schema 视图并生成该脚本。

例如，我们来构建一个创建 sakila.category 数据表的脚本。下面是用于创建该数据表的命令，这是我从样本数据库的构建脚本中提取出来的：

```
CREATE TABLE category (
  category_id TINYINT UNSIGNED NOT NULL AUTO_INCREMENT,
  name VARCHAR(25) NOT NULL,
  last_update TIMESTAMP NOT NULL DEFAULT CURRENT_TIMESTAMP
    ON UPDATE CURRENT_TIMESTAMP,
  PRIMARY KEY (category_id)
)ENGINE=InnoDB DEFAULT CHARSET=utf8;
```

使用过程化语言（比如 Transact-SQL 或 Java）生成脚本肯定更容易，但因为这是一本关于 SQL 的书，所以我打算编写一个查询，生成 create table 语句。第一步是查询 information_schema.columns 数据表，以检索列信息：

```
mysql> SELECT 'CREATE TABLE category (' create_table_statement
    -> UNION ALL
    -> SELECT cols.txt
    -> FROM
    ->   (SELECT concat(' ',column_name, ' ', column_type,
    ->     CASE
    ->       WHEN is_nullable = 'NO' THEN ' not null'
    ->       ELSE ''
    ->     END,
    ->     CASE
    ->       WHEN extra IS NOT NULL AND extra LIKE 'DEFAULT_GENERATED%'
    ->        THEN concat(' DEFAULT ',column_default,substr(extra,18))
    ->       WHEN extra IS NOT NULL THEN concat(' ', extra)
    ->       ELSE ''
    ->     END,
    ->      ',') txt
    ->    FROM information_schema.columns
    ->    WHERE table_schema = 'sakila' AND table_name = 'category'
    ->    ORDER BY ordinal_position
    -> ) cols
    -> UNION ALL
    -> SELECT ')';
+----------------------------------------------------------------------+
| create_table_statement                                               |
+----------------------------------------------------------------------+
| CREATE TABLE category (                                              |
```

---

① 委员会设计是指方案中有多人参与设计，而且没有一致的计划或看法。——译者注

```
|   category_id tinyint(3) unsigned not null auto_increment,      |
|   name varchar(25) not null ,                                   |
|   last_update timestamp not null DEFAULT CURRENT_TIMESTAMP      |
|     on update CURRENT_TIMESTAMP,                                |
| )                                                               |
+-----------------------------------------------------------------+
5 rows in set (0.00 sec)
```

差不多搞定了，我们只需要添加针对视图 table_constraints 和 key_column_usage 的查询，以检索主键约束的相关信息：

```
mysql> SELECT 'CREATE TABLE category (' create_table_statement
    -> UNION ALL
    -> SELECT cols.txt
    -> FROM
    ->  (SELECT concat(' ',column_name, ' ', column_type,
    ->    CASE
    ->      WHEN is_nullable = 'NO' THEN ' not null'
    ->      ELSE ''
    ->    END,
    ->    CASE
    ->      WHEN extra IS NOT NULL AND extra LIKE 'DEFAULT_GENERATED%'
    ->        THEN concat(' DEFAULT ',column_default,substr(extra,18))
    ->      WHEN extra IS NOT NULL THEN concat(' ', extra)
    ->      ELSE ''
    ->    END,
    ->    ',') txt
    ->   FROM information_schema.columns
    ->   WHERE table_schema = 'sakila' AND table_name = 'category'
    ->   ORDER BY ordinal_position
    ->  ) cols
    -> UNION ALL
    -> SELECT concat(' constraint primary key (')
    -> FROM information_schema.table_constraints
    -> WHERE table_schema = 'sakila' AND table_name = 'category'
    ->   AND constraint_type = 'PRIMARY KEY'
    -> UNION ALL
    -> SELECT cols.txt
    -> FROM
    ->  (SELECT concat(CASE WHEN ordinal_position > 1 THEN ' ,'
    ->     ELSE ' ' END, column_name) txt
    ->   FROM information_schema.key_column_usage
    ->   WHERE table_schema = 'sakila' AND table_name = 'category'
    ->     AND constraint_name = 'PRIMARY'
    ->   ORDER BY ordinal_position
    ->  ) cols
    -> UNION ALL
    -> SELECT ' )'
    -> UNION ALL
```

```
    -> SELECT ')';
+------------------------------------------------------------------------+
| create_table_statement                                                 |
+------------------------------------------------------------------------+
| CREATE TABLE category (                                                 |
|   category_id tinyint(3) unsigned not null auto_increment,              |
|   name varchar(25) not null ,                                           |
|   last_update timestamp not null DEFAULT CURRENT_TIMESTAMP              |
|     on update CURRENT_TIMESTAMP,                                        |
|   constraint primary key (                                             |
|     category_id                                                        |
|   )                                                                     |
| )                                                                       |
+------------------------------------------------------------------------+
8 rows in set (0.02 sec)
```

为了查看是否可以正确地生成语句，可以把查询结果粘贴到 mysql 工具中（为了不干扰现有的数据表，我把数据表名改为 category2）：

```
mysql> CREATE TABLE category2 (
    ->   category_id tinyint(3) unsigned not null auto_increment,
    ->   name varchar(25) not null ,
    ->   last_update timestamp not null DEFAULT CURRENT_TIMESTAMP
    ->     on update CURRENT_TIMESTAMP,
    ->   constraint primary key (
    ->     category_id
    ->   )
    -> );
Query OK, 0 rows affected (0.61 sec)
```

语句被成功执行，category2 数据表出现在了 Sakila 数据库中。要想查询能够为任意数据表生成格式正确的 create table 语句，还有很多工作要做（比如处理索引和外键约束），这里将其留作练习。

 如果所使用的是图形化开发工具，比如 Toad、Oracle SQL Developer 或 MySQL Workbench，那么不用自己动手编写查询就可以轻松生成这种脚本。但如果只有 MySQL 命令行客户端可用，上述内容就能派上用场了。

15.3.2　验证部署

许多组织都有数据库维护窗口，在其中可以管理现有的数据库对象（比如添加/删除分区）、部署新模式对象和代码。部署脚本运行之后，最好是运行验证脚本以确保新的模式对象具有合适的列、索引、主键等。下面的查询返回 Sakila 模式中每个数据表的列数、索引数以及主键约束（0 或 1）数：

```
mysql> SELECT tbl.table_name,
    -> (SELECT count(*) FROM information_schema.columns clm
    ->  WHERE clm.table_schema = tbl.table_schema
    ->    AND clm.table_name = tbl.table_name) num_columns,
    -> (SELECT count(*) FROM information_schema.statistics sta
    ->  WHERE sta.table_schema = tbl.table_schema
    ->    AND sta.table_name = tbl.table_name) num_indexes,
    -> (SELECT count(*) FROM information_schema.table_constraints tc
    ->  WHERE tc.table_schema = tbl.table_schema
    ->    AND tc.table_name = tbl.table_name
    ->    AND tc.constraint_type = 'PRIMARY KEY') num_primary_keys
    -> FROM information_schema.tables tbl
    -> WHERE tbl.table_schema = 'sakila' AND tbl.table_type = 'BASE TABLE'
    -> ORDER BY 1;
+---------------+-------------+-------------+------------------+
| TABLE_NAME    | num_columns | num_indexes | num_primary_keys |
+---------------+-------------+-------------+------------------+
| actor         |           4 |           2 |                1 |
| address       |           9 |           3 |                1 |
| category      |           3 |           1 |                1 |
| city          |           4 |           2 |                1 |
| country       |           3 |           1 |                1 |
| customer      |           9 |           7 |                1 |
| film          |          13 |           4 |                1 |
| film_actor    |           3 |           3 |                1 |
| film_category |           3 |           3 |                1 |
| film_text     |           3 |           3 |                1 |
| inventory     |           4 |           4 |                1 |
| language      |           3 |           1 |                1 |
| payment       |           7 |           4 |                1 |
| rental        |           7 |           7 |                1 |
| staff         |          11 |           3 |                1 |
| store         |           4 |           3 |                1 |
+---------------+-------------+-------------+------------------+
16 rows in set (0.01 sec)
```

可以在部署前和部署后执行该语句，然后在宣布部署成功之前验证两个结果集之间是否存在差异。

15.3.3 动态 SQL 生成

有些语言，比如 Oracle 的 PL/SQL 和 Microsoft 的 Transact-SQL，属于 SQL 语言的超集，这意味着它们的语法中可以包含 SQL 语句以及通常的过程结构，比如 "if-then-else" 和 "while"。其他语言，比如 Java，提供了关系型数据库接口，但语法中不能出现 SQL 语句，所有的 SQL 语句都必须被包含在字符串中。

因此，包括 SQL Server、Oracle Database 和 MySQL 在内的大多数关系型数据库服务器都允许以字符串的形式向服务器提交 SQL 语句。提交字符串给数据库引擎而不是使用其 SQL 接口通常被称为动态 SQL 执行。例如，Oracle 的 PL/SQL 语言提供了 execute immediate 命令用于提交字符串来执行，SQL Server 则提供了一个名为 sp_executesql 的系统存储过程来动态执行 SQL 语句。

MySQL 提供了语句 prepare、execute 和 deallocate，用于动态 SQL 执行。下面来看一个简单的示例：

```
mysql> SET @qry = 'SELECT customer_id, first_name, last_name FROM customer';
Query OK, 0 rows affected (0.00 sec)

mysql> PREPARE dynsql1 FROM @qry;
Query OK, 0 rows affected (0.00 sec)
Statement prepared

mysql> EXECUTE dynsql1;
+-------------+------------+-------------+
| customer_id | first_name | last_name   |
+-------------+------------+-------------+
|         505 | RAFAEL     | ABNEY       |
|         504 | NATHANIEL  | ADAM        |
|          36 | KATHLEEN   | ADAMS       |
|          96 | DIANA      | ALEXANDER   |
...
|          31 | BRENDA     | WRIGHT      |
|         318 | BRIAN      | WYMAN       |
|         402 | LUIS       | YANEZ       |
|         413 | MARVIN     | YEE         |
|          28 | CYNTHIA    | YOUNG       |
+-------------+------------+-------------+
599 rows in set (0.02 sec)

mysql> DEALLOCATE PREPARE dynsql1;
Query OK, 0 rows affected (0.00 sec)
```

set 语句只是简单地将字符串赋给变量 qry，然后使用 prepare 语句将 qry 提交给数据库引擎（进行解析、安全检查和优化）。调用 execute 执行语句后，必须再调用 deallocate prepare 关闭语句，释放语句执行过程中用到的所有数据库资源（比如游标）。

下面的示例展示了如何执行包含占位符的查询，以便在运行时指定条件：

```
mysql> SET @qry = 'SELECT customer_id, first_name, last_name
  FROM customer WHERE customer_id = ?';
Query OK, 0 rows affected (0.00 sec)

mysql> PREPARE dynsql2 FROM @qry;
Query OK, 0 rows affected (0.00 sec)
Statement prepared
```

```
mysql> SET @custid = 9;
Query OK, 0 rows affected (0.00 sec)

mysql> EXECUTE dynsql2 USING @custid;
+-------------+------------+-----------+
| customer_id | first_name | last_name |
+-------------+------------+-----------+
|           9 | MARGARET   | MOORE     |
+-------------+------------+-----------+
1 row in set (0.00 sec)

mysql> SET @custid = 145;
Query OK, 0 rows affected (0.00 sec)

mysql> EXECUTE dynsql2 USING @custid;
+-------------+------------+-----------+
| customer_id | first_name | last_name |
+-------------+------------+-----------+
|         145 | LUCILLE    | HOLMES    |
+-------------+------------+-----------+
1 row in set (0.00 sec)

mysql> DEALLOCATE PREPARE dynsql2;
Query OK, 0 rows affected (0.00 sec)
```

该查询包含了一个占位符（语句结尾的?），使客户 ID 值得以在运行时被提交。语句准备一次，执行两次，一次是值为 9 的客户 ID，另一次是值为 145 的客户 ID，然后关闭语句。

你也许会对此感到好奇，这跟元数据有什么关系呢？如果打算使用动态 SQL 来查询数据表，为什么不使用元数据构建查询字符串而是硬编码数据表定义呢？下面的示例生成与前面示例的查询相同的动态 SQL 字符串，但是从视图 information_schema.columns 检索列名：

```
mysql> SELECT concat('SELECT ',
    ->   concat_ws(',', cols.col1, cols.col2, cols.col3, cols.col4,
    ->     cols.col5, cols.col6, cols.col7, cols.col8, cols.col9),
    ->   ' FROM customer WHERE customer_id = ?')
    -> INTO @qry
    -> FROM
    ->   (SELECT
    ->     max(CASE WHEN ordinal_position = 1 THEN column_name
    ->       ELSE NULL END) col1,
    ->     max(CASE WHEN ordinal_position = 2 THEN column_name
    ->       ELSE NULL END) col2,
    ->     max(CASE WHEN ordinal_position = 3 THEN column_name
    ->       ELSE NULL END) col3,
    ->     max(CASE WHEN ordinal_position = 4 THEN column_name
```

```
        ->            ELSE NULL END) col4,
        ->        max(CASE WHEN ordinal_position = 5 THEN column_name
        ->            ELSE NULL END) col5,
        ->        max(CASE WHEN ordinal_position = 6 THEN column_name
        ->            ELSE NULL END) col6,
        ->        max(CASE WHEN ordinal_position = 7 THEN column_name
        ->            ELSE NULL END) col7,
        ->        max(CASE WHEN ordinal_position = 8 THEN column_name
        ->            ELSE NULL END) col8,
        ->        max(CASE WHEN ordinal_position = 9 THEN column_name
        ->            ELSE NULL END) col9
        ->   FROM information_schema.columns
        ->   WHERE table_schema = 'sakila' AND table_name = 'customer'
        ->   GROUP BY table_name
        -> ) cols;
Query OK, 1 row affected (0.00 sec)
mysql> SELECT @qry;
+----------------------------------------------------------------------+
| @qry                                                                 |
+----------------------------------------------------------------------+
| SELECT customer_id,store_id,first_name,last_name,email,
    address_id,active,create_date,last_update
  FROM customer WHERE customer_id = ? |
+----------------------------------------------------------------------+
1 row in set (0.00 sec)

mysql> PREPARE dynsql3 FROM @qry;
Query OK, 0 rows affected (0.00 sec)
Statement prepared

mysql> SET @custid = 45;
Query OK, 0 rows affected (0.00 sec)

mysql> EXECUTE dynsql3 USING @custid;
+-------------+----------+------------+-----------+
| customer_id | store_id | first_name | last_name |
+-------------+----------+------------+-----------+
|          45 |        1 | JANET      | PHILLIPS  |
+-------------+----------+------------+-----------+

    +------------------------------------+------------+--------
    | email                              | address_id | active
    +------------------------------------+------------+--------
    | JANET.PHILLIPS@sakilacustomer.org  | 49         |      1
    +------------------------------------+------------+--------

    +--------------------+--------------------+
    | create_date        | last_update        |
    +--------------------+--------------------+
```

```
      | 2006-02-14 22:04:36 | 2006-02-15 04:57:20 |
      +---------------------+---------------------+
1 row in set (0.00 sec)

mysql> DEALLOCATE PREPARE dynsql3;
Query OK, 0 rows affected (0.00 sec)
```

该查询以 customer 数据表的前 9 列为核心，先使用函数 concat 和 concat_ws 构建查询
字符串并将其赋给变量 qry，然后像之前一样执行查询字符串。

 一般而言，使用包含循环结构的过程化语言（比如 Java、PL/SQL、
Transact-SQL 或 MySQL 的存储过程语言）生成查询的做法更佳。但我
想在这里展示一个纯 SQL 示例，因此不得不将检索的列数限制在合理
的范围内，在本例中为 9 列。

15.4 练习

下列练习考察你对于元数据的理解。答案参见附录 B。

练习 15-1

编写查询，列出 Sakila 模式中的全部索引，包括数据表名。

练习 15-2

编写查询，生成可用于创建 sakila.customer 数据表全部索引的输出。输出应该具有下列
形式：

```
"ALTER TABLE <table_name> ADD INDEX <index_name> (<column_list>)"
```

第 16 章

分析函数

数据量一直在以惊人的速度增长，企业很难存储所有的数据，更不用说理解数据了。数据分析传统上是在数据库服务器之外进行的，要用到专门的工具或语言，比如 Excel、R 和 Python。SQL 语言也提供了一套功能强大的函数，可用于数据分析处理。如果需要找出公司排名前十的销售人员，或是为客户生成一份财务报告，需要计算三个月的滚动平均数，可以使用 SQL 内建的分析函数来完成这类计算。

16.1 分析函数的概念

在数据库服务器完成了评估查询所需的全部步骤（包括连接、过滤、分组、排序）之后，结果集就创建好了，并准备返回给调用者。想象一下，如果这时候能暂停执行查询，在结果集仍保留于内存中时对其进行浏览，你会做哪种类型的数据分析呢？如果结果集包含销售数据，你可能想生成销售人员或地区的排名，或是计算两个时间段之间的百分比差异。如果正在生成财务报告的结果，也许你想为报告的各个部分计算小计并在最后得出总计。通过使用分析函数，这些需求都可以实现，甚至还不止于此。在深入了解这些细节之前，接下来将描述一些最常用的分析函数所用到的机制。

16.1.1 数据窗口

假设已经编写了一个查询，生成给定期间内每月的销售额。例如，下列查询汇总了 2005 年 5 月至 8 月期间每月电影租借付款总额：

```
mysql> SELECT quarter(payment_date) quarter,
    ->   monthname(payment_date) month_nm,
    ->   sum(amount) monthly_sales
    -> FROM payment
    -> WHERE year(payment_date) = 2005
    -> GROUP BY quarter(payment_date), monthname(payment_date);
```

```
+---------+----------+---------------+
| quarter | month_nm | monthly_sales |
+---------+----------+---------------+
|       2 | May      |       4824.43 |
|       2 | June     |       9631.88 |
|       3 | July     |      28373.89 |
|       3 | August   |      24072.13 |
+---------+----------+---------------+
4 rows in set (0.13 sec)
```

从结果中可以看到，在所有的 4 个月中，7 月份的月度总额最高，而 6 月份的月度总额是第二季度中最高的。为了能以编程的方式确定最大值，需要在每行添加额外的列，显示每个季度和整个期间内的最大值。下面是之前的查询，但是加入了两个新列来计算这些值：

```
mysql> SELECT quarter(payment_date) quarter,
    ->   monthname(payment_date) month_nm,
    ->   sum(amount) monthly_sales,
    ->   max(sum(amount))
    ->     over () max_overall_sales,
    ->   max(sum(amount))
    ->     over (partition by quarter(payment_date)) max_qrtr_sales
    -> FROM payment
    -> WHERE year(payment_date) = 2005
    -> GROUP BY quarter(payment_date), monthname(payment_date);
+---------+----------+---------------+-------------------+----------------+
| quarter | month_nm | monthly_sales | max_overall_sales | max_qrtr_sales |
+---------+----------+---------------+-------------------+----------------+
|       2 | May      |       4824.43 |          28373.89 |        9631.88 |
|       2 | June     |       9631.88 |          28373.89 |        9631.88 |
|       3 | July     |      28373.89 |          28373.89 |       28373.89 |
|       3 | August   |      24072.13 |          28373.89 |       28373.89 |
+---------+----------+---------------+-------------------+----------------+
4 rows in set (0.09 sec)
```

用于生成这些额外列的分析函数将行划分为两个不同的集合：一个集合包含同一季度中的所有行，另一个集合包含所有的行。为了适应这种类型的分析，分析函数提供了将行分组到窗口中的功能，这样可以在不改变整个结果集的情况下有效地划分数据，以供分析函数使用。窗口是使用 over 子句和可选的 partition by 次子句（subclause）来定义的。在之前的查询中，两个分析函数都含有 over 子句，但是第一个 over 子句是空的，表示窗口应该包含整个结果集，而第二个 over 子句则指定窗口应该只包含同一季度的行。数据窗口可以包含的范围从结果集中的某一行到所有行，不同的分析函数可以定义不同的数据窗口。

16.1.2　本地化排序

除了将结果集划分入数据窗口供分析函数使用之外，还可以指定一个排序的顺序。例如，如果要为每个月定义一个等级，其中 1 代表销售额最高的月份，需要指定哪一列（或几列）用于排名：

```
mysql> SELECT quarter(payment_date) quarter,
    ->   monthname(payment_date) month_nm,
    ->   sum(amount) monthly_sales,
    ->   rank() over (order by sum(amount) desc) sales_rank
    -> FROM payment
    -> WHERE year(payment_date) = 2005
    -> GROUP BY quarter(payment_date), monthname(payment_date)
    -> ORDER BY 1,2;
+---------+----------+---------------+------------+
| quarter | month_nm | monthly_sales | sales_rank |
+---------+----------+---------------+------------+
|       2 | June     |       9631.88 |          3 |
|       2 | May      |       4824.43 |          4 |
|       3 | August   |      24072.13 |          2 |
|       3 | July     |      28373.89 |          1 |
+---------+----------+---------------+------------+
4 rows in set (0.03 sec)
```

多个 order by 子句

之前的示例中包含了两个 order by 子句，分别位于查询结尾和 rank 函数内，前者用于确定如何对结果集排序，后者用于确定如何排名。尽管相同的子句被用于不同的目的，但是要记住，即便所使用的分析函数包含一个或多个 order by 子句，如果想按照特定方式对结果集进行排序的话，查询末尾处的 order by 子句也是不可少的。

在某些情况下，你可能希望在同一个分析函数调用中使用 partition by 和 order by 次子句。例如，可以修改之前的示例，为每个季度提供不同的排名，而不是对整个结果集采用单一的排名：

```
mysql> SELECT quarter(payment_date) quarter,
    ->   monthname(payment_date) month_nm,
    ->   sum(amount) monthly_sales,
    ->   rank() over (partition by quarter(payment_date)
    ->     order by sum(amount) desc) qtr_sales_rank
    -> FROM payment
    -> WHERE year(payment_date) = 2005
    -> GROUP BY quarter(payment_date), monthname(payment_date)
    -> ORDER BY 1, month(payment_date);
```

```
+---------+---------+---------------+----------------+
| quarter | month_nm | monthly_sales | qtr_sales_rank |
+---------+---------+---------------+----------------+
|       2 | May     |       4824.43 |              2 |
|       2 | June    |       9631.88 |              1 |
|       3 | July    |      28373.89 |              1 |
|       3 | August  |      24072.13 |              2 |
+---------+---------+---------------+----------------+
4 rows in set (0.00 sec)
```

这些示例是为了演示 over 子句的用法，接下来我们将详细讲述各种分析函数。

16.2 排名

人们喜欢对事物进行排名。在你访问新闻/体育/旅游网站时，会看到类似于下面的标题：

- 假期优惠前十位；

- 最佳共同基金收益率；

- 大学橄榄球季前赛排行；

- 有史以来的 100 首最佳歌曲。

公司也喜欢进行排名，但目的更实际，即为了了解哪些产品的销量最好/最差，哪些地区的营收最少/最多，从而帮助企业制定战略决策。

16.2.1 排名函数

SQL 标准提供了多个排名函数，各自采用了不同的方法来处理并列的情况：

row_number

为每一行返回一个唯一的排名，如果出现并列的情况，则任意分配排名。

rank

在出现并列的情况下，返回相同的排名，会在排名中产生空隙。

dense_rank

在出现并列的情况下，返回相同的排名，不会在排名中产生空隙。

我们来看一个示例，以帮助说明这三个函数之间的不同。假设市场部想找出租借电影数量最多的 10 位客户，为其提供一部免租借费电影。下列查询列出了每位客户租借电影的数量并按照降序对结果进行了排序：

```
mysql> SELECT customer_id, count(*) num_rentals
    -> FROM rental
    -> GROUP BY customer_id
    -> ORDER BY 2 desc;
+-------------+-------------+
| customer_id | num_rentals |
+-------------+-------------+
|         148 |          46 |
|         526 |          45 |
|         236 |          42 |
|         144 |          42 |
|          75 |          41 |
|         469 |          40 |
|         197 |          40 |
|         137 |          39 |
|         468 |          39 |
|         178 |          39 |
|         459 |          38 |
|         410 |          38 |
|           5 |          38 |
|         295 |          38 |
|         257 |          37 |
|         366 |          37 |
|         176 |          37 |
|         198 |          37 |
|         267 |          36 |
|         439 |          36 |
|         354 |          36 |
|         348 |          36 |
|         380 |          36 |
|          29 |          36 |
|         371 |          35 |
|         403 |          35 |
|          21 |          35 |
...
|         136 |          15 |
|         248 |          15 |
|         110 |          14 |
|         281 |          14 |
|          61 |          14 |
|         318 |          12 |
+-------------+-------------+
599 rows in set (0.16 sec)
```

结果集显示,其中第 3 位和第 4 位客户都租借了 42 部电影,这两人是不是都应该排名第 3 呢?如果是这样的话,租借了 41 部电影的那位客户是不是应该排名第 4,或者跳过一个排名而排名第 5 呢?为了观察各个函数如何处理排名中的并列关系,下面的查询另外添加了 3 列,在其中的每列使用了不同的排名函数:

```
mysql> SELECT customer_id, count(*) num_rentals,
    ->     row_number() over (order by count(*) desc) row_number_rnk,
    ->     rank() over (order by count(*) desc) rank_rnk,
    ->     dense_rank() over (order by count(*) desc) dense_rank_rnk
    -> FROM rental
    -> GROUP BY customer_id
    -> ORDER BY 2 desc;
```

customer_id	num_rentals	row_number_rnk	rank_rnk	dense_rank_rnk
148	46	1	1	1
526	45	2	2	2
144	42	3	3	3
236	42	4	3	3
75	**41**	**5**	**5**	**4**
197	40	6	6	5
469	40	7	6	5
468	39	10	8	6
137	39	8	8	6
178	39	9	8	6
5	38	11	11	7
295	38	12	11	7
410	38	13	11	7
459	38	14	11	7
198	37	16	15	8
257	37	17	15	8
366	37	18	15	8
176	37	15	15	8
348	36	21	19	9
354	36	22	19	9
380	36	23	19	9
439	36	24	19	9
29	36	19	19	9
267	36	20	19	9
50	35	26	25	10
506	35	37	25	10
368	35	32	25	10
91	35	27	25	10
371	35	33	25	10
196	35	28	25	10
373	35	34	25	10
204	35	29	25	10
381	35	35	25	10
273	35	30	25	10
21	35	25	25	10
403	35	36	25	10
274	35	31	25	10
66	34	42	38	11

...

```
|         136 |          15 |          594 |      594 |            30 |
|         248 |          15 |          595 |      594 |            30 |
|         110 |          14 |          597 |      596 |            31 |
|         281 |          14 |          598 |      596 |            31 |
|          61 |          14 |          596 |      596 |            31 |
|         318 |          12 |          599 |      599 |            32 |
+-------------+-------------+--------------+----------+---------------+
599 rows in set (0.01 sec)
```

第 3 列使用 row_number 函数为每一行指定了唯一的排名, 无论是否存在并列关系, 共计 599 行, 其中每一行都被分配了一个从 1 到 599 的数值, 对于租借电影数量相同的客户, 任意分配排名。接下来的两列为并列情况分配了相同的排名, 区别在于并列之后的排名是否出现空隙。通过观察结果集中的第 5 行可以看到, rank 函数跳过了 4, 直接为其分配了 5, 而 dense_rank 函数则分配的是 4。

回到最初的需求, 如何找出前 10 位客户? 下面有 3 种解决方案:

- 使用 row_number 函数找出排名从 1 到 10 的客户, 在本例中恰好是 10 位, 但在其他情况下, 可能会把租借数量和第 10 名相同的客户排除在外;
- 使用 rank 函数找出排名在 10 或 10 以前的客户, 这也会恰好产生 10 位客户;
- 使用 dense_rank 函数找出排名在 10 或 10 以前的客户, 这会产生 37 位客户。

如果结果集中没有出现并列情况, 那么用这 3 个函数中的哪个都行, 但在很多情况下, rank 函数也许是最好的选择。

16.2.2 生成多个排名

16.2.1 节中的示例对包含所有客户的整个结果集生成了单一的排名, 但如果要在同一个结果集中生成多个排名该怎么办呢? 在之前的示例中, 假设市场部决定为每月的前 5 名客户提供免租借费电影。为了生成相关数据, 需要将 rental_month 列加入之前的查询:

```
mysql> SELECT customer_id,
    ->   monthname(rental_date) rental_month,
    ->   count(*) num_rentals
    -> FROM rental
    -> GROUP BY customer_id, monthname(rental_date)
    -> ORDER BY 2, 3 desc;
+-------------+--------------+-------------+
| customer_id | rental_month | num_rentals |
+-------------+--------------+-------------+
|         119 | August       |          18 |
|          15 | August       |          18 |
|         569 | August       |          18 |
|         148 | August       |          18 |
|         141 | August       |          17 |
|          21 | August       |          17 |
```

```
|         266 | August       |          17 |
|         418 | August       |          17 |
|         410 | August       |          17 |
|         342 | August       |          17 |
|         274 | August       |          16 |
...
|         281 | August       |           2 |
|         318 | August       |           1 |
|          75 | February     |           3 |
|         155 | February     |           2 |
|         175 | February     |           2 |
|         516 | February     |           2 |
|         361 | February     |           2 |
|         269 | February     |           2 |
|         208 | February     |           2 |
|          53 | February     |           2 |
...
|          22 | February     |           1 |
|         472 | February     |           1 |
|         148 | July         |          22 |
|         102 | July         |          21 |
|         236 | July         |          20 |
|          75 | July         |          20 |
|          91 | July         |          19 |
|          30 | July         |          19 |
|          64 | July         |          19 |
|         137 | July         |          19 |
...
|         339 | May          |           1 |
|         485 | May          |           1 |
|         116 | May          |           1 |
|         497 | May          |           1 |
|         180 | May          |           1 |
+-------------+--------------+-------------+
2466 rows in set (0.02 sec)
```

为了对每月创建新的排名，需要向 rank 函数添加一些信息，以描述如何将结果集划分到不同的数据窗口（在本例中是月份）。这可以通过在 over 子句中加入 partition by 子句来实现：

```
mysql> SELECT customer_id,
    ->   monthname(rental_date) rental_month,
    ->   count(*) num_rentals,
    ->   rank() over (partition by monthname(rental_date)
    ->     order by count(*) desc) rank_rnk
    -> FROM rental
    -> GROUP BY customer_id, monthname(rental_date)
    -> ORDER BY 2, 3 desc;
+-------------+--------------+-------------+----------+
| customer_id | rental_month | num_rentals | rank_rnk |
```

```
+-------------+--------------+-------------+----------+
|         569 | August       |          18 |        1 |
|         119 | August       |          18 |        1 |
|         148 | August       |          18 |        1 |
|          15 | August       |          18 |        1 |
|         141 | August       |          17 |        5 |
|         410 | August       |          17 |        5 |
|         418 | August       |          17 |        5 |
|          21 | August       |          17 |        5 |
|         266 | August       |          17 |        5 |
|         342 | August       |          17 |        5 |
|         144 | August       |          16 |       11 |
|         274 | August       |          16 |       11 |
...
|         164 | August       |           2 |      596 |
|         318 | August       |           1 |      599 |
|          75 | February     |           3 |        1 |
|         457 | February     |           2 |        2 |
|          53 | February     |           2 |        2 |
|         354 | February     |           2 |        2 |

|         352 | February     |           1 |       24 |
|         373 | February     |           1 |       24 |
|         148 | July         |          22 |        1 |
|         102 | July         |          21 |        2 |
|         236 | July         |          20 |        3 |
|          75 | July         |          20 |        3 |
|          91 | July         |          19 |        5 |
|         354 | July         |          19 |        5 |
|          30 | July         |          19 |        5 |
|          64 | July         |          19 |        5 |
|         137 | July         |          19 |        5 |
|         526 | July         |          19 |        5 |
|         366 | July         |          19 |        5 |
|         595 | July         |          19 |        5 |
|         469 | July         |          18 |       13 |
...
|         457 | May          |           1 |      347 |
|         356 | May          |           1 |      347 |
|         481 | May          |           1 |      347 |
|          10 | May          |           1 |      347 |
+-------------+--------------+-------------+----------+
2466 rows in set (0.03 sec)
```

通过查看结果,可以发现每个月内的排名都被重置为1。为了生成市场部需要的结果(每个月的前5名客户),只需将之前的查询放入子查询内,然后添加一个过滤条件以排除第5名之后的客户:

```
SELECT customer_id, rental_month, num_rentals,
```

```
    rank_rnk ranking
FROM
  (SELECT customer_id,
     monthname(rental_date) rental_month,
     count(*) num_rentals,
     rank() over (partition by monthname(rental_date)
       order by count(*) desc) rank_rnk
  FROM rental
  GROUP BY customer_id, monthname(rental_date)
) cust_rankings
WHERE rank_rnk <= 5
ORDER BY rental_month, num_rentals desc, rank_rnk;
```

因为分析函数只能在 SELECT 子句中使用，所以如果需要根据分析函数的结果进行过滤或分组，通常需要使用嵌套查询。

16.3   报表函数

除了排名，分析函数的另一种常见用法是找出离群值（outlier）（例如最大值或最小值）或生成整个数据集的汇总值/平均值。对于此类用途，可以使用聚合函数（min、max、avg、sum 和 count），但不是将其与 group by 子句并用，而是搭配 over 子句。下面的示例生成支付金额在 10 美元或以上的客户的月度金额和总金额：

```
mysql> SELECT monthname(payment_date) payment_month,
    ->   amount,
    ->   sum(amount)
    ->     over (partition by monthname(payment_date)) monthly_total,
    ->   sum(amount) over () grand_total
    -> FROM payment
    -> WHERE amount >= 10
    -> ORDER BY 1;
+---------------+--------+---------------+-------------+
| payment_month | amount | monthly_total | grand_total |
+---------------+--------+---------------+-------------+
| August        |  10.99 |        521.53 |     1262.86 |
| August        |  11.99 |        521.53 |     1262.86 |
| August        |  10.99 |        521.53 |     1262.86 |
| August        |  10.99 |        521.53 |     1262.86 |
...
| August        |  10.99 |        521.53 |     1262.86 |
| August        |  10.99 |        521.53 |     1262.86 |
| August        |  10.99 |        521.53 |     1262.86 |
| July          |  10.99 |        519.53 |     1262.86 |
| July          |  10.99 |        519.53 |     1262.86 |
| July          |  10.99 |        519.53 |     1262.86 |
| July          |  10.99 |        519.53 |     1262.86 |
...
```

```
| July          |  10.99 |        519.53 |     1262.86 |
| July          |  10.99 |        519.53 |     1262.86 |
| July          |  10.99 |        519.53 |     1262.86 |
| June          |  10.99 |        165.85 |     1262.86 |
| June          |  10.99 |        165.85 |     1262.86 |
| June          |  10.99 |        165.85 |     1262.86 |
| June          |  10.99 |        165.85 |     1262.86 |
| June          |  10.99 |        165.85 |     1262.86 |
| June          |  10.99 |        165.85 |     1262.86 |
| June          |  10.99 |        165.85 |     1262.86 |
| June          |  10.99 |        165.85 |     1262.86 |
| June          |  11.99 |        165.85 |     1262.86 |
| June          |  10.99 |        165.85 |     1262.86 |
| June          |  10.99 |        165.85 |     1262.86 |
| June          |  10.99 |        165.85 |     1262.86 |
| June          |  10.99 |        165.85 |     1262.86 |
| May           |  10.99 |         55.95 |     1262.86 |
| May           |  10.99 |         55.95 |     1262.86 |
| May           |  10.99 |         55.95 |     1262.86 |
| May           |  10.99 |         55.95 |     1262.86 |
| May           |  11.99 |         55.95 |     1262.86 |
+---------------+--------+---------------+-------------+
114 rows in set (0.01 sec)
```

每行的 grand_total 列包含的值都是相同的（$1,262.86），这是因为 over 子句为空，该子句指定对整个结果集进行汇总。monthly_total 列包含每月的不同值，因为 partition by 子句指定将结果集划分为多个数据窗口（每月对应一个窗口）。

尽管看起来每行都有一个包含相同值的 grand_total 列没什么意义，但这种列可作为计算之用，如下所示：

```
mysql> SELECT monthname(payment_date) payment_month,
    ->   sum(amount) month_total,
    ->   round(sum(amount) / sum(sum(amount)) over ()
    ->     * 100, 2) pct_of_total
    -> FROM payment
    -> GROUP BY monthname(payment_date);
+---------------+-------------+--------------+
| payment_month | month_total | pct_of_total |
+---------------+-------------+--------------+
| May           |     4824.43 |         7.16 |
| June          |     9631.88 |        14.29 |
| July          |    28373.89 |        42.09 |
| August        |    24072.13 |        35.71 |
| February      |      514.18 |         0.76 |
+---------------+-------------+--------------+
5 rows in set (0.04 sec)
```

该查询通过对 amount 列进行求和来计算每个月的付款额，然后通过将所有月份的付款额总和作为分母，来计算每个月付款额所占的百分比。

报表函数也可用于比较，比如在下面的查询中，使用 case 表达式来判断月度付款额是最高值还是最低值，或是在两者之间：

```
mysql> SELECT monthname(payment_date) payment_month,
    ->    sum(amount) month_total,
    ->    CASE sum(amount)
    ->      WHEN max(sum(amount)) over () THEN 'Highest'
    ->      WHEN min(sum(amount)) over () THEN 'Lowest'
    ->      ELSE 'Middle'
    ->    END descriptor
    -> FROM payment
    -> GROUP BY monthname(payment_date);
+---------------+-------------+------------+
| payment_month | month_total | descriptor |
+---------------+-------------+------------+
| May           |     4824.43 | Middle     |
| June          |     9631.88 | Middle     |
| July          |    28373.89 | Highest    |
| August        |    24072.13 | Middle     |
| February      |      514.18 | Lowest     |
+---------------+-------------+------------+
5 rows in set (0.04 sec)
```

descriptor 列充当准排名之用，它可以帮助识别一组行中的最高值/最低值。

16.3.1　窗口框架

正如本章之前所述，可以使用 partition by 子句来为分析函数定义数据窗口，允许按照公共值对行进行分组。但如果需要更精细地控制数据窗口中包含哪些行呢？例如，也许要生成一个从年初到当前行的流水式总和。对于这种计算，可以加入"框架"次子句来准确定义要包含在数据窗口中的行。下列查询对每周付款额进行汇总并加入了一个报表函数计算流水式总和：

```
mysql> SELECT yearweek(payment_date) payment_week,
    ->    sum(amount) week_total,
    ->    sum(sum(amount))
    ->      over (order by yearweek(payment_date)
    ->        rows unbounded preceding) rolling_sum
    -> FROM payment
    -> GROUP BY yearweek(payment_date)
    -> ORDER BY 1;
+--------------+------------+-------------+
| payment_week | week_total | rolling_sum |
+--------------+------------+-------------+
|       200521 |    2847.18 |     2847.18 |
```

```
|        200522 |  1977.25 |     4824.43 |
|        200524 |  5605.42 |    10429.85 |
|        200525 |  4026.46 |    14456.31 |
|        200527 |  8490.83 |    22947.14 |
|        200528 |  5983.63 |    28930.77 |
|        200530 | 11031.22 |    39961.99 |
|        200531 |  8412.07 |    48374.06 |
|        200533 | 10619.11 |    58993.17 |
|        200534 |  7909.16 |    66902.33 |
|        200607 |   514.18 |    67416.51 |
+-------------+----------+-------------+
11 rows in set (0.04 sec)
```

rolling_sum 列表达式包含 rows unbounded preceding 次子句，以将数据窗口定义为从结果集开始到当前行。在 rolling_sum 列中，其第一行的值为 week_total 中第一行的值，其第二行的值为其第一行的值加上 week_total 中第二行的值，其第三行的值为其第二行的值加上 week_total 中第三行的值，依次类推。

除了流水式总和，还可以计算流水式平均值。下列查询计算了三周的付款总额的流水式平均值：

```
mysql> SELECT yearweek(payment_date) payment_week,
    ->   sum(amount) week_total,
    ->   avg(sum(amount))
    ->     over (order by yearweek(payment_date)
    ->       rows between 1 preceding and 1 following) rolling_3wk_avg
    -> FROM payment
    -> GROUP BY yearweek(payment_date)
    -> ORDER BY 1;
+--------------+------------+-----------------+
| payment_week | week_total | rolling_3wk_avg |
+--------------+------------+-----------------+
|       200521 |    2847.18 |     2412.215000 |
|       200522 |    1977.25 |     3476.616667 |
|       200524 |    5605.42 |     3869.710000 |
|       200525 |    4026.46 |     6040.903333 |
|       200527 |    8490.83 |     6166.973333 |
|       200528 |    5983.63 |     8501.893333 |
|       200530 |   11031.22 |     8475.640000 |
|       200531 |    8412.07 |    10020.800000 |
|       200533 |   10619.11 |     8980.113333 |
|       200534 |    7909.16 |     6347.483333 |
|       200607 |     514.18 |     4211.670000 |
+--------------+------------+-----------------+
11 rows in set (0.03 sec)
```

rolling_3wk_avg 列定义了一个由当前行、前一行和后一行组成的数据窗口。因此，数据窗口由三行组成，除了第一行和最后一行（它们的数据窗口只由两行组成，因为第一行没有前一行，最后一行没有后一行）。

在很多情况下，为数据窗口指定行数不会出现问题，但如果数据中存在空隙，你可能
想尝试不同的方法。例如，在之前的结果集中，有 200521、200522、200524 周的数据，
但没有 200523 周的数据。如果想指定日期区间，而不是行数，可以为数据窗口指定一
个范围，如下列查询所示：

```
mysql> SELECT date(payment_date), sum(amount),
    ->    avg(sum(amount)) over (order by date(payment_date)
    ->       range between interval 3 day preceding
    ->       and interval 3 day following) 7_day_avg
    -> FROM payment
    -> WHERE payment_date BETWEEN '2005-07-01' AND '2005-09-01'
    -> GROUP BY date(payment_date)
    -> ORDER BY 1;
+--------------------+-------------+-------------+
| date(payment_date) | sum(amount) | 7_day_avg   |
+--------------------+-------------+-------------+
| 2005-07-05         |      128.73 | 1603.740000 |
| 2005-07-06         |     2131.96 | 1698.166000 |
| 2005-07-07         |     1943.39 | 1738.338333 |
| 2005-07-08         |     2210.88 | 1766.917143 |
| 2005-07-09         |     2075.87 | 2049.390000 |
| 2005-07-10         |     1939.20 | 2035.628333 |
| 2005-07-11         |     1938.39 | 2054.076000 |
| 2005-07-12         |     2106.04 | 2014.875000 |
| 2005-07-26         |      160.67 | 2046.642500 |
| 2005-07-27         |     2726.51 | 2206.244000 |
| 2005-07-28         |     2577.80 | 2316.571667 |
| 2005-07-29         |     2721.59 | 2388.102857 |
| 2005-07-30         |     2844.65 | 2754.660000 |
| 2005-07-31         |     2868.21 | 2759.351667 |
| 2005-08-01         |     2817.29 | 2795.662000 |
| 2005-08-02         |     2726.57 | 2814.180000 |
| 2005-08-16         |      111.77 | 1973.837500 |
| 2005-08-17         |     2457.07 | 2123.822000 |
| 2005-08-18         |     2710.79 | 2238.086667 |
| 2005-08-19         |     2615.72 | 2286.465714 |
| 2005-08-20         |     2723.76 | 2630.928571 |
| 2005-08-21         |     2809.41 | 2659.905000 |
| 2005-08-22         |     2576.74 | 2649.728000 |
| 2005-08-23         |     2523.01 | 2658.230000 |
+--------------------+-------------+-------------+
24 rows in set (0.03 sec)
```

7_day_avg 列指定了 +/-3 天的范围，只包含那些 payment_date 值在此范围内的行。例如，
对于 2005-08-16 的计算，只有 08-16、08-17、08-18 和 08-19 的值被包含在内，因为之
前的 3 天（08-13 到 08-15）没有记录。

16.3.2　lag 和 lead

除了计算数据窗口内的总和和平均值，另一个常见的报表任务涉及将一行中的值与另一行进行比较。例如，你正在生成月度销售总额，可能会被要求创建一列，显示与上个月的百分比差异，这就需要设法从前一行检索出月度销售总额，可以通过 lag 函数或 lead 函数来实现，前者从结果集中的前一行检索一个列值，后者从后一行检索一个列值。下面是这两个函数的用法示例：

```
mysql> SELECT yearweek(payment_date) payment_week,
    ->    sum(amount) week_total,
    ->    lag(sum(amount), 1)
    ->      over (order by yearweek(payment_date)) prev_wk_tot,
    ->    lead(sum(amount), 1)
    ->      over (order by yearweek(payment_date)) next_wk_tot
    -> FROM payment
    -> GROUP BY yearweek(payment_date)
    -> ORDER BY 1;
+--------------+------------+-------------+-------------+
| payment_week | week_total | prev_wk_tot | next_wk_tot |
+--------------+------------+-------------+-------------+
|       200521 |    2847.18 |        NULL |     1977.25 |
|       200522 |    1977.25 |     2847.18 |     5605.42 |
|       200524 |    5605.42 |     1977.25 |     4026.46 |
|       200525 |    4026.46 |     5605.42 |     8490.83 |
|       200527 |    8490.83 |     4026.46 |     5983.63 |
|       200528 |    5983.63 |     8490.83 |    11031.22 |
|       200530 |   11031.22 |     5983.63 |     8412.07 |
|       200531 |    8412.07 |    11031.22 |    10619.11 |
|       200533 |   10619.11 |     8412.07 |     7909.16 |
|       200534 |    7909.16 |    10619.11 |      514.18 |
|       200607 |     514.18 |     7909.16 |        NULL |
+--------------+------------+-------------+-------------+
11 rows in set (0.03 sec)
```

通过查看结果，200527 周的每周总和 8,490.83 也出现在 200525 周的 next_wk_tot 列中以及 200528 周的 prev_wk_tot 列中。由于在结果集中没有 200521 之前的行，lag 函数产生的值在第一行为 null；同样，lead 函数产生的值在结果集中的最后一行为 null。函数 lag 和 lead 都允许有可选的第二个参数（默认值为 1）来描述检索列值之前/之后的行数。

下面展示了如何使用 lag 函数生成与前一周的百分比差异：

```
mysql> SELECT yearweek(payment_date) payment_week,
    ->    sum(amount) week_total,
    ->    round((sum(amount) - lag(sum(amount), 1)
    ->      over (order by yearweek(payment_date)))
    ->    / lag(sum(amount), 1)
    ->      over (order by yearweek(payment_date))
    ->    * 100, 1) pct_diff
```

```
  -> FROM payment
  -> GROUP BY yearweek(payment_date)
  -> ORDER BY 1;
+--------------+------------+----------+
| payment_week | week_total | pct_diff |
+--------------+------------+----------+
|       200521 |    2847.18 |     NULL |
|       200522 |    1977.25 |    -30.6 |
|       200524 |    5605.42 |    183.5 |
|       200525 |    4026.46 |    -28.2 |
|       200527 |    8490.83 |    110.9 |
|       200528 |    5983.63 |    -29.5 |
|       200530 |   11031.22 |     84.4 |
|       200531 |    8412.07 |    -23.7 |
|       200533 |   10619.11 |     26.2 |
|       200534 |    7909.16 |    -25.5 |
|       200607 |     514.18 |    -93.5 |
+--------------+------------+----------+
11 rows in set (0.07 sec)
```

比较同一结果集中不同行的值是报表系统中的常见用法,你将会发现函数 lag 和 lead 的诸多用途。

16.3.3 列值拼接

列值拼接在技术上不属于分析函数,但其重要性值得在此演示,因为该函数可以处理数据窗口中的行组。group_concat 函数可用于将一组列值转换为单个分隔字符串,这是一种将结果集反规范化(denormalize)以生成 XML 或 JSON 文档的便捷方法。下面的示例展示了如何使用此函数为每部电影生成以逗号分隔的演员列表:

```
mysql> SELECT f.title,
    -> group_concat(a.last_name order by a.last_name
    ->   separator ', ') actors
    -> FROM actor a
    ->   INNER JOIN film_actor fa
    ->   ON a.actor_id = fa.actor_id
    ->   INNER JOIN film f
    ->   ON fa.film_id = f.film_id
    -> GROUP BY f.title
    -> HAVING count(*) = 3;
+----------------------+------------------------------------+
| title                | actors                             |
+----------------------+------------------------------------+
| ANNIE IDENTITY       | GRANT, KEITEL, MCQUEEN             |
| ANYTHING SAVANNAH    | MONROE, SWANK, WEST               |
| ARK RIDGEMONT        | BAILEY, DEGENERES, GOLDBERG       |
| ARSENIC INDEPENDENCE | ALLEN, KILMER, REYNOLDS           |
...
```

```
| WHISPERER GIANT        | BAILEY, PECK, WALKEN          |
| WIND PHANTOM           | BALL, DENCH, GUINESS          |
| ZORRO ARK              | DEGENERES, MONROE, TANDY      |
+------------------------+-------------------------------+
119 rows in set (0.04 sec)
```

此查询按电影名对行进行分组，只包含恰有 3 位演员参演的电影。group_concat 函数的
作用类似于一种特殊的聚合函数，将每部电影中出现的所有演员的所有姓氏转换为单
个字符串。如果你使用的是 SQL Server，可以通过 string_agg 函数生成此类输出，Oracle
用户则可以使用 listagg 函数。

16.4　练习

下列练习考察你对于分析函数的理解。答案参见附录 B。

对于本章的所有练习，使用下列来自 Sales_Fact 数据表的数据集：

```
Sales_Fact
+---------+----------+-----------+
| year_no | month_no | tot_sales |
+---------+----------+-----------+
|    2019 |        1 |     19228 |
|    2019 |        2 |     18554 |
|    2019 |        3 |     17325 |
|    2019 |        4 |     13221 |
|    2019 |        5 |      9964 |
|    2019 |        6 |     12658 |
|    2019 |        7 |     14233 |
|    2019 |        8 |     17342 |
|    2019 |        9 |     16853 |
|    2019 |       10 |     17121 |
|    2019 |       11 |     19095 |
|    2019 |       12 |     21436 |
|    2020 |        1 |     20347 |
|    2020 |        2 |     17434 |
|    2020 |        3 |     16225 |
|    2020 |        4 |     13853 |
|    2020 |        5 |     14589 |
|    2020 |        6 |     13248 |
|    2020 |        7 |      8728 |
|    2020 |        8 |      9378 |
|    2020 |        9 |     11467 |
|    2020 |       10 |     13842 |
|    2020 |       11 |     15742 |
|    2020 |       12 |     18636 |
+---------+----------+-----------+
24 rows in set (0.00 sec)
```

练习 16-1

编写查询，检索 Sales_Fact 中的所有行，并添加一列，根据 tot_sales 列的值生成一个排名。最高的值排名第 1，最低的值排名第 24。

练习 16-2

修改练习 16-1 中的查询，生成两组从 1 到 12 的排名，其中一组针对 2019 年的数据，另一组针对 2020 年的数据。

练习 16-3

编写查询，检索 2020 年的所有数据，并加入一列，其值为前一个月的 tot_sales 值。

第 17 章

处理大型数据库

在关系型数据库发展的早期，硬盘容量以 MB 为单位，那时的数据库通常也不难管理，因为其不会变得特别大。但如今，硬盘容量已经剧增至 15TB，现代磁盘阵列可以存储超过 4PB 的数据，而云端存储量基本上是无限的。尽管随着数据量的不断增长，关系型数据库面临着各种挑战，但通过分区、集群、分片等策略，企业可以通过将数据分散在多个存储层和服务器上来继续使用关系型数据库。部分企业已决定转向 Hadoop 等大数据平台以处理海量数据。本章着眼于其中一些策略，重点放在关系型数据库的扩展技术。

17.1　分区

数据表究竟什么时候才算是变得"过大"呢？如果你向 10 位不同的数据架构师/管理员/开发人员提出这个问题，可能会得到 10 个不同的答案。然而，大多数人会认为，当数据表增长至超过数百万行时，以下任务会变得愈加困难和/或耗时：

- 需要全表扫描的查询；

- 索引创建/重建；

- 数据归档/删除；

- 生成数据表/统计索引信息；

- 数据表重定位（例如，移动到不同的表空间）；

- 数据库备份。

数据库规模不大的时候，这些任务可以作为例程，但随着数据的累积，任务开始变得耗时，然后由于有限的管理时间窗口而变得不畅/不可能。为了避免将来出现管理性问题，最好是在第一次创建数据表时将大型数据表划分成若干部分或分区（尽管也可以随后对数据表进行分区，但在一开始就进行分区会比较容易）。管理性任务通常可以在各个分区上并行执行，有些任务可以完全跳过一个或多个分区。

17.1.1 分区的概念

数据表分区最初是在 20 世纪 90 年代后期由 Oracle 引入的，自那时起，所有的主流数据库服务器都添加了对数据表和索引进行分区的功能。数据表被分区后，会创建出两个或更多的数据表分区，每个分区的定义完全相同，但具有不重叠的数据子集。例如，包含销售数据的数据表可以使用包含销售日期的列按月进行分区，也可以使用州/省编码按地理区域进行分区。

一旦数据表被分区，数据表本身就变成了一个虚拟的概念。分区保存数据，任何索引都建立在分区数据之上。但是，数据库用户仍然可以与数据表进行交互，而无须知晓数据表已经被分区。这在概念上类似于视图，在视图中，用户与作为接口而不是实际数据表的模式对象进行交互。 尽管每个分区都必须具有相同的模式定义（列、列的类型等），但下列管理特性可以因分区而异：

- 分区可以存储在不同的表空间中，表空间可以位于不同的物理存储层；

- 可以使用不同的压缩方案来压缩分区；

- 可以撤销某些分区的本地索引（稍后详述）；

- 可以在某些分区上冻结数据表的统计信息，同时在其他分区上定期刷新；

- 单个分区可以固定在内存中或存储在数据库的闪存存储层中。

因此，数据表分区在提供了数据存储和管理的灵活性的同时为用户保留了单数据表的简单性。

17.1.2 数据表分区

大多数关系型数据库中可用的分区方案是水平分区，它将整行分配给一个分区。数据表也可以采用垂直分区，这涉及将列集分配给不同的分区，但必须手动完成。对数据表进行水平分区时，一定要选择分区键，对于作为分区键的列，其值用于将行分配给特定分区。在大多数情况下，数据表的分区键由单个列组成，分区函数应用于此列以确定各行应该位于哪个分区。

17.1.3 索引分区

如果经过分区的数据表有索引，可以选择特定的索引是否应该保持原样（全局索引），或是划分成几个部分，使每个分区有自己的索引（局部索引）。全局索引跨越数据表的所有分区，对于没有指定分区键值的查询很有用。例如，假设你的数据表根据 sale_date 列进行分区，一个用户执行了下列查询：

```
SELECT sum(amount) FROM sales WHERE geo_region_cd = 'US'
```

因为该查询并未对 sale_date 列指定过滤条件，所以服务器为了找出 US 的总销量，需要搜索每个分区。如果在 geo_region_cd 列建立了全局索引，服务器就可以使用该索引迅速找出包含 US 销售量的所有列。

17.1.4　分区方法

每种数据库服务器都有其独特的分区特性，接下来我们将讲述在大多数服务器上都可用的常见分区方法。

1. 范围分区

范围分区（range partitioning）是第一种被实现的分区方法，目前仍然是使用最广泛的方法之一。虽然范围分区可用于多种不同的列类型，但最常见的用法是按日期范围划分数据表。例如，名为 sales 的数据表可以使用 sale_date 列进行分区，这样每周的数据就可以存储在不同的分区中：

```
mysql> CREATE TABLE sales
    ->  (sale_id INT NOT NULL,
    ->   cust_id INT NOT NULL,
    ->   store_id INT NOT NULL,
    ->   sale_date DATE NOT NULL,
    ->   amount DECIMAL(9,2)
    ->  )
    -> PARTITION BY RANGE (yearweek(sale_date))
    ->  (PARTITION s1 VALUES LESS THAN (202002),
    ->   PARTITION s2 VALUES LESS THAN (202003),
    ->   PARTITION s3 VALUES LESS THAN (202004),
    ->   PARTITION s4 VALUES LESS THAN (202005),
    ->   PARTITION s5 VALUES LESS THAN (202006),
    ->   PARTITION s999 VALUES LESS THAN (MAXVALUE)
    ->  );
Query OK, 0 rows affected (1.78 sec)
```

此语句创建了 6 个不同的分区，2020 年的前五周各对应一个分区，第六个分区名为 s999，用于保存 2020 年第五周之后的所有行。使用 yearweek(sale_date) 表达式作为该数据表的分区函数，sale_date 列作为分区键。要想查看已分区数据表的元数据，可以使用 information_schema 数据库中的 partitions 数据表：

```
mysql> SELECT partition_name, partition_method, partition_expression
    -> FROM information_schema.partitions
    -> WHERE table_name = 'sales'
    -> ORDER BY partition_ordinal_position;
+----------------+------------------+------------------------+
| PARTITION_NAME | PARTITION_METHOD | PARTITION_EXPRESSION   |
+----------------+------------------+------------------------+
```

```
| s1             | RANGE            | yearweek(`sale_date`,0) |
| s2             | RANGE            | yearweek(`sale_date`,0) |
| s3             | RANGE            | yearweek(`sale_date`,0) |
| s4             | RANGE            | yearweek(`sale_date`,0) |
| s5             | RANGE            | yearweek(`sale_date`,0) |
| s999           | RANGE            | yearweek(`sale_date`,0) |
+----------------+------------------+-------------------------+
6 rows in set (0.00 sec)
```

需要对 sales 数据表执行的管理性任务之一涉及创建新分区以保存未来的数据（以避免数据被添加到 maxvalue 分区）。不同的数据库采用不同的方法处理该问题，在 MySQL 中，可以使用 alter table 命令的 reorganize partition 子句将 s999 分区划分成三个部分：

```
ALTER TABLE sales REORGANIZE PARTITION s999 INTO
 (PARTITION s6 VALUES LESS THAN (202007),
  PARTITION s7 VALUES LESS THAN (202008),
  PARTITION s999 VALUES LESS THAN (MAXVALUE)
 );
```

如果再次执行之前的元数据查询，可以看到有 8 个分区：

```
mysql> SELECT partition_name, partition_method, partition_expression
    -> FROM information_schema.partitions
    -> WHERE table_name = 'sales'
    -> ORDER BY partition_ordinal_position;
+----------------+------------------+-------------------------+
| PARTITION_NAME | PARTITION_METHOD | PARTITION_EXPRESSION    |
+----------------+------------------+-------------------------+
| s1             | RANGE            | yearweek(`sale_date`,0) |
| s2             | RANGE            | yearweek(`sale_date`,0) |
| s3             | RANGE            | yearweek(`sale_date`,0) |
| s4             | RANGE            | yearweek(`sale_date`,0) |
| s5             | RANGE            | yearweek(`sale_date`,0) |
| s6             | RANGE            | yearweek(`sale_date`,0) |
| s7             | RANGE            | yearweek(`sale_date`,0) |
| s999           | RANGE            | yearweek(`sale_date`,0) |
+----------------+------------------+-------------------------+
8 rows in set (0.00 sec)
```

接下来，向数据表中添加两行数据：

```
mysql> INSERT INTO sales
    -> VALUES
    -> (1, 1, 1, '2020-01-18', 2765.15),
    -> (2, 3, 4, '2020-02-07', 5322.08);
Query OK, 2 rows affected (0.18 sec)
Records: 2 Duplicates: 0 Warnings: 0
```

数据表中现在有了两行，但是这两行被插入哪个分区了呢？为了找到答案，我们使用

from 子句的 partition 次子句来统计各个分区的行数：

```
mysql> SELECT concat('# of rows in S1 = ', count(*)) partition_rowcount
    -> FROM sales PARTITION (s1) UNION ALL
    -> SELECT concat('# of rows in S2 = ', count(*)) partition_rowcount
    -> FROM sales PARTITION (s2) UNION ALL
    -> SELECT concat('# of rows in S3 = ', count(*)) partition_rowcount
    -> FROM sales PARTITION (s3) UNION ALL
    -> SELECT concat('# of rows in S4 = ', count(*)) partition_rowcount
    -> FROM sales PARTITION (s4) UNION ALL
    -> SELECT concat('# of rows in S5 = ', count(*)) partition_rowcount
    -> FROM sales PARTITION (s5) UNION ALL
    -> SELECT concat('# of rows in S6 = ', count(*)) partition_rowcount
    -> FROM sales PARTITION (s6) UNION ALL
    -> SELECT concat('# of rows in S7 = ', count(*)) partition_rowcount
    -> FROM sales PARTITION (s7) UNION ALL
    -> SELECT concat('# of rows in S999 = ', count(*)) partition_rowcount
    -> FROM sales PARTITION (s999);
+-----------------------+
| partition_rowcount    |
+-----------------------+
| # of rows in S1 = 0   |
| # of rows in S2 = 1   |
| # of rows in S3 = 0   |
| # of rows in S4 = 0   |
| # of rows in S5 = 1   |
| # of rows in S6 = 0   |
| # of rows in S7 = 0   |
| # of rows in S999 = 0 |
+-----------------------+
8 rows in set (0.00 sec)
```

结果显示，一行被插入分区 S2，另一行被插入分区 S5。对于查询特定的分区，需要了解分区方案，数据库用户不大可能执行这种类型的查询，更多还是用于管理类活动。

2. 列表分区

如果选择作为分区键的列包含州编码（例如 CA、TX、VA 等）、货币（例如 USD、EUR、JPY 等）或其他一些枚举值集，你可能会想到利用列表分区（list partition），它允许指定将哪些值分配给各个分区。例如，假设 sales 数据表的 geo_region_cd 列包含以下值：

```
+---------------+--------------------------+
| geo_region_cd | description              |
+---------------+--------------------------+
| US_NE         | United States North East |
| US_SE         | United States South East |
| US_MW         | United States Mid West   |
| US_NW         | United States North West |
| US_SW         | United States South West |
```

```
| CAN          | Canada          |
| MEX          | Mexico          |
| EUR_E        | Eastern Europe  |
| EUR_W        | Western Europe  |
| CHN          | China           |
| JPN          | Japan           |
| IND          | India           |
| KOR          | Korea           |
+--------------+-----------------------+
13 rows in set (0.00 sec)
```

可以将这些值分组为多个地理区域并为其各自创建一个分区：

```
mysql> CREATE TABLE sales
    ->  (sale_id INT NOT NULL,
    ->   cust_id INT NOT NULL,
    ->   store_id INT NOT NULL,
    ->   sale_date DATE NOT NULL,
    ->   geo_region_cd VARCHAR(6) NOT NULL,
    ->   amount DECIMAL(9,2)
    ->  )
    -> PARTITION BY LIST COLUMNS (geo_region_cd)
    ->  (PARTITION NORTHAMERICA VALUES IN ('US_NE','US_SE','US_MW',
    ->                                     'US_NW','US_SW','CAN','MEX'),
    ->   PARTITION EUROPE VALUES IN ('EUR_E','EUR_W'),
    ->   PARTITION ASIA VALUES IN ('CHN','JPN','IND')
    -> );
Query OK, 0 rows affected (1.13 sec)
```

该数据表有 3 个分区，每个分区包含两个或更多的 geo_region_cd 值集。接下来，向数据表中添加几行：

```
mysql> INSERT INTO sales
    -> VALUES
    ->  (1, 1, 1, '2020-01-18', 'US_NE', 2765.15),
    ->  (2, 3, 4, '2020-02-07', 'CAN', 5322.08),
    ->  (3, 6, 27, '2020-03-11', 'KOR', 4267.12);
ERROR 1526 (HY000): Table has no partition for value from column_list
```

结果似乎出问题了，错误消息显示其中一个地理区域编码未被分配给一个分区。通过查看 create table 语句，我发现忘了把 Korea 添加到 asia 分区。这可以通过 alter table 语句进行修正：

```
mysql> ALTER TABLE sales REORGANIZE PARTITION ASIA INTO
    -> (PARTITION ASIA VALUES IN ('CHN','JPN','IND', 'KOR'));
Query OK, 0 rows affected (1.28 sec)
Records: 0 Duplicates: 0 Warnings: 0
```

结果看起来奏效了，不过为了确保起见，还需要检查一下元数据：

```
mysql> SELECT partition_name, partition_expression,
    ->  partition_description
    -> FROM information_schema.partitions
    -> WHERE table_name = 'sales'
    -> ORDER BY partition_ordinal_position;
+---------------+----------------------+------------------------------------+
| PARTITION_NAME | PARTITION_EXPRESSION | PARTITION_DESCRIPTION              |
+---------------+----------------------+------------------------------------+
| NORTHAMERICA  | `geo_region_cd`      | 'US_NE','US_SE','US_MW','US_NW',|
|               |                      | 'US_SW','CAN','MEX'                |
| EUROPE        | `geo_region_cd`      | 'EUR_E','EUR_W'                    |
| ASIA          | `geo_region_cd`      | 'CHN','JPN','IND',**KOR**          |
+---------------+----------------------+------------------------------------+
3 rows in set (0.00 sec)
```

Korea 已经被添加到 asia 分区，数据可以顺利被插入了：

```
mysql> INSERT INTO sales
    -> VALUES
    ->  (1, 1, 1, '2020-01-18', 'US_NE', 2765.15),
    ->  (2, 3, 4, '2020-02-07', 'CAN', 5322.08),
    ->  (3, 6, 27, '2020-03-11', **KOR**, 4267.12);
Query OK, 3 rows affected (0.26 sec)
Records: 3 Duplicates: 0 Warnings: 0
```

虽然范围分区允许一个 maxvalue 分区捕获任何没有映射到其他分区的行，但重要的是要记住，列表分区并不提供溢出分区（spillover partition）。因此，在任何时候只要你需要添加另一个列值（例如，公司开始在澳大利亚销售产品），就得修改分区定义，然后才能将包含新值的行添加到数据表中。

3．哈希分区

如果分区键列不适合范围分区或列表分区，还有第三种选择，可以尽力将行均匀地分布在一组分区中。服务器通过对列值应用哈希函数来实现这一点，这种分区也因此（毫不奇怪）称为哈希分区（hash partition）。不同于列表分区（选择作为分区键的列应该包含少量值），哈希分区的分区键列在包含大量不同值时效果最佳。下面是 sales 数据表的另一个版本，但通过对 cust_id 列中的值进行哈希化生成了 4 个哈希分区：

```
mysql> CREATE TABLE sales
    ->  (sale_id INT NOT NULL,
    ->   cust_id INT NOT NULL,
    ->   store_id INT NOT NULL,
    ->   sale_date DATE NOT NULL,
    ->   amount DECIMAL(9,2)
    ->  )
    -> PARTITION BY HASH (cust_id)
    ->   PARTITIONS 4
    ->    (PARTITION H1,
```

```
    ->       PARTITION H2,
    ->       PARTITION H3,
    ->       PARTITION H4
    ->       );
Query OK, 0 rows affected (1.50 sec)
```

当行被添加到 sales 数据表时，这些行会均匀地分布在 4 个分区中（分别命名为 H1、H2、H3 和 H4）。为了查看效果如何，我们来试着添加 16 行，每行都有不同的 cust_id 列值：

```
mysql> INSERT INTO sales
    -> VALUES
    -> (1, 1, 1, '2020-01-18', 1.1), (2, 3, 4, '2020-02-07', 1.2),
    -> (3, 17, 5, '2020-01-19', 1.3), (4, 23, 2, '2020-02-08', 1.4),
    -> (5, 56, 1, '2020-01-20', 1.6), (6, 77, 5, '2020-02-09', 1.7),
    -> (7, 122, 4, '2020-01-21', 1.8), (8, 153, 1, '2020-02-10', 1.9),
    -> (9, 179, 5, '2020-01-22', 2.0), (10, 244, 2, '2020-02-11', 2.1),
    -> (11, 263, 1, '2020-01-23', 2.2), (12, 312, 4, '2020-02-12', 2.3),
    -> (13, 346, 2, '2020-01-24', 2.4), (14, 389, 3, '2020-02-13', 2.5),
    -> (15, 472, 1, '2020-01-25', 2.6), (16, 502, 1, '2020-02-14', 2.7);
Query OK, 16 rows affected (0.19 sec)
Records: 16 Duplicates: 0 Warnings: 0
```

如果哈希函数能很好地平均分配行，我们应该能够看到每个分区中各有 4 行：

```
mysql> SELECT concat('# of rows in H1 = ', count(*)) partition_rowcount
    -> FROM sales PARTITION (h1) UNION ALL
    -> SELECT concat('# of rows in H2 = ', count(*)) partition_rowcount
    -> FROM sales PARTITION (h2) UNION ALL
    -> SELECT concat('# of rows in H3 = ', count(*)) partition_rowcount
    -> FROM sales PARTITION (h3) UNION ALL
    -> SELECT concat('# of rows in H4 = ', count(*)) partition_rowcount
    -> FROM sales PARTITION (h4);
+--------------------+
| partition_rowcount |
+--------------------+
| # of rows in H1 = 4 |
| # of rows in H2 = 5 |
| # of rows in H3 = 3 |
| # of rows in H4 = 4 |
+--------------------+
4 rows in set (0.00 sec)
```

考虑到只有 16 行被插入，分布情况还是相当不错的，随着行数的增加，每个分区应该包含接近 25% 的行，只要 cust_id 列包含足够多不同的值。

4. 复合分区

如果需要更精细地控制如何将数据分配到分区，不妨采用复合分区（composite

partition），它允许对同一个数据表使用两种不同类型的分区。在复合分区中，第一种分区方法定义了分区，第二种分区方法定义了子分区。下面的示例再次用到了 sales 数据表，同时利用了范围分区和哈希分区：

```
mysql> CREATE TABLE sales
    ->  (sale_id INT NOT NULL,
    ->   cust_id INT NOT NULL,
    ->   store_id INT NOT NULL,
    ->   sale_date DATE NOT NULL,
    ->   amount DECIMAL(9,2)
    ->  )
    -> PARTITION BY RANGE (yearweek(sale_date))
    -> SUBPARTITION BY HASH (cust_id)
    ->  (PARTITION s1 VALUES LESS THAN (202002)
    ->     (SUBPARTITION s1_h1,
    ->      SUBPARTITION s1_h2,
    ->      SUBPARTITION s1_h3,
    ->      SUBPARTITION s1_h4),
    ->   PARTITION s2 VALUES LESS THAN (202003)
    ->     (SUBPARTITION s2_h1,
    ->      SUBPARTITION s2_h2,
    ->      SUBPARTITION s2_h3,
    ->      SUBPARTITION s2_h4),
    ->   PARTITION s3 VALUES LESS THAN (202004)
    ->     (SUBPARTITION s3_h1,
    ->      SUBPARTITION s3_h2,
    ->      SUBPARTITION s3_h3,
    ->      SUBPARTITION s3_h4),
    ->   PARTITION s4 VALUES LESS THAN (202005)
    ->     (SUBPARTITION s4_h1,
    ->      SUBPARTITION s4_h2,
    ->      SUBPARTITION s4_h3,
    ->      SUBPARTITION s4_h4),
    ->   PARTITION s5 VALUES LESS THAN (202006)
    ->     (SUBPARTITION s5_h1,
    ->      SUBPARTITION s5_h2,
    ->      SUBPARTITION s5_h3,
    ->      SUBPARTITION s5_h4),
    ->   PARTITION s999 VALUES LESS THAN (MAXVALUE)
    ->     (SUBPARTITION s999_h1,
    ->      SUBPARTITION s999_h2,
    ->      SUBPARTITION s999_h3,
    ->      SUBPARTITION s999_h4)
    ->  );
Query OK, 0 rows affected (9.72 sec)
```

结果显示有 6 个分区，每个分区包含 4 个子分区，共计 24 个子分区。接下来，重新插入之前示例中的 16 行数据用于哈希分区：

```
mysql> INSERT INTO sales
    -> VALUES
    -> (1, 1, 1, '2020-01-18', 1.1), (2, 3, 4, '2020-02-07', 1.2),
    -> (3, 17, 5, '2020-01-19', 1.3), (4, 23, 2, '2020-02-08', 1.4),
    -> (5, 56, 1, '2020-01-20', 1.6), (6, 77, 5, '2020-02-09', 1.7),
    -> (7, 122, 4, '2020-01-21', 1.8), (8, 153, 1, '2020-02-10', 1.9),
    -> (9, 179, 5, '2020-01-22', 2.0), (10, 244, 2, '2020-02-11', 2.1),
    -> (11, 263, 1, '2020-01-23', 2.2), (12, 312, 4, '2020-02-12', 2.3),
    -> (13, 346, 2, '2020-01-24', 2.4), (14, 389, 3, '2020-02-13', 2.5),
    -> (15, 472, 1, '2020-01-25', 2.6), (16, 502, 1, '2020-02-14', 2.7);
Query OK, 16 rows affected (0.22 sec)
Records: 16 Duplicates: 0 Warnings: 0
```

在查询 sales 数据表时，可以检索其中一个分区的数据，在这种情况下，会从与该分区关联的 4 个子分区中检索数据：

```
mysql> SELECT *
    -> FROM sales PARTITION (s3);
+---------+---------+----------+------------+--------+
| sale_id | cust_id | store_id | sale_date  | amount |
+---------+---------+----------+------------+--------+
|       5 |      56 |        1 | 2020-01-20 |   1.60 |
|      15 |     472 |        1 | 2020-01-25 |   2.60 |
|       3 |      17 |        5 | 2020-01-19 |   1.30 |
|       7 |     122 |        4 | 2020-01-21 |   1.80 |
|      13 |     346 |        2 | 2020-01-24 |   2.40 |
|       9 |     179 |        5 | 2020-01-22 |   2.00 |
|      11 |     263 |        1 | 2020-01-23 |   2.20 |
+---------+---------+----------+------------+--------+
7 rows in set (0.00 sec)
```

因为数据表已经被划分为多个子分区，所以也可以从单个子分区中检索数据：

```
mysql> SELECT *
    -> FROM sales PARTITION (s3_h3);
+---------+---------+----------+------------+--------+
| sale_id | cust_id | store_id | sale_date  | amount |
+---------+---------+----------+------------+--------+
|       7 |     122 |        4 | 2020-01-21 |   1.80 |
|      13 |     346 |        2 | 2020-01-24 |   2.40 |
+---------+---------+----------+------------+--------+
2 rows in set (0.00 sec)
```

该查询仅从 s3 分区的 s3_h3 子分区中检索数据。

17.1.5　分区的优势

分区的一个主要优势在于你可能只需要与一个分区交互，而不再与整个数据表交互。例如，如果数据表在 sales_date 列上进行了范围分区，并且所执行的查询包含过滤条件

（比如 WHERE sales_date BETWEEN '2019-12-01' AND '2020-01-15'），服务器会检查数据表的元数据，以确定实际需要包含哪些分区。这个概念称为分区修剪（partition pruning），是数据表分区的最大优势之一。

类似地，如果所执行的查询包含对分区表的连接，并且该查询包含分区列上的过滤条件，则服务器可以将不包含查询相关数据的分区排除在外。这称为分区连接（partitionwise join），它类似于分区修剪，只有那些包含查询所需数据的分区才会被包含在内。

从管理的角度来看，分区的主要优势之一是能够快速删除不再需要的数据。例如，财务数据可能需要在线保存 7 年，如果数据表已根据事务日期进行分区，就可以撤销数据保存时长超过 7 年的分区。数据表分区的另一个管理优势是能够同时更新多个分区，这可以大大减少数据表中每行所需的处理时间。

17.2 集群

有了足够的存储空间加上合理的分区策略，就可以在单个关系型数据库中存储大量数据。但如果每晚都需要处理数以千计的并发用户的请求或生成数万份报表，又会怎样呢？即使是有充足的数据存储，单个服务器也可能没有足够的 CPU、内存或网络带宽资源。一种可能的解决方案是集群（clustering），它允许将多个服务器用作单个数据库。

尽管有数种不同的集群架构，出于讨论的目的，这里特指共享磁盘/共享缓存的配置（shared-disk/shared-cache configuration），其中，集群中的每个服务器都可以访问所有磁盘，缓存在一个服务器中的数据可以被集群中的其他服务器访问。使用这种架构，应用程序服务器可以连接到集群中的任何一台数据库服务器，如果出现故障，连接会自动切换到集群中的另一台服务器。使用 8 台服务器的集群，应该能够应对大规模的并发用户和相关的查询/报表/作业。

在商业数据库厂商中，Oracle 是该领域的佼佼者，很多全球大型公司都在使用 Oracle Exadata 平台托管可供数千个并发用户访问的超大型数据库。然而，该平台仍无法满足更大型公司的需求，这导致 Google、Facebook、Amazon 等公司另辟新径。

17.3 分片

假设你被一家新的社交媒体公司聘为数据架构师。公司告知你预计会有约 10 亿用户，每个用户平均每天会生成 3.7 条消息，并且数据必须无限期可用。经过一番计算，你确定将在不到一年的时间内耗尽最大的可用关系型数据库平台。对此，一种可能的解决方案是对单个数据表和整个数据库进行分区。这种称为分片（sharding）的方法跨多个数据库对数据进行分区，类似于数据表分区，但规模更大，复杂性也高得多。如果采用这种策略，可能需要 100 个独立的数据库，每个数据库托管约 1,000 万用户的数据。

分片是一个复杂的主题，因为本书属于入门性质的书，我不打算深入介绍分片的技术细节，下面给出一些需要解决的问题：

- 需要选择一个分片键，用于决定连接到哪个数据库；

- 虽然大型数据表会被划分成几个部分，单独的行分配给单个分片，但较小的参考表可能需要复制到所有分片上，同时还要定义相应的策略，以决定如何修改参考数据并将改动传播给所有分片。

- 如果单个分片变得过大（例如社交媒体公司现在拥有了 20 亿用户），就需要计划添加更多的分片并将数据重新分布在分片中。

- 当需要变更模式时，要定义相应的策略，用于在所有分片上部署变更，以便模式保持同步。

- 如果应用程序逻辑需要访问存储在多个分片中的数据，要定义相应的策略，以决定如何跨数据库查询以及如何实现跨数据库事务。

这看起来有些复杂，原因是事实本就如此，进入 21 世纪之后，许多公司开始寻找新的方法。17.4 节将介绍其他用于处理完全超出关系型数据库范畴之外的超大数据集的策略。

17.4　大数据

在花费一些时间权衡分片技术的利弊之后，假设你（社交媒体公司的数据架构师）决定研究其他方法。与其尝试自己从头研究，倒不如直接受益于其他海量数据处理公司（比如 Amazon、Google、Facebook 和 Twitter）的工作成果。这些（以及其他）公司开创的一系列技术被冠以大数据的标签，这个词已经成为行业流行语，但其定义不止一种。其中一种定义方法是"3 V"。

容量（Volume）

在这种情况下，容积通常意味着数十亿或数万亿数据点。

速度（Velocity）

对数据到达速度的一种衡量。

多样性（Variety）

这意味着数据并不总是结构化的（如关系型数据库中的行和列），也可以是非结构化的（如电子邮件、视频、照片、音频文件等）。

因此，描述大数据的一种方式是，任何旨在处理快速到达的各种格式的海量数据的系统。接下来简要介绍过去 15 年左右发展起来的一些大数据技术。

17.4.1　Hadoop

Hadoop 的最佳描述是作为一种生态系统或是一组协同工作的技术和工具。Hadoop 包括以下主要组件。

Hadoop 分布式文件系统（Hadoop Distributed File System，HDFS）

　　顾名思义，HDFS 允许跨很多个服务器管理文件。

MapReduce

　　该技术通过将任务分解为可以在多个服务器上并行运行的许多细小部分来处理大量结构化数据和非结构化数据。

YARN

　　用于 HDFS 的资源管理器和作业调度器。

这些技术结合在一起，允许像单一逻辑系统那样在数百甚至数千台服务器上存储和处理文件。虽然 Hadoop 被广泛使用，但使用 MapReduce 查询数据时通常需要程序员参与，这导致出现了包括 Hive、Impala 和 Drill 在内的一些 SQL 接口。

17.4.2　NoSQL 和文档数据库

在关系型数据库中，数据通常必须符合一个预先定义的模式，该模式由包含数值、字符串、日期等列的数据表组成。如果事先不知道数据的结构，或是结构已知但变化频繁，该怎么办呢？许多公司给出的答案是使用 XML 或 JSON 等格式将数据和模式定义合并成文档，然后将文档存储在数据库中。这样一来，各种类型的数据都可以共存在同一个数据库中，而无须修改模式，这简化了存储，但将负担转移到了查询和分析工具上来以理解存储在文档中的数据。

文档数据库属于所谓的 NoSQL 数据库的子集，通常使用简单的“键-值”机制存储数据。例如，使用 MongoDB 这样的文档数据库，可以利用客户 ID 作为键来存储包含所有客户数据的 JSON 文档，其他用户可以读取存储在文档中的模式，以理解其中存储的数据。

17.4.3　云计算

在大数据出现之前，大多数公司都不得不构建自己的数据中心来容纳要用到的数据库、Web 以及应用程序服务器。有了云计算之后，可以选择将数据中心外包给 Amazon Web Services（AWS）、Microsoft Azure 或 Google Cloud 这样的平台。将服务托管在云端所带来的最大好处之一是即时可扩展性，允许快速提高或降低运行服务所需的计算能力。这类平台是初创企业的最爱，因为他们可以立刻开始编写代码，而不需要为服务器、存储、网络或软件许可证花费任何前期费用。

就数据库而言，快速浏览一下 AWS 的数据库和分析产品，可以得到以下选项：

- 关系型数据库（MySQL、Aurora、PostgreSQL、MariaDB、Oracle 和 SQL Server）；

- 内存数据库（ElastiCache）；

- 数据仓库数据库（Redshift）；

- NoSQL 数据库（DynamoDB）；

- 文档数据库（DocumentDB）；

- 图形数据库（Neptune）；

- 时序数据库（TimeStream）；

- Hadoop（EMR）

- 数据湖（Lake Formation）。

尽管关系型数据库在 21 世纪中期之前会一直居于主导地位，但很容易看出，各个公司现在正在混合和匹配各种平台，随着时间的推移，关系型数据库可能会变得不再流行。

17.4.4　小结

数据库的规模变得越来越大，但与此同时，存储、集群、分区技术也变得越来越稳健。无论采用哪种技术栈，处理海量数据都是一项颇具挑战性的工作。无论你使用的是关系型数据库、大数据平台还是各种数据库服务器，SQL 都在不断演变，以便通过各种技术检索数据。在本书最后一章中将演示如何使用 SQL 引擎来查询以多种格式存储的数据。

第 18 章

SQL 和大数据

虽然本书的大部分内容涵盖了使用 MySQL 等关系型数据库时 SQL 语言的各种特性，但在过去十年中，数据环境发生了相当大的变化，SQL 也在不断变化以满足当今快速发展的环境需求。许多几年前还在完全使用关系型数据库的组织，现在也在 Hadoop 集群、数据湖、NoSQL 数据库中存放数据。同时，企业正在努力想办法洞悉不断增长的数据，而现实情况是数据分布在多个数据存储中，可能既在现场也在云端，这使得工作变得异常艰巨。

由于 SQL 被数百万的人使用并且被集成到数千的应用程序中，因此利用 SQL 来处理这些数据是有意义的。在过去的几年里，涌现出了一批新的工具以支持 SQL 访问结构化、半结构化和非结构化的数据，这些工具包括 Presto、Apache Drill 和 Toad Data Point 等。本章探讨了其中之一的 Apache Drill，用于演示如何将存储在不同服务器上格式各异的数据汇集起来用于报告和分析。

18.1　Apache Drill 简介

目前已经开发出了各种工具和接口以供 SQL 访问存储在 Hadoop、NoSQL、Spark 以及基于云端的分布式文件系统中的数据。比如 Hive 和 Spark SQL，前者是允许用户查询存储在 Hadoop 中数据的初期尝试之一，而后者是一个库，用于查询以各种格式存储在 Spark 中的数据。Apache Drill 是一款相对较新的开源工具，初现于 2015 年，具有下列引人瞩目的特性：

- 促进跨多种数据格式的查询，包括分隔数据、JSON、Parquet 和日志文件；

- 连接到关系型数据库、Hadoop、NoSQL、HBase、Kafka，以及 PCAP、BlockChain 等专用数据格式；

- 允许创建自定义插件，以连接到大多数其他数据存储；

- 不需要前期的模式定义；

- 支持 SQL:2003 标准；

- 可与 Tableau、Apache Superset 等流行的商业智能（business intelligence，BI）工具配合使用。

通过使用 Drill，可以连接到任意数量的数据源进行查询，无须先设置元数据仓库。

18.2　使用 Drill 查询文件

我们从使用 Drill 来查询文件中的数据开始。Drill 知道如何读取多种不同的文件格式，包括抓包（PCAP）文件，这是一种包含网络中包信息的二进制格式文件。如果想查询 PCAP 文件，所要做的就是配置 Drill 的分布式文件系统插件 dfs，以纳入包含 PCAP 文件目录的路径，接下来就可以编写查询了。

要做的第一件事是找出待查询文件中包含哪些列。Drill 对 information_schema（参见第 15 章）提供了部分支持，可以在工作区中通过其查看数据文件相关的高层级信息：

```
apache drill> SELECT file_name, is_directory, is_file, permission
. . . . . . > FROM information_schema.`files`
. . . . . . > WHERE schema_name = 'dfs.data';
+------------------+--------------+---------+------------+
|        file_name | is_directory | is_file | permission |
+------------------+--------------+---------+------------+
| attack-trace.pcap | false        | true    | rwxrwx---  |
+------------------+--------------+---------+------------+
1 row selected (0.238 seconds)
```

结果显示，在数据工作区中有一个名为 attack-trace.pcap 的文件，该信息很有用，但无法查询 information_schema.columns 列，以找出文件中有哪些列。但是，对该文件执行不返回任何结果的查询会显示出可用列[1]：

```
apache drill> SELECT * FROM dfs.data.`attack-trace.pcap`
. . . . . . > WHERE 1=2;
+------+---------+-----------+-----------------+---------+---------+
| type | network | timestamp | timestamp_micro | src_ip  | dst_ip  |
+------+---------+-----------+-----------------+---------+---------+

    ----------+----------+-----------------+-----------------+-------------+
     src_port | dst_port | src_mac_address | dst_mac_address | tcp_session |
    ----------+----------+-----------------+-----------------+-------------+

    ----------+-----------+--------------+---------------+----------------+
     tcp_ack | tcp_flags | tcp_flags_ns | tcp_flags_cwr | tcp_flags_ece |
    ----------+-----------+--------------+---------------+----------------+
```

---

[1] 结果中显示的列是基于 Drill 对于 PCAP 文件结构的理解。如果 Drill 不理解你所查询的文件格式，则结果集包含一个字符串数组，其中是名为 columns 的列。

```
---------------------------+-----------------------------------+
  tcp_flags_ece_ecn_capable | tcp_flags_ece_congestion_experienced |
---------------------------+-----------------------------------+

--------------+--------------+--------------+--------------+
  tcp_flags_urg | tcp_flags_ack | tcp_flags_psh | tcp_flags_rst |
--------------+--------------+--------------+--------------+

--------------+--------------+--------------+--------------+
  tcp_flags_syn | tcp_flags_fin | tcp_parsed_flags | packet_length |
--------------+--------------+--------------+--------------+

-----------+------+
  is_corrupt | data |
-----------+------+
```

```
No rows selected (0.285 seconds)
```

现在已经知道了 PCAP 文件中的列名，可以编写查询了。下列查询统计从每个 IP 地址
向各个目标端口发送的包数量：

```
apache drill> SELECT src_ip, dst_port,
. . . . . . > count(*) AS packet_count
. . . . . . > FROM dfs.data.`attack-trace.pcap`
. . . . . . > GROUP BY src_ip, dst_port;
+----------------+----------+--------------+
|    src_ip      | dst_port | packet_count |
+----------------+----------+--------------+
| 98.114.205.102 | 445      | 18           |
| 192.150.11.111 | 1821     | 3            |
| 192.150.11.111 | 1828     | 17           |
| 98.114.205.102 | 1957     | 6            |
| 192.150.11.111 | 1924     | 6            |
| 192.150.11.111 | 8884     | 15           |
| 98.114.205.102 | 36296    | 12           |
| 98.114.205.102 | 1080     | 159          |
| 192.150.11.111 | 2152     | 112          |
+----------------+----------+--------------+
9 rows selected (0.254 seconds)
```

下列查询聚合了每秒包信息：

```
apache drill> SELECT trunc(extract(second from `timestamp`)) as packet_time,
. . . . . . > count(*) AS num_packets,
. . . . . . > sum(packet_length) AS tot_volume
. . . . . . > FROM dfs.data.`attack-trace.pcap`
. . . . . . > GROUP BY trunc(extract(second from `timestamp`));
+-------------+-------------+------------+
| packet_time | num_packets | tot_volume |
+-------------+-------------+------------+
| 28.0        | 15          | 1260       |
| 29.0        | 12          | 1809       |
```

```
| 30.0        | 13          | 4292       |
| 31.0        | 3           | 286        |
| 32.0        | 2           | 118        |
| 33.0        | 15          | 1054       |
| 34.0        | 35          | 14446      |
| 35.0        | 29          | 16926      |
| 36.0        | 25          | 16710      |
| 37.0        | 25          | 16710      |
| 38.0        | 26          | 17788      |
| 39.0        | 23          | 15578      |
| 40.0        | 25          | 16710      |
| 41.0        | 23          | 15578      |
| 42.0        | 30          | 20052      |
| 43.0        | 25          | 16710      |
| 44.0        | 22          | 7484       |
+-------------+-------------+------------+
17 rows selected (0.422 seconds)
```

在该查询中，需要在保留字 timestamp 两边加上反引号（`）。

无论文件存储在本地、网络、分布式文件系统或云端，都可以进行查询。Drill 内建了多种文件类型支持，还可以自行编写插件，以允许 Drill 查询其他类型的文件。接下来将探讨查询存储在数据库中的数据。

18.3　使用 Drill 查询 MySQL

Drill 可以通过 JDBC 驱动程序连接到任何关系型数据库，因此下一步就是展示 Drill 如何查询用于本书示例的 Sakila 样本数据库。你要做的就是为 MySQL 加载 JDBC 驱动程序并配置 Drill 连接到 MySQL 数据库。

这里你可能会好奇，"我为什么要用 Drill 来查询 MySQL 呢？"一个原因是（正如你将在本章结尾看到的）可以使用 Drill 编写查询，组合不同来源的数据，例如，你可能会编写一个查询，将来自 MySQL、Hadoop 和以逗号分隔的文件的数据连接起来。

第一步是选择一个数据库：

```
apache drill (information_schema)> use mysql.sakila;
+------+-----------------------------------------+
| ok   |                 summary                 |
+------+-----------------------------------------+
| true | Default schema changed to [mysql.sakila] |
+------+-----------------------------------------+
1 row selected (0.062 seconds)
```

选择好数据库之后，可以使用 show tables 命令查看在所选模式中所有可用的数据表：

```
apache drill (mysql.sakila)> show tables;
+--------------+----------------------------+
| TABLE_SCHEMA |         TABLE_NAME         |
+--------------+----------------------------+
| mysql.sakila | actor                      |
| mysql.sakila | address                    |
| mysql.sakila | category                   |
| mysql.sakila | city                       |
| mysql.sakila | country                    |
| mysql.sakila | customer                   |
| mysql.sakila | film                       |
| mysql.sakila | film_actor                 |
| mysql.sakila | film_category              |
| mysql.sakila | film_text                  |
| mysql.sakila | inventory                  |
| mysql.sakila | language                   |
| mysql.sakila | payment                    |
| mysql.sakila | rental                     |
| mysql.sakila | sales                      |
| mysql.sakila | staff                      |
| mysql.sakila | store                      |
| mysql.sakila | actor_info                 |
| mysql.sakila | customer_list              |
| mysql.sakila | film_list                  |
| mysql.sakila | nicer_but_slower_film_list |
| mysql.sakila | sales_by_film_category     |
| mysql.sakila | sales_by_store             |
| mysql.sakila | staff_list                 |
+--------------+----------------------------+
24 rows selected (0.147 seconds)
```

先来执行几个之前章节演示过的查询。下面这个简单的双表连接来自第 5 章：

```
apache drill (mysql.sakila)> SELECT a.address_id, a.address, ct.city
. . . . . . . . . . . . . )> FROM address a
. . . . . . . . . . . . . )>   INNER JOIN city ct
. . . . . . . . . . . . . )>   ON a.city_id = ct.city_id
. . . . . . . . . . . . . )> WHERE a.district = 'California';
+------------+-----------------------+----------------+
| address_id |        address        |      city      |
+------------+-----------------------+----------------+
| 6          | 1121 Loja Avenue      | San Bernardino |
| 18         | 770 Bydgoszcz Avenue  | Citrus Heights |
| 55         | 1135 Izumisano Parkway| Fontana        |
| 116        | 793 Cam Ranh Avenue   | Lancaster      |
| 186        | 533 al-Ayn Boulevard  | Compton        |
```

```
| 218            | 226 Brest Manor         | Sunnyvale      |
| 274            | 920 Kumbakonam Loop     | Salinas        |
| 425            | 1866 al-Qatif Avenue    | El Monte       |
| 599            | 1895 Zhezqazghan Drive  | Garden Grove   |
+-----------+----------------------+---------------+
9 rows selected (3.523 seconds)
```

下一个查询来自第 8 章，包含 group by 子句和 having 子句：

```
apache drill (mysql.sakila)> SELECT fa.actor_id, f.rating,
. . . . . . . . . . . . . . . )>    count(*) num_films
. . . . . . . . . . . . . . . )> FROM film_actor fa
. . . . . . . . . . . . . . . )>    INNER JOIN film f
. . . . . . . . . . . . . . . )>    ON fa.film_id = f.film_id
. . . . . . . . . . . . . . . )> WHERE f.rating IN ('G','PG')
. . . . . . . . . . . . . . . )> GROUP BY fa.actor_id, f.rating
. . . . . . . . . . . . . . . )> HAVING count(*) > 9;
+----------+--------+-----------+
| actor_id | rating | num_films |
+----------+--------+-----------+
| 137      | PG     | 10        |
| 37       | PG     | 12        |
| 180      | PG     | 12        |
| 7        | G      | 10        |
| 83       | G      | 14        |
| 129      | G      | 12        |
| 111      | PG     | 15        |
| 44       | PG     | 12        |
| 26       | PG     | 11        |
| 92       | PG     | 12        |
| 17       | G      | 12        |
| 158      | PG     | 10        |
| 147      | PG     | 10        |
| 14       | G      | 10        |
| 102      | PG     | 11        |
| 133      | PG     | 10        |
+----------+--------+-----------+
16 rows selected (0.277 seconds)
```

最后这个查询来自第 16 章，包含 3 个不同的排名函数：

```
apache drill (mysql.sakila)> SELECT customer_id, count(*) num_rentals,
. . . . . . . . . . . . . . . )>    row_number()
. . . . . . . . . . . . . . . )>      over (order by count(*) desc)
. . . . . . . . . . . . . . . )>        row_number_rnk,
. . . . . . . . . . . . . . . )>    rank()
. . . . . . . . . . . . . . . )>      over (order by count(*) desc) rank_rnk,
. . . . . . . . . . . . . . . )>    dense_rank()
```

```
. . . . . . . . . . . . . . )>          over (order by count(*) desc)
. . . . . . . . . . . . . . )>              dense_rank_rnk
. . . . . . . . . . . . . . )> FROM rental
. . . . . . . . . . . . . . )> GROUP BY customer_id
. . . . . . . . . . . . . . )> ORDER BY 2 desc;
+-------------+-------------+----------------+----------+----------------+
| customer_id | num_rentals | row_number_rnk | rank_rnk | dense_rank_rnk |
+-------------+-------------+----------------+----------+----------------+
| 148         | 46          | 1              | 1        | 1              |
| 526         | 45          | 2              | 2        | 2              |
| 144         | 42          | 3              | 3        | 3              |
| 236         | 42          | 4              | 3        | 3              |
| 75          | 41          | 5              | 5        | 4              |
| 197         | 40          | 6              | 6        | 5              |
...
| 248         | 15          | 595            | 594      | 30             |
| 61          | 14          | 596            | 596      | 31             |
| 110         | 14          | 597            | 596      | 31             |
| 281         | 14          | 598            | 596      | 31             |
| 318         | 12          | 599            | 599      | 32             |
+-------------+-------------+----------------+----------+----------------+
599 rows selected (1.827 seconds)
```

这些示例演示了 Drill 执行复杂的 MySQL 查询的能力，但别忘了，Drill 还能处理 MySQL 之外的很多关系型数据库，所以有些语言特性可能会有所差异（比如数据转换函数）。

18.4　使用 Drill 查询 MongoDB

在使用 Drill 查询 MySQL 中的 Sakila 样本数据之后，下一步是将 Sakila 数据转换成另一种常用的格式并存储在非关系型数据库中，然后使用 Drill 查询数据。我决定将数据转换为 JSON 格式并存储在 MongoDB 中，MongoDB 是用于文档存储的一种比较流行的 NoSQL 平台。Drill 包含 MongoDB 插件，也知道如何读取 JSON 文档，所以将 JSON 文件加载到 Mongo 并编写查询还是比较容易的。

在编写查询之前，先来看看 JSON 文件的结构，毕竟 JSON 文件不是规范化形式。films.json 是两个 JSON 文件中的第一个：

```
{"_id":1,
 "Actors":[
   {"First name":"PENELOPE","Last name":"GUINESS","actorId":1},
   {"First name":"CHRISTIAN","Last name":"GABLE","actorId":10},
   {"First name":"LUCILLE","Last name":"TRACY","actorId":20},
   {"First name":"SANDRA","Last name":"PECK","actorId":30},
```

    {"First name":"JOHNNY","Last name":"CAGE","actorId":40},
    {"First name":"MENA","Last name":"TEMPLE","actorId":53},
    {"First name":"WARREN","Last name":"NOLTE","actorId":108},
    {"First name":"OPRAH","Last name":"KILMER","actorId":162},
    {"First name":"ROCK","Last name":"DUKAKIS","actorId":188},
    {"First name":"MARY","Last name":"KEITEL","actorId":198}],
  "Category":"Documentary",
  "Description":"A Epic Drama of a Feminist And a Mad Scientist
    who must Battle a Teacher in The Canadian Rockies",
  "Length":"86",
  "Rating":"PG",
  "Rental Duration":"6",
  "Replacement Cost":"20.99",
  "Special Features":"Deleted Scenes,Behind the Scenes",
  "Title":"ACADEMY DINOSAUR"},
{"_id":2,
  "Actors":[
    {"First name":"BOB","Last name":"FAWCETT","actorId":19},
    {"First name":"MINNIE","Last name":"ZELLWEGER","actorId":85},
    {"First name":"SEAN","Last name":"GUINESS","actorId":90},
    {"First name":"CHRIS","Last name":"DEPP","actorId":160}],
  "Category":"Horror",
  "Description":"A Astounding Epistle of a Database Administrator
    And a Explorer who must Find a Car in Ancient China",
  "Length":"48",
  "Rating":"G",
  "Rental Duration":"3",
  "Replacement Cost":"12.99",
  "Special Features":"Trailers,Deleted Scenes",
  "Title":"ACE GOLDFINGER"},
...
{"_id":999,
  "Actors":[
    {"First name":"CARMEN","Last name":"HUNT","actorId":52},
    {"First name":"MARY","Last name":"TANDY","actorId":66},
    {"First name":"PENELOPE","Last name":"CRONYN","actorId":104},
    {"First name":"WHOOPI","Last name":"HURT","actorId":140},
    {"First name":"JADA","Last name":"RYDER","actorId":142}],
  "Category":"Children",
  "Description":"A Fateful Reflection of a Waitress And a Boat
    who must Discover a Sumo Wrestler in Ancient China",
  "Length":"101",
  "Rating":"R",
  "Rental Duration":"5",
  "Replacement Cost":"28.99",
  "Special Features":"Trailers,Deleted Scenes",
  "Title":"ZOOLANDER FICTION"}

```
{"_id":1000,
 "Actors":[
   {"First name":"IAN","Last name":"TANDY","actorId":155},
   {"First name":"NICK","Last name":"DEGENERES","actorId":166},
   {"First name":"LISA","Last name":"MONROE","actorId":178}],
 "Category":"Comedy",
 "Description":"A Intrepid Panorama of a Mad Scientist And a Boy
    who must Redeem a Boy in A Monastery",
 "Length":"50",
 "Rating":"NC-17",
 "Rental Duration":"3",
 "Replacement Cost":"18.99",
 "Special Features":
 "Trailers,Commentaries,Behind the Scenes",
 "Title":"ZORRO ARK"}
```

该集合中有 1,000 个文档，每个文档中包含若干标量属性（Title、Rating、_id），另外还有一个名为 Actors 的列表，其中包含 1 到 *N* 个元素，由电影中所有参演演员的演员 ID、名字和姓氏组成。因此，该文件包含了 MySQL Sakila 数据库的 actor、film 和 film_actor 数据表中的所有数据。

第二个文件是 customer.json，其中的数据来自 MySQL Sakila 数据库的数据表 customer、address、city、country 和 payment：

```
{"_id":1,
 "Address":"1913 Hanoi Way",
 "City":"Sasebo",
 "Country":"Japan",
 "District":"Nagasaki",
 "First Name":"MARY",
 "Last Name":"SMITH",
 "Phone":"28303384290",
 "Rentals":[
   {"rentalId":1185,
    "filmId":611,
    "staffId":2,
    "Film Title":"MUSKETEERS WAIT",
    "Payments":[
      {"Payment Id":3,"Amount":5.99,"Payment Date":"2005-06-15 00:54:12"}],
    "Rental Date":"2005-06-15 00:54:12.0",
    "Return Date":"2005-06-23 02:42:12.0"},
   {"rentalId":1476,
    "filmId":308,
    "staffId":1,
    "Film Title":"FERRIS MOTHER",
    "Payments":[
      {"Payment Id":5,"Amount":9.99,"Payment Date":"2005-06-15 21:08:46"}],
```

```
    "Rental Date":"2005-06-15 21:08:46.0",
    "Return Date":"2005-06-25 02:26:46.0"},
...
  {"rentalId":14825,
   "filmId":317,
   "staffId":2,
   "Film Title":"FIREBALL PHILADELPHIA",
   "Payments":[
     {"Payment Id":30,"Amount":1.99,"Payment Date":"2005-08-22 01:27:57"}],
   "Rental Date":"2005-08-22 01:27:57.0",
   "Return Date":"2005-08-27 07:01:57.0"}
  ]
}
```

该文件包含 599 个条目（这里只显示了其中的一个），它们作为 customers 集合中的 599
个文档被加载到 MongoDB。每个文档包含单个客户的信息，以及该客户所有的租借和
相关付款信息。此外，文档中还有嵌套列表，因为 Rentals 列表的租借信息中也包含一
个 Payments 列表。

JSON 文件被加载之后，MongoDB 包含两个集合（films 和 customers），这些集合中的
数据来自 MySQL Sakila 数据库的 9 个不同的数据表。这是一个相当典型的场景，因为
应用程序的程序员通常与集合打交道，一般不喜欢将他们的数据解构以存储到规范化
的关系数据表中。从 SQL 的角度来看，挑战在于决定如何将这些数据扁平化，使其表
现得就像存储在多个数据表中一样。

作为演示，我们来编写针对 films 集合的查询：找出参演过 10 部或以上的 G 级或 PG
级电影的所有演员。原始数据如下所示：

```
apache drill (mongo.sakila)> SELECT Rating, Actors
. . . . . . . . . . . . . )> FROM films
. . . . . . . . . . . . . )> WHERE Rating IN ('G','PG');
+--------+----------------------------------------------------------------+
| Rating |                            Actors                              |
+--------+----------------------------------------------------------------+
| PG     |[{"First name":"PENELOPE","Last name":"GUINESS","actorId":"1"},
           {"First name":"FRANCES","Last name":"DAY-LEWIS","actorId":"48"},
           {"First name":"ANNE","Last name":"CRONYN","actorId":"49"},
           {"First name":"RAY","Last name":"JOHANSSON","actorId":"64"},
           {"First name":"PENELOPE","Last name":"CRONYN","actorId":"104"},
           {"First name":"HARRISON","Last name":"BALE","actorId":"115"},
           {"First name":"JEFF","Last name":"SILVERSTONE","actorId":"180"},
           {"First name":"ROCK","Last name":"DUKAKIS","actorId":"188"}]  |
| PG     |[{"First name":"UMA","Last name":"WOOD","actorId":"13"},
           {"First name":"HELEN","Last name":"VOIGHT","actorId":"17"},
           {"First name":"CAMERON","Last name":"STREEP","actorId":"24"},
           {"First name":"CARMEN","Last name":"HUNT","actorId":"52"},
```

```
                    {"First name":"JANE","Last name":"JACKMAN","actorId":"131"},
                    {"First name":"BELA","Last name":"WALKEN","actorId":"196"}]     |
...
| G       |[{"First name":"ED","Last name":"CHASE","actorId":"3"},
                    {"First name":"JULIA","Last name":"MCQUEEN","actorId":"27"},
                    {"First name":"JAMES","Last name":"PITT","actorId":"84"},
                    {"First name":"CHRISTOPHER","Last name":"WEST","actorId":"163"},
                    {"First name":"MENA","Last name":"HOPPER","actorId":"170"}]      |
+--------+------------------------------------------------------------------+
372 rows selected (0.432 seconds)
```

Actors 字段是一个列表，包含一个或多个演员文档。为了像与数据表交互一样与这些数据进行交互，可以使用 flatten 命令将列表转换为包含 3 个字段的嵌套数据表：

```
apache drill (mongo.sakila)> SELECT f.Rating, flatten(Actors) actor_list
. . . . . . . . . . . . . )>    FROM films f
. . . . . . . . . . . . . )>    WHERE f.Rating IN ('G','PG');
+--------+------------------------------------------------------------------+
| Rating |                          actor_list                              |
+--------+------------------------------------------------------------------+
| PG     | {"First name":"PENELOPE","Last name":"GUINESS","actorId":"1"}    |
| PG     | {"First name":"FRANCES","Last name":"DAY-LEWIS","actorId":"48"}  |
| PG     | {"First name":"ANNE","Last name":"CRONYN","actorId":"49"}        |
| PG     | {"First name":"RAY","Last name":"JOHANSSON","actorId":"64"}      |
| PG     | {"First name":"PENELOPE","Last name":"CRONYN","actorId":"104"}   |
| PG     | {"First name":"HARRISON","Last name":"BALE","actorId":"115"}     |
| PG     | {"First name":"JEFF","Last name":"SILVERSTONE","actorId":"180"}  |
| PG     | {"First name":"ROCK","Last name":"DUKAKIS","actorId":"188"}      |
| PG     | {"First name":"UMA","Last name":"WOOD","actorId":"13"}           |
| PG     | {"First name":"HELEN","Last name":"VOIGHT","actorId":"17"}       |
| PG     | {"First name":"CAMERON","Last name":"STREEP","actorId":"24"}     |
| PG     | {"First name":"CARMEN","Last name":"HUNT","actorId":"52"}        |
| PG     | {"First name":"JANE","Last name":"JACKMAN","actorId":"131"}      |
| PG     | {"First name":"BELA","Last name":"WALKEN","actorId":"196"}       |
...
| G      | {"First name":"ED","Last name":"CHASE","actorId":"3"}           |
| G      | {"First name":"JULIA","Last name":"MCQUEEN","actorId":"27"}     |
| G      | {"First name":"JAMES","Last name":"PITT","actorId":"84"}        |
| G      | {"First name":"CHRISTOPHER","Last name":"WEST","actorId":"163"} |
| G      | {"First name":"MENA","Last name":"HOPPER","actorId":"170"}      |
+--------+------------------------------------------------------------------+
2,119 rows selected (0.718 seconds)           |
```

该查询返回 2,119 行，而不是上个查询返回的 372 行，这表明每部 G 级或 PG 级电影平均有 5.7 位演员参演。可以将这个查询放入子查询中，用于按照分级或演员对数据进行分组：

```
apache drill (mongo.sakila)> SELECT g_pg_films.Rating,
. . . . . . . . . . . . . . . )>    g_pg_films.actor_list.`First name` first_name
. . . . . . . . . . . . . . . )>    g_pg_films.actor_list.`Last name` last_name,
. . . . . . . . . . . . . . . )>    count(*) num_films
. . . . . . . . . . . . . . . )> FROM
. . . . . . . . . . . . . . . )>  (SELECT f.Rating, flatten(Actors) actor_list
. . . . . . . . . . . . . . . )>   FROM films f
. . . . . . . . . . . . . . . )>   WHERE f.Rating IN ('G','PG')
. . . . . . . . . . . . . . . )> ) g_pg_films
. . . . . . . . . . . . . . . )> GROUP BY g_pg_films.Rating,
. . . . . . . . . . . . . . . )>    g_pg_films.actor_list.`First name`,
. . . . . . . . . . . . . . . )>    g_pg_films.actor_list.`Last name`
. . . . . . . . . . . . . . . )> HAVING count(*) > 9;
+--------+------------+-------------+-----------+
| Rating | first_name |  last_name  | num_films |
+--------+------------+-------------+-----------+
| PG     | JEFF       | SILVERSTONE | 12        |
| G      | GRACE      | MOSTEL      | 10        |
| PG     | WALTER     | TORN        | 11        |
| PG     | SUSAN      | DAVIS       | 10        |
| PG     | CAMERON    | ZELLWEGER   | 15        |
| PG     | RIP        | CRAWFORD    | 11        |
| PG     | RICHARD    | PENN        | 10        |
| G      | SUSAN      | DAVIS       | 13        |
| PG     | VAL        | BOLGER      | 12        |
| PG     | KIRSTEN    | AKROYD      | 12        |
| G      | VIVIEN     | BERGEN      | 10        |
| G      | BEN        | WILLIS      | 14        |
| G      | HELEN      | VOIGHT      | 12        |
| PG     | VIVIEN     | BASINGER    | 10        |
| PG     | NICK       | STALLONE    | 12        |
| G      | DARYL      | CRAWFORD    | 12        |
| PG     | MORGAN     | WILLIAMS    | 10        |
| PG     | FAY        | WINSLET     | 10        |
+--------+------------+-------------+-----------+
18 rows selected (0.466 seconds)
```

内查询使用 flatten 命令为每位参演过 G 级或 PG 级电影的演员创建一行，外查询则简单地对该数据集进行分组。

接下来，针对 MongoDB 中的 customers 集合编写查询。这有点难度，因为每个文档都含有一个电影租借列表，每个租借列表都含有一个付款列表。为了再增加点乐趣，还可以连接 films 集合，看看 Drill 如何处理连接。该查询应该返回租借过 G 级或 PG 级电影且租借费超过 80 美元的所有客户，如下所示：

```
apache drill (mongo.sakila)> SELECT first_name, last_name,
. . . . . . . . . . . . . . . )>    sum(cast(cust_payments.payment_data.Amount
```

```
. . . . . . . . . . . . . . . . . )>           as decimal(4,2))) tot_payments
. . . . . . . . . . . . . . . . . )> FROM
. . . . . . . . . . . . . . . . . )>  (SELECT cust_data.first_name,
. . . . . . . . . . . . . . . . . )>     cust_data.last_name,
. . . . . . . . . . . . . . . . . )>     f.Rating,
. . . . . . . . . . . . . . . . . )>     flatten(cust_data.rental_data.Payments)
. . . . . . . . . . . . . . . . . )>       payment_data
. . . . . . . . . . . . . . . . . )>  FROM films f
. . . . . . . . . . . . . . . . . )>    INNER JOIN
. . . . . . . . . . . . . . . . . )>    (SELECT c.`First Name` first_name,
. . . . . . . . . . . . . . . . . )>     c.`Last Name` last_name,
. . . . . . . . . . . . . . . . . )>      flatten(c.Rentals) rental_data
. . . . . . . . . . . . . . . . . )>     FROM customers c
. . . . . . . . . . . . . . . . . )>    ) cust_data
. . . . . . . . . . . . . . . . . )>    ON f._id = cust_data.rental_data.filmID
. . . . . . . . . . . . . . . . . )>   WHERE f.Rating IN ('G','PG')
. . . . . . . . . . . . . . . . . )>  ) cust_payments
. . . . . . . . . . . . . . . . . )> GROUP BY first_name, last_name
. . . . . . . . . . . . . . . . . )> HAVING
. . . . . . . . . . . . . . . . . )>   sum(cast(cust_payments.payment_data.Amount
. . . . . . . . . . . . . . . . . )>          as decimal(4,2))) > 80;
+------------+-----------+--------------+
| first_name | last_name | tot_payments |
+------------+-----------+--------------+
| ELEANOR    | HUNT      | 85.80        |
| GORDON     | ALLARD    | 85.86        |
| CLARA      | SHAW      | 86.83        |
| JACQUELINE | LONG      | 86.82        |
| KARL       | SEAL      | 89.83        |
| PRISCILLA  | LOWE      | 95.80        |
| MONICA     | HICKS     | 85.82        |
| LOUIS      | LEONE     | 95.82        |
| JUNE       | CARROLL   | 88.83        |
| ALICE      | STEWART   | 81.82        |
+------------+-----------+--------------+
10 rows selected (1.658 seconds)
```

最内层的查询，我将其命名为 cust_data，将 Rentals 列表扁平化，使得 cust_payments 查询能够连接到 films 集合，同时扁平化 Payments 列表。最外层的查询按照客户名对数据进行分组，并应用 having 子句筛选出在 G 级或 PG 级电影上花费 80 美元或更少的客户。

18.5　使用 Drill 处理多个数据源

到目前为止，使用 Drill 连接了存储在同一数据库中的多个数据表，但如果数据存储在不同的数据库中呢？例如，假设客户/租借/付款数据存储在 MongoDB 中，但电影/演员的分类数据存储在 MySQL 中。只要配置好 Drill 连接到这两个数据库，剩下的只需要描述到哪里去查找数据。下面是 18.4 节中的查询，但不是连接到存储在 MongoDB 中的 films 集合，而是指定了存储在 MySQL 中的 film 数据表：

```
apache drill (mongo.sakila)> SELECT first_name, last_name,
. . . . . . . . . . . . . . )>    sum(cast(cust_payments.payment_data.Amount
. . . . . . . . . . . . . . )>         as decimal(4,2))) tot_payments
. . . . . . . . . . . . . . )> FROM
. . . . . . . . . . . . . . )>   (SELECT cust_data.first_name,
. . . . . . . . . . . . . . )>     cust_data.last_name,
. . . . . . . . . . . . . . )>     f.Rating,
. . . . . . . . . . . . . . )>     flatten(cust_data.rental_data.Payments)
. . . . . . . . . . . . . . )>       payment_data
. . . . . . . . . . . . . . )>   FROM mysql.sakila.film f
. . . . . . . . . . . . . . )>     INNER JOIN
. . . . . . . . . . . . . . )>    (SELECT c.`First Name` first_name,
. . . . . . . . . . . . . . )>      c.`Last Name` last_name,
. . . . . . . . . . . . . . )>      flatten(c.Rentals) rental_data
. . . . . . . . . . . . . . )>     FROM mongo.sakila.customers c
. . . . . . . . . . . . . . )>     ) cust_data
. . . . . . . . . . . . . . )>     ON f.film_id =
. . . . . . . . . . . . . . )>       cast(cust_data.rental_data.filmID as integer)
. . . . . . . . . . . . . . )>   WHERE f.rating IN ('G','PG')
. . . . . . . . . . . . . . )>   ) cust_payments
. . . . . . . . . . . . . . )> GROUP BY first_name, last_name
. . . . . . . . . . . . . . )> HAVING
. . . . . . . . . . . . . . )>   sum(cast(cust_payments.payment_data.Amount
. . . . . . . . . . . . . . )>         as decimal(4,2))) > 80;
+------------+------------+--------------+
| first_name | last_name  | tot_payments |
+------------+------------+--------------+
| LOUIS      | LEONE      | 95.82        |
| JACQUELINE | LONG       | 86.82        |
| CLARA      | SHAW       | 86.83        |
| ELEANOR    | HUNT       | 85.80        |
| JUNE       | CARROLL    | 88.83        |
| PRISCILLA  | LOWE       | 95.80        |
| ALICE      | STEWART    | 81.82        |
| MONICA     | HICKS      | 85.82        |
| GORDON     | ALLARD     | 85.86        |
| KARL       | SEAL       | 89.83        |
+------------+------------+--------------+
10 rows selected (1.874 seconds)
```

因为在同一个查询中使用了多个数据库，所以指定了每个数据表/集合的完整路径，以便清楚数据的来源。这正是 Drill 真正的优势所在，因为我可以在同一个查询中组合多个来源的数据，而无须将一个来源的数据转换并加载到另一个来源。

18.6 SQL 的未来

关系型数据库的未来有些不明朗。过去十年的大数据技术可能会继续发展成熟并获得市场份额。也有可能出现一批超越 Hadoop 和 NoSQL 的新技术，并从关系型数据库中夺取更多的市场份额。但是，大多数公司仍在使用关系型数据库运行其核心业务功能，这种现状应该需要很长时间才会改变。

不过，SQL 的未来似乎更清晰一些。虽然 SQL 语言最初是作为一种与关系型数据库中的数据进行交互的机制，而像 Apache Drill 这种工具更像是一个抽象层，促进了跨各种数据库平台的数据分析。从我的观点来看，这种趋势还将继续，SQL 在未来多年内仍然是数据分析和报表生成的关键工具。

示例数据库的 ER 图

图 A-1 是本书中使用的示例数据库的实体关系（entity-relationship，ER）图。顾名思义，该图描述了数据库中的实体（或者数据表）以及数据表之间的外键关联。下面是一些提示，有助于理解各种记号。

- 每个矩形代表一个数据表，左上角是数据表的名字。先列出主键列，然后是非主键列。

- 数据表之间的线代表外键关联。线两端的标记代表允许的数量，可以是零（0），一（1），或多（<）。例如，如果查看数据表 customer 和 rental 之间的关系，会发现一次租借付款只与一个客户相关联，但一个客户可以有零次、一次或多次租借付款。

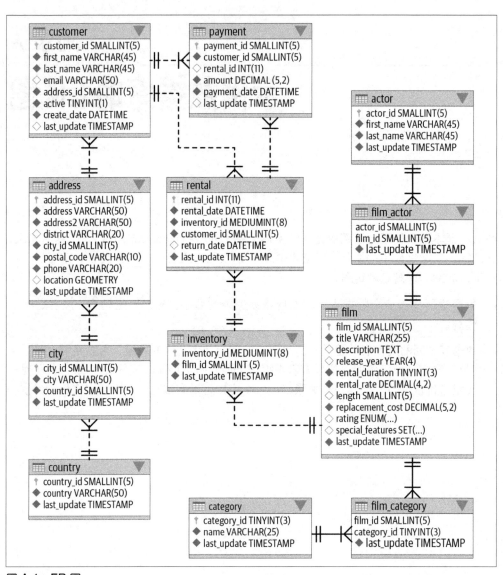

图 A-1　ER 图

练习答案

B.1　第 3 章

练习 3-1

检索所有演员的演员 ID、姓氏以及名字。先按照姓氏排序，再按照名字排序。

```
mysql> SELECT actor_id, first_name, last_name
    -> FROM actor
    -> ORDER BY 3,2;
+----------+------------+-------------+
| actor_id | first_name | last_name   |
+----------+------------+-------------+
|       58 | CHRISTIAN  | AKROYD      |
|      182 | DEBBIE     | AKROYD      |
|       92 | KIRSTEN    | AKROYD      |
|      118 | CUBA       | ALLEN       |
|      145 | KIM        | ALLEN       |
|      194 | MERYL      | ALLEN       |
...
|       13 | UMA        | WOOD        |
|       63 | CAMERON    | WRAY        |
|      111 | CAMERON    | ZELLWEGER   |
|      186 | JULIA      | ZELLWEGER   |
|       85 | MINNIE     | ZELLWEGER   |
+----------+------------+-------------+
200 rows in set (0.02 sec)
```

练习 3-2

检索姓氏为'WILLIAMS'或'DAVIS'的所有演员的演员 ID、姓氏以及名字。

```
mysql> SELECT actor_id, first_name, last_name
    -> FROM actor
    -> WHERE last_name = 'WILLIAMS' OR last_name = 'DAVIS';
```

```
+----------+------------+-----------+
| actor_id | first_name | last_name |
+----------+------------+-----------+
|        4 | JENNIFER   | DAVIS     |
|      101 | SUSAN      | DAVIS     |
|      110 | SUSAN      | DAVIS     |
|       72 | SEAN       | WILLIAMS  |
|      137 | MORGAN     | WILLIAMS  |
|      172 | GROUCHO    | WILLIAMS  |
+----------+------------+-----------+
6 rows in set (0.01 sec)
```

练习 3-3

查询 rental 数据表，返回在 2005 年 7 月（使用 rental.rental_date 列，可以使用 date()函数忽略时间部分）租借过电影的客户 ID，每个客户 ID 一行。

```
mysql> SELECT DISTINCT customer_id
    -> FROM rental
    -> WHERE date(rental_date) = '2005-07-05';
+-------------+
| customer_id |
+-------------+
|           8 |
|          37 |
|          60 |
|         111 |
|         114 |
|         138 |
|         142 |
|         169 |
|         242 |
|         295 |
|         296 |
|         298 |
|         322 |
|         348 |
|         349 |
|         369 |
|         382 |
|         397 |
|         421 |
|         476 |
|         490 |
|         520 |
|         536 |
|         553 |
|         565 |
|         586 |
|         594 |
+-------------+
27 rows in set (0.22 sec)
```

练习 3-4

完成下列多数据表查询填空（以<#>标记），实现指定的结果：

```
mysql> SELECT c.email, r.return_date
    -> FROM customer c
    ->   INNER JOIN rental <1>
    ->   ON c.customer_id = <2>
    -> WHERE date(r.rental_date) = '2005-06-14'
    -> ORDER BY <3> <4>;
+--------------------------------------+---------------------+
| email                                | return_date         |
+--------------------------------------+---------------------+
| DANIEL.CABRAL@sakilacustomer.org     | 2005-06-23 22:00:38 |
| TERRANCE.ROUSH@sakilacustomer.org    | 2005-06-23 21:53:46 |
| MIRIAM.MCKINNEY@sakilacustomer.org   | 2005-06-21 17:12:08 |
| GWENDOLYN.MAY@sakilacustomer.org     | 2005-06-20 02:40:27 |
| JEANETTE.GREENE@sakilacustomer.org   | 2005-06-19 23:26:46 |
| HERMAN.DEVORE@sakilacustomer.org     | 2005-06-19 03:20:09 |
| JEFFERY.PINSON@sakilacustomer.org    | 2005-06-18 21:37:33 |
| MATTHEW.MAHAN@sakilacustomer.org     | 2005-06-18 05:18:58 |
| MINNIE.ROMERO@sakilacustomer.org     | 2005-06-18 01:58:34 |
| SONIA.GREGORY@sakilacustomer.org     | 2005-06-17 21:44:11 |
| TERRENCE.GUNDERSON@sakilacustomer.org| 2005-06-17 05:28:35 |
| ELMER.NOE@sakilacustomer.org         | 2005-06-17 02:11:13 |
| JOYCE.EDWARDS@sakilacustomer.org     | 2005-06-16 21:00:26 |
| AMBER.DIXON@sakilacustomer.org       | 2005-06-16 04:02:56 |
| CHARLES.KOWALSKI@sakilacustomer.org  | 2005-06-16 02:26:34 |
| CATHERINE.CAMPBELL@sakilacustomer.org| 2005-06-15 20:43:03 |
+--------------------------------------+---------------------+
16 rows in set (0.03 sec)
```

将<1>替换为 r

将<2>替换为 r.customer_id

将<3>替换为 2

将<4>替换为 desc

B.2　第 4 章

下列 payment 数据表的行子集用于前两个练习：

```
+------------+-------------+--------+---------------------+
| payment_id | customer_id | amount | date(payment_date)  |
+------------+-------------+--------+---------------------+
|        101 |           4 |   8.99 | 2005-08-18          |
|        102 |           4 |   1.99 | 2005-08-19          |
```

```
|      103 |           4 |   2.99 | 2005-08-20          |
|      104 |           4 |   6.99 | 2005-08-20          |
|      105 |           4 |   4.99 | 2005-08-21          |
|      106 |           4 |   2.99 | 2005-08-22          |
|      107 |           4 |   1.99 | 2005-08-23          |
|      108 |           5 |   0.99 | 2005-05-29          |
|      109 |           5 |   6.99 | 2005-05-31          |
|      110 |           5 |   1.99 | 2005-05-31          |
|      111 |           5 |   3.99 | 2005-06-15          |
|      112 |           5 |   2.99 | 2005-06-16          |
|      113 |           5 |   4.99 | 2005-06-17          |
|      114 |           5 |   2.99 | 2005-06-19          |
|      115 |           5 |   4.99 | 2005-06-20          |
|      116 |           5 |   4.99 | 2005-07-06          |
|      117 |           5 |   2.99 | 2005-07-08          |
|      118 |           5 |   4.99 | 2005-07-09          |
|      119 |           5 |   5.99 | 2005-07-09          |
|      120 |           5 |   1.99 | 2005-07-09          |
+------------+------------+--------+---------------------+
```

练习 4-1

下列过滤条件会返回哪些支付 ID？

```
customer_id <> 5 AND (amount > 8 OR date(payment_date) = '2005-08-23')
```

返回的支付 ID 为 101 和 107。

练习 4-2

下列过滤条件会返回哪些支付 ID？

```
customer_id = 5 AND NOT (amount > 6 OR date(payment_date) = '2005-06-19')
```

返回的支付 ID 为：108、110、111、112、113、115、116、117、118、119 和 120。

练习 4-3

构建查询，从 payment 数据表中检索 amount 列为 1.98、7.98 或 9.98 的所有行。

```
mysql> SELECT amount
    -> FROM payment
    -> WHERE amount IN (1.98, 7.98, 9.98);
+--------+
| amount |
+--------+
|   7.98 |
|   9.98 |
|   1.98 |
|   7.98 |
|   7.98 |
|   7.98 |
```

```
|   7.98 |
+--------+
7 rows in set (0.01 sec)
```

练习 4-4

构建查询，找出符合条件的所有客户：姓氏的第 2 个字母为 A，A 之后出现 W（可以在任意位置）。

```
mysql> SELECT first_name, last_name
    -> FROM customer
    -> WHERE last_name LIKE '_A%W%';
+------------+------------+
| first_name | last_name  |
+------------+------------+
| KAY        | CALDWELL   |
| JOHN       | FARNSWORTH |
| JILL       | HAWKINS    |
| LEE        | HAWKS      |
| LAURIE     | LAWRENCE   |
| JEANNE     | LAWSON     |
| LAWRENCE   | LAWTON     |
| SAMUEL     | MARLOW     |
| ERICA      | MATTHEWS   |
+------------+------------+
9 rows in set (0.02 sec)
```

B.3 第 5 章

练习 5-1

完成下列查询的填空（使用<#>标记），以实现指定的结果：

```
mysql> SELECT c.first_name, c.last_name, a.address, ct.city
    -> FROM customer c
    ->   INNER JOIN address <1>
    ->   ON c.address_id = a.address_id
    ->   INNER JOIN city ct
    ->   ON a.city_id = <2>
    -> WHERE a.district = 'California';
+------------+-----------+------------------------+-----------------+
| first_name | last_name | address                | city            |
+------------+-----------+------------------------+-----------------+
| PATRICIA   | JOHNSON   | 1121 Loja Avenue       | San Bernardino  |
| BETTY      | WHITE     | 770 Bydgoszcz Avenue   | Citrus Heights  |
| ALICE      | STEWART   | 1135 Izumisano Parkway | Fontana         |
| ROSA       | REYNOLDS  | 793 Cam Ranh Avenue    | Lancaster       |
| RENEE      | LANE      | 533 al-Ayn Boulevard   | Compton         |
```

```
| KRISTIN    | JOHNSTON  | 226 Brest Manor       | Sunnyvale    |
| CASSANDRA  | WALTERS   | 920 Kumbakonam Loop   | Salinas      |
| JACOB      | LANCE     | 1866 al-Qatif Avenue  | El Monte     |
| RENE       | MCALISTER | 1895 Zhezqazghan Drive | Garden Grove |
+------------+-----------+-----------------------+--------------+
9 rows in set (0.00 sec)
```

将<1>替换为 a

将<2>替换为 ct.city_id

练习 5-2

编写查询，返回名字为 JOHN 的演员参演过的所有电影的片名。

```
mysql> SELECT f.title
    -> FROM film f
    ->   INNER JOIN film_actor fa
    ->   ON f.film_id = fa.film_id
    ->   INNER JOIN actor a
    ->   ON fa.actor_id = a.actor_id
    -> WHERE a.first_name = 'JOHN';
+-------------------------+
| title                   |
+-------------------------+
| ALLEY EVOLUTION         |
| BEVERLY OUTLAW          |
| CANDLES GRAPES          |
| CLEOPATRA DEVIL         |
| COLOR PHILADELPHIA      |
| CONQUERER NUTS          |
| DAUGHTER MADIGAN        |
| GLEAMING JAWBREAKER     |
| GOLDMINE TYCOON         |
| HOME PITY               |
| INTERVIEW LIAISONS      |
| ISHTAR ROCKETEER        |
| JAPANESE RUN            |
| JERSEY SASSY            |
| LUKE MUMMY              |
| MILLION ACE             |
| MONSTER SPARTACUS       |
| NAME DETECTIVE          |
| NECKLACE OUTBREAK       |
| NEWSIES STORY           |
| PET HAUNTING            |
| PIANIST OUTFIELD        |
| PINOCCHIO SIMON         |
| PITTSBURGH HUNCHBACK    |
| QUILLS BULL             |
```

```
| RAGING AIRPLANE           |
| ROXANNE REBEL             |
| SATISFACTION CONFIDENTIAL |
| SONG HEDWIG               |
+---------------------------+
29 rows in set (0.07 sec)
```

练习 5-3

编写查询，返回相同城市的所有地址。需要连接 address 数据表自身，每行应该包含两个不同的地址。

```
mysql> SELECT a1.address addr1, a2.address addr2, a1.city_id
    -> FROM address a1
    ->   INNER JOIN address a2
    -> WHERE a1.city_id = a2.city_id
    ->   AND a1.address_id <> a2.address_id;
+----------------------+----------------------+---------+
| addr1                | addr2                | city_id |
+----------------------+----------------------+---------+
| 47 MySakila Drive    | 23 Workhaven Lane    |     300 |
| 28 MySQL Boulevard   | 1411 Lillydale Drive |     576 |
| 23 Workhaven Lane    | 47 MySakila Drive    |     300 |
| 1411 Lillydale Drive | 28 MySQL Boulevard   |     576 |
| 1497 Yuzhou Drive    | 548 Uruapan Street   |     312 |
| 587 Benguela Manor   | 43 Vilnius Manor     |      42 |
| 548 Uruapan Street   | 1497 Yuzhou Drive    |     312 |
| 43 Vilnius Manor     | 587 Benguela Manor   |      42 |
+----------------------+----------------------+---------+
8 rows in set (0.00 sec)
```

B.4   第 6 章

练习 6-1

如果集合 A = {L M N O P}，集合 B = {P Q R S T}，下列运算会生成什么样的结果？

- A union B

- A union all B

- A intersect B

- A except B

1. A union B = {L M N O P Q R S T}

2. A union all B = {L M N O P P Q R S T}

3．A intersect B = {P}

4．A except B = {L M N O}

练习 6-2

编写复合查询，查找所有演员和客户中姓氏以 L 开头的姓名。

```
mysql> SELECT first_name, last_name
    -> FROM actor
    -> WHERE last_name LIKE 'L%'
    -> UNION
    -> SELECT first_name, last_name
    -> FROM customer
    -> WHERE last_name LIKE 'L%';
+------------+--------------+
| first_name | last_name    |
+------------+--------------+
| MATTHEW    | LEIGH        |
| JOHNNY     | LOLLOBRIGIDA |
| MISTY      | LAMBERT      |
| JACOB      | LANCE        |
| RENEE      | LANE         |
| HEIDI      | LARSON       |
| DARYL      | LARUE        |
| LAURIE     | LAWRENCE     |
| JEANNE     | LAWSON       |
| LAWRENCE   | LAWTON       |
| KIMBERLY   | LEE          |
| LOUIS      | LEONE        |
| SARAH      | LEWIS        |
| GEORGE     | LINTON       |
| MAUREEN    | LITTLE       |
| DWIGHT     | LOMBARDI     |
| JACQUELINE | LONG         |
| AMY        | LOPEZ        |
| BARRY      | LOVELACE     |
| PRISCILLA  | LOWE         |
| VELMA      | LUCAS        |
| WILLARD    | LUMPKIN      |
| LEWIS      | LYMAN        |
| JACKIE     | LYNCH        |
+------------+--------------+
24 rows in set (0.01 sec)
```

练习 6-3

根据 last_name 列对练习 6-2 的结果进行排序。

```
mysql> SELECT first_name, last_name
    -> FROM actor
    -> WHERE last_name LIKE 'L%'
```

```
    -> UNION
    -> SELECT first_name, last_name
    -> FROM customer
    -> WHERE last_name LIKE 'L%'
    -> ORDER BY last_name;
+------------+--------------+
| first_name | last_name    |
+------------+--------------+
| MISTY      | LAMBERT      |
| JACOB      | LANCE        |
| RENEE      | LANE         |
| HEIDI      | LARSON       |
| DARYL      | LARUE        |
| LAURIE     | LAWRENCE     |
| JEANNE     | LAWSON       |
| LAWRENCE   | LAWTON       |
| KIMBERLY   | LEE          |
| MATTHEW    | LEIGH        |
| LOUIS      | LEONE        |
| SARAH      | LEWIS        |
| GEORGE     | LINTON       |
| MAUREEN    | LITTLE       |
| JOHNNY     | LOLLOBRIGIDA |
| DWIGHT     | LOMBARDI     |
| JACQUELINE | LONG         |
| AMY        | LOPEZ        |
| BARRY      | LOVELACE     |
| PRISCILLA  | LOWE         |
| VELMA      | LUCAS        |
| WILLARD    | LUMPKIN      |
| LEWIS      | LYMAN        |
| JACKIE     | LYNCH        |
+------------+--------------+
24 rows in set (0.00 sec)
```

B.5　第 7 章

练习 7-1

编写查询，返回字符串'Please find the substring in this string'中的第 $17 \sim 25$ 个字符。

```
mysql> SELECT SUBSTRING('Please find the substring in this string',17,9);
+-----------------------------------------------------------+
| SUBSTRING('Please find the substring in this string',17,9) |
+-----------------------------------------------------------+
| substring                                                 |
+-----------------------------------------------------------+
1 row in set (0.00 sec)
```

练习 7-2

编写查询，返回-25.76832 的绝对值和正负符号（-1，0，1），并将返回值四舍五入至百分位。

```
mysql> SELECT ABS(-25.76823), SIGN(-25.76823), ROUND(-25.76823, 2);
+----------------+-----------------+---------------------+
| ABS(-25.76823) | SIGN(-25.76823) | ROUND(-25.76823, 2) |
+----------------+-----------------+---------------------+
|       25.76823 |              -1 |              -25.77 |
+----------------+-----------------+---------------------+
1 row in set (0.00 sec)
```

练习 7-3

编写查询，返回当前日期的月份部分。

```
mysql> SELECT EXTRACT(MONTH FROM CURRENT_DATE());
+-----------------------------------+
| EXTRACT(MONTH FROM CURRENT_DATE) |
+-----------------------------------+
|                                12 |
+-----------------------------------+
1 row in set (0.02 sec)
```

（你得到的结果很可能不一样，除非你在做该练习的时候正好是 12 月份。）

B.6 第 8 章

练习 8-1

构建查询，统计 payment 数据表中的行数。

```
mysql> SELECT count(*) FROM payment;
+----------+
| count(*) |
+----------+
|    16049 |
+----------+
1 row in set (0.02 sec)
```

练习 8-2

修改练习 8-1 的查询，统计每个客户的付费次数。显示客户 ID 和每个客户支付的总金额。

```
mysql> SELECT customer_id, count(*), sum(amount)
    -> FROM payment
    -> GROUP BY customer_id;
```

```
+-------------+----------+-------------+
| customer_id | count(*) | sum(amount) |
+-------------+----------+-------------+
|           1 |       32 |      118.68 |
|           2 |       27 |      128.73 |
|           3 |       26 |      135.74 |
|           4 |       22 |       81.78 |
|           5 |       38 |      144.62 |
...
|         595 |       30 |      117.70 |
|         596 |       28 |       96.72 |
|         597 |       25 |       99.75 |
|         598 |       22 |       83.78 |
|         599 |       19 |       83.81 |
+-------------+----------+-------------+
599 rows in set (0.03 sec)
```

练习 8-3

修改练习 8-2 的查询，只包括付费次数至少为 40 次的客户。

```
mysql> SELECT customer_id, count(*), sum(amount)
    -> FROM payment
    -> GROUP BY customer_id
    -> HAVING count(*) >= 40;
+-------------+----------+-------------+
| customer_id | count(*) | sum(amount) |
+-------------+----------+-------------+
|          75 |       41 |      155.59 |
|         144 |       42 |      195.58 |
|         148 |       46 |      216.54 |
|         197 |       40 |      154.60 |
|         236 |       42 |      175.58 |
|         469 |       40 |      177.60 |
|         526 |       45 |      221.55 |
+-------------+----------+-------------+
7 rows in set (0.03 sec)
```

B.7　第 9 章

练习 9-1

对 film 数据表构建查询，使用过滤条件和针对 category 数据表的非关联子查询来查找所有动作片（category.name ='Action'）。

```
mysql> SELECT title
    -> FROM film
    -> WHERE film_id IN
    -> (SELECT fc.film_id
    ->  FROM film_category fc INNER JOIN category c
```

```
    ->      ON fc.category_id = c.category_id
    ->    WHERE c.name = 'Action');
+------------------------+
| title                  |
+------------------------+
| AMADEUS HOLY           |
| AMERICAN CIRCUS        |
| ANTITRUST TOMATOES     |
| ARK RIDGEMONT          |
| BAREFOOT MANCHURIAN    |
| BERETS AGENT           |
| BRIDE INTRIGUE         |
| BULL SHAWSHANK         |
| CADDYSHACK JEDI        |
| CAMPUS REMEMBER        |
| CASUALTIES ENCINO      |
| CELEBRITY HORN         |
| CLUELESS BUCKET        |
| CROW GREASE            |
| DANCES NONE            |
| DARKO DORADO           |
| DARN FORRESTER         |
| DEVIL DESIRE           |
| DRAGON SQUAD           |
| DREAM PICKUP           |
| DRIFTER COMMANDMENTS   |
| EASY GLADIATOR         |
| ENTRAPMENT SATISFACTION |
| EXCITEMENT EVE         |
| FANTASY TROOPERS       |
| FIREHOUSE VIETNAM      |
| FOOL MOCKINGBIRD       |
| FORREST SONS           |
| GLASS DYING            |
| GOSFORD DONNIE         |
| GRAIL FRANKENSTEIN     |
| HANDICAP BOONDOCK      |
| HILLS NEIGHBORS        |
| KISSING DOLLS          |
| LAWRENCE LOVE          |
| LORD ARIZONA           |
| LUST LOCK              |
| MAGNOLIA FORRESTER     |
| MIDNIGHT WESTWARD      |
| MINDS TRUMAN           |
| MOCKINGBIRD HOLLYWOOD  |
| MONTEZUMA COMMAND      |
| PARK CITIZEN           |
| PATRIOT ROMAN          |
```

```
| PRIMARY GLASS             |
| QUEST MUSSOLINI           |
| REAR TRADING              |
| RINGS HEARTBREAKERS       |
| RUGRATS SHAKESPEARE       |
| SHRUNK DIVINE             |
| SIDE ARK                  |
| SKY MIRACLE               |
| SOUTH WAIT                |
| SPEAKEASY DATE            |
| STAGECOACH ARMAGEDDON     |
| STORY SIDE                |
| SUSPECTS QUILLS           |
| TRIP NEWTON               |
| TRUMAN CRAZY              |
| UPRISING UPTOWN           |
| WATERFRONT DELIVERANCE    |
| WEREWOLF LOLA             |
| WOMEN DORADO              |
| WORST BANGER              |
+---------------------------+
64 rows in set (0.06 sec)
```

练习 9-2

修改练习 9-1 的查询，对 category 和 film_category 数据表使用关联子查询，以实现相同的结果。

```
mysql> SELECT f.title
    -> FROM film f
    -> WHERE EXISTS
    ->   (SELECT 1
    ->    FROM film_category fc INNER JOIN category c
    ->      ON fc.category_id = c.category_id
    ->    WHERE c.name = 'Action'
    ->      AND fc.film_id = f.film_id);
+---------------------------+
| title                     |
+---------------------------+
| AMADEUS HOLY              |
| AMERICAN CIRCUS           |
| ANTITRUST TOMATOES        |
| ARK RIDGEMONT             |
| BAREFOOT MANCHURIAN       |
| BERETS AGENT              |
| BRIDE INTRIGUE            |
| BULL SHAWSHANK            |
| CADDYSHACK JEDI           |
| CAMPUS REMEMBER           |
```

```
| CASUALTIES ENCINO         |
| CELEBRITY HORN            |
| CLUELESS BUCKET           |
| CROW GREASE               |
| DANCES NONE               |
| DARKO DORADO              |
| DARN FORRESTER            |
| DEVIL DESIRE              |
| DRAGON SQUAD              |
| DREAM PICKUP              |
| DRIFTER COMMANDMENTS      |
| EASY GLADIATOR            |
| ENTRAPMENT SATISFACTION   |
| EXCITEMENT EVE            |
| FANTASY TROOPERS          |
| FIREHOUSE VIETNAM         |
| FOOL MOCKINGBIRD          |
| FORREST SONS              |
| GLASS DYING               |
| GOSFORD DONNIE            |
| GRAIL FRANKENSTEIN        |
| HANDICAP BOONDOCK         |
| HILLS NEIGHBORS           |
| KISSING DOLLS             |
| LAWRENCE LOVE             |
| LORD ARIZONA              |
| LUST LOCK                 |
| MAGNOLIA FORRESTER        |
| MIDNIGHT WESTWARD         |
| MINDS TRUMAN              |
| MOCKINGBIRD HOLLYWOOD     |
| MONTEZUMA COMMAND         |
| PARK CITIZEN              |
| PATRIOT ROMAN             |
| PRIMARY GLASS             |
| QUEST MUSSOLINI           |
| REAR TRADING              |
| RINGS HEARTBREAKERS       |
| RUGRATS SHAKESPEARE       |
| SHRUNK DIVINE             |
| SIDE ARK                  |
| SKY MIRACLE               |
| SOUTH WAIT                |
| SPEAKEASY DATE            |
| STAGECOACH ARMAGEDDON     |
| STORY SIDE                |
| SUSPECTS QUILLS           |
| TRIP NEWTON               |
| TRUMAN CRAZY              |
```

```
| UPRISING UPTOWN          |
| WATERFRONT DELIVERANCE   |
| WEREWOLF LOLA            |
| WOMEN DORADO             |
| WORST BANGER             |
+-------------------------+
64 rows in set (0.02 sec)
```

练习 9-3

将下列查询与 film_actor 数据表的子查询连接，显示每位演员的级别：

```
SELECT 'Hollywood Star' level, 30 min_roles, 99999 max_roles
UNION ALL
SELECT 'Prolific Actor' level, 20 min_roles, 29 max_roles
UNION ALL
SELECT 'Newcomer' level, 1 min_roles, 19 max_roles
```

film_actor 数据表的子查询应该使用 group by actor_id 统计每位演员的行数，将该值与 min_roles/max_roles 列对比，以确定每位演员的级别。

```
mysql> SELECT actr.actor_id, grps.level
    -> FROM
    -> (SELECT actor_id, count(*) num_roles
    ->  FROM film_actor
    ->  GROUP BY actor_id
    -> ) actr
    ->  INNER JOIN
    -> (SELECT 'Hollywood Star' level, 30 min_roles, 99999 max_roles
    ->  UNION ALL
    ->  SELECT 'Prolific Actor' level, 20 min_roles, 29 max_roles
    ->  UNION ALL
    ->  SELECT 'Newcomer' level, 1 min_roles, 19 max_roles
    -> ) grps
    ->  ON actr.num_roles BETWEEN grps.min_roles AND grps.max_roles;
+----------+----------------+
| actor_id | level          |
+----------+----------------+
|        1 | Newcomer       |
|        2 | Prolific Actor |
|        3 | Prolific Actor |
|        4 | Prolific Actor |
|        5 | Prolific Actor |
|        6 | Prolific Actor |
|        7 | Hollywood Star |
...
|      195 | Prolific Actor |
|      196 | Hollywood Star |
|      197 | Hollywood Star |
|      198 | Hollywood Star |
```

```
|      199 | Newcomer       |
|      200 | Prolific Actor |
+----------+----------------+
200 rows in set (0.03 sec)
```

B.8 第 10 章

练习 10-1

使用下列数据表定义和数据编写查询，返回每个客户的姓名及其支付的总金额：

```
                Customer:
Customer_id Name
----------- ---------------
1           John Smith
2           Kathy Jones
3           Greg Oliver

                  Payment:
Payment_id      Customer_id    Amount
----------      -----------    --------
101             1              8.99
102             3              4.99
103             1              7.99
```

查询结果包括所有客户，即便是没有付款记录的客户。

```
mysql> SELECT c.name, sum(p.amount)
    -> FROM customer c LEFT OUTER JOIN payment p
    ->   ON c.customer_id = p.customer_id
    -> GROUP BY c.name;
+-------------+---------------+
| name        | sum(p.amount) |
+-------------+---------------+
| John Smith  |         16.98 |
| Kathy Jones |          NULL |
| Greg Oliver |          4.99 |
+-------------+---------------+
3 rows in set (0.00 sec)
```

练习 10-2

使用其他外连接重新编写练习 10-1 的查询（如果你在练习 10-1 中使用的是左外连接，那么这里使用右外连接），实现与练习 10-1 相同的结果。

```
MySQL> SELECT c.name, sum(p.amount)
    -> FROM payment p RIGHT OUTER JOIN customer c
    ->   ON c.customer_id = p.customer_id
    -> GROUP BY c.name;
```

```
+-------------+---------------+
| name        | sum(p.amount) |
+-------------+---------------+
| John Smith  |         16.98 |
| Kathy Jones |          NULL |
| Greg Oliver |          4.99 |
+-------------+---------------+
3 rows in set (0.00 sec)
```

练习 10-3（附加题）

编写查询，生成集合{1, 2, 3, ..., 99, 100}。（提示：使用至少有两个 for 子句的子查询的
交叉连接。）

```
SELECT ones.x + tens.x + 1
FROM
  (SELECT 0 x UNION ALL
   SELECT 1 x UNION ALL
   SELECT 2 x UNION ALL
   SELECT 3 x UNION ALL
   SELECT 4 x UNION ALL
   SELECT 5 x UNION ALL
   SELECT 6 x UNION ALL
   SELECT 7 x UNION ALL
   SELECT 8 x UNION ALL
   SELECT 9 x
  ) ones
  CROSS JOIN
  (SELECT 0 x UNION ALL
   SELECT 10 x UNION ALL
   SELECT 20 x UNION ALL
   SELECT 30 x UNION ALL
   SELECT 40 x UNION ALL
   SELECT 50 x UNION ALL
   SELECT 60 x UNION ALL
   SELECT 70 x UNION ALL
   SELECT 80 x UNION ALL
   SELECT 90 x
  ) tens;
```

B.9　第 11 章

练习 11-1

使用搜索型 case 表达式重新编写下列简单的 case 表达式查询，以获得相同的结果。尝
试尽可能少用 when 子句。

```
SELECT name,
  CASE name
    WHEN 'English' THEN 'latin1'
    WHEN 'Italian' THEN 'latin1'
    WHEN 'French' THEN 'latin1'
    WHEN 'German' THEN 'latin1'
    WHEN 'Japanese' THEN 'utf8'
    WHEN 'Mandarin' THEN 'utf8'
    ELSE 'Unknown'
  END character_set
FROM language;

SELECT name,
  CASE
    WHEN name IN ('English','Italian','French','German')
      THEN 'latin1'
    WHEN name IN ('Japanese','Mandarin')
      THEN 'utf8'
    ELSE 'Unknown'
  END character_set
FROM language;
```

练习 11-2

重新编写下列查询，产生包含 1 行 5 列（每类分级一列）的结果集。将 5 列分别命名
为 G、PG、PG_13、R、NC_17。

```
mysql> SELECT rating, count(*)
    -> FROM film
    -> GROUP BY rating;
+--------+----------+
| rating | count(*) |
+--------+----------+
| PG     |      194 |
| G      |      178 |
| NC-17  |      210 |
| PG-13  |      223 |
| R      |      195 |
+--------+----------+
5 rows in set (0.00 sec)

mysql> SELECT
    ->    sum(CASE WHEN rating = 'G' THEN 1 ELSE 0 END) g,
    ->    sum(CASE WHEN rating = 'PG' THEN 1 ELSE 0 END) pg,
    ->    sum(CASE WHEN rating = 'PG-13' THEN 1 ELSE 0 END) pg_13,
    ->    sum(CASE WHEN rating = 'R' THEN 1 ELSE 0 END) r,
    ->    sum(CASE WHEN rating = 'NC-17' THEN 1 ELSE 0 END) nc_17
    -> FROM film;
+------+------+-------+------+-------+
| g    | pg   | pg_13 | r    | nc_17 |
```

```
+------+------+------+------+------+
| 178  | 194  | 223  | 195  | 210  |
+------+------+------+------+------+
1 row in set (0.00 sec)
```

B.10 第 12 章

练习 12-1

生成一个工作单元，将 50 美元从账户 123 划转到账户 789。需要在 transaction 数据表中插入两行并更新 account 数据表中的两行。使用下列数据表定义及数据：

```
                        Account:
account_id        avail_balance    last_activity_date
----------        -------------    ------------------
123               500              2019-07-10 20:53:27
789               75               2019-06-22 15:18:35


                    Transaction:
txn_id            txn_date         account_id        txn_type_cd        amount
---------         -----------      ----------        -----------        --------
1001              2019-05-15       123               C                  500
1002              2019-06-01       789               C                  75
```

使用 txn_type_cd = 'C'表示贷方（加），使用 txn_type_cd = 'D'表示借方（减）。

```
START TRANSACTION;

INSERT INTO transaction
  (txn_id, txn_date, account_id, txn_type_cd, amount)
VALUES
  (1003, now(), 123, 'D', 50);

INSERT INTO transaction
  (txn_id, txn_date, account_id, txn_type_cd, amount)
VALUES
  (1004, now(), 789, 'C', 50);

UPDATE account
SET avail_balance = available_balance - 50,
  last_activity_date = now()
WHERE account_id = 123;

UPDATE account
SET avail_balance = available_balance + 50,
  last_activity_date = now()
WHERE account_id = 789;

COMMIT;
```

B.11 第 13 章

练习 13-1

为 rental 数据表编写 alter table 语句，以便在 customer 数据表中删除包含有 rental.customer_id 列值的行时引发错误。

```
ALTER TABLE rental
ADD CONSTRAINT fk_rental_customer_id FOREIGN KEY (customer_id)
REFERENCES customer (customer_id) ON DELETE RESTRICT;
```

练习 13-2

在 payment 数据表上生成一个可供以下两个查询使用的多列索引：

```
SELECT customer_id, payment_date, amount
FROM payment
WHERE payment_date > cast('2019-12-31 23:59:59' as datetime);

SELECT customer_id, payment_date, amount
FROM payment
WHERE payment_date > cast('2019-12-31 23:59:59' as datetime)
  AND amount < 5;

CREATE INDEX idx_payment01
ON payment (payment_date, amount);
```

B.12 第 14 章

练习 14-1

创建可供下列查询使用的视图定义，以生成给定结果：

```
SELECT title, category_name, first_name, last_name
FROM film_ctgry_actor
WHERE last_name = 'FAWCETT';
+---------------------+---------------+------------+-----------+
| title               | category_name | first_name | last_name |
+---------------------+---------------+------------+-----------+
| ACE GOLDFINGER      | Horror        | BOB        | FAWCETT   |
| ADAPTATION HOLES    | Documentary   | BOB        | FAWCETT   |
| CHINATOWN GLADIATOR | New           | BOB        | FAWCETT   |
| CIRCUS YOUTH        | Children      | BOB        | FAWCETT   |
| CONTROL ANTHEM      | Comedy        | BOB        | FAWCETT   |
| DARES PLUTO         | Animation     | BOB        | FAWCETT   |
| DARN FORRESTER      | Action        | BOB        | FAWCETT   |
```

DAZED PUNK	Games	BOB	FAWCETT
DYNAMITE TARZAN	Classics	BOB	FAWCETT
HATE HANDICAP	Comedy	BOB	FAWCETT
HOMICIDE PEACH	Family	BOB	FAWCETT
JACKET FRISCO	Drama	BOB	FAWCETT
JUMANJI BLADE	New	BOB	FAWCETT
LAWLESS VISION	Animation	BOB	FAWCETT
LEATHERNECKS DWARFS	Travel	BOB	FAWCETT
OSCAR GOLD	Animation	BOB	FAWCETT
PELICAN COMFORTS	Documentary	BOB	FAWCETT
PERSONAL LADYBUGS	Music	BOB	FAWCETT
RAGING AIRPLANE	Sci-Fi	BOB	FAWCETT
RUN PACIFIC	New	BOB	FAWCETT
RUNNER MADIGAN	Music	BOB	FAWCETT
SADDLE ANTITRUST	Comedy	BOB	FAWCETT
SCORPION APOLLO	Drama	BOB	FAWCETT
SHAWSHANK BUBBLE	Travel	BOB	FAWCETT
TAXI KICK	Music	BOB	FAWCETT
BERETS AGENT	Action	JULIA	FAWCETT
BOILED DARES	Travel	JULIA	FAWCETT
CHISUM BEHAVIOR	Family	JULIA	FAWCETT
CLOSER BANG	Comedy	JULIA	FAWCETT
DAY UNFAITHFUL	New	JULIA	FAWCETT
HOPE TOOTSIE	Classics	JULIA	FAWCETT
LUKE MUMMY	Animation	JULIA	FAWCETT
MULAN MOON	Comedy	JULIA	FAWCETT
OPUS ICE	Foreign	JULIA	FAWCETT
POLLOCK DELIVERANCE	Foreign	JULIA	FAWCETT
RIDGEMONT SUBMARINE	New	JULIA	FAWCETT
SHANGHAI TYCOON	Travel	JULIA	FAWCETT
SHAWSHANK BUBBLE	Travel	JULIA	FAWCETT
THEORY MERMAID	Animation	JULIA	FAWCETT
WAIT CIDER	Animation	JULIA	FAWCETT
+--------------------+--------------+-----------+----------+
40 rows in set (0.00 sec)

```
CREATE VIEW film_ctgry_actor
AS
SELECT f.title,
  c.name category_name,
  a.first_name,
  a.last_name
FROM film f
  INNER JOIN film_category fc
  ON f.film_id = fc.film_id
  INNER JOIN category c
  ON fc.category_id = c.category_id
  INNER JOIN film_actor fa
```

```
    ON fa.film_id = f.film_id
    INNER JOIN actor a
    ON fa.actor_id = a.actor_id;
```

练习 14-2

电影租借公司的经理希望有一份报表，其中包括每个国家/地区的名称以及在各个国家/地区居住的所有客户的付款总额。创建一个视图定义，查询 country 数据表并用一个标量子查询来计算 total_payments 列的值。

```
CREATE VIEW country_payments
AS
SELECT c.country,
 (SELECT sum(p.amount)
  FROM city ct
    INNER JOIN address a
    ON ct.city_id = a.city_id
    INNER JOIN customer cst
    ON a.address_id = cst.address_id
    INNER JOIN payment p
    ON cst.customer_id = p.customer_id
  WHERE ct.country_id = c.country_id
 ) tot_payments
FROM country c
```

B.13　第 15 章

练习 15-1

编写查询，列出 Sakila 模式中的全部索引，包括数据表名。

```
mysql> SELECT DISTINCT table_name, index_name
    -> FROM information_schema.statistics
    -> WHERE table_schema = 'sakila';
+---------------+----------------------------+
| TABLE_NAME    | INDEX_NAME                 |
+---------------+----------------------------+
| actor         | PRIMARY                    |
| actor         | idx_actor_last_name        |
| address       | PRIMARY                    |
| address       | idx_fk_city_id             |
| address       | idx_location               |
| category      | PRIMARY                    |
| city          | PRIMARY                    |
| city          | idx_fk_country_id          |
| country       | PRIMARY                    |
| film          | PRIMARY                    |
| film          | idx_title                  |
```

```
| film          | idx_fk_language_id          |
| film          | idx_fk_original_language_id |
| film_actor    | PRIMARY                     |
| film_actor    | idx_fk_film_id              |
| film_category | PRIMARY                     |
| film_category | fk_film_category_category   |
| film_text     | PRIMARY                     |
| film_text     | idx_title_description       |
| inventory     | PRIMARY                     |
| inventory     | idx_fk_film_id              |
| inventory     | idx_store_id_film_id        |
| language      | PRIMARY                     |
| staff         | PRIMARY                     |
| staff         | idx_fk_store_id             |
| staff         | idx_fk_address_id           |
| store         | PRIMARY                     |
| store         | idx_unique_manager          |
| store         | idx_fk_address_id           |
| customer      | PRIMARY                     |
| customer      | idx_email                   |
| customer      | idx_fk_store_id             |
| customer      | idx_fk_address_id           |
| customer      | idx_last_name               |
| customer      | idx_full_name               |
| rental        | PRIMARY                     |
| rental        | rental_date                 |
| rental        | idx_fk_inventory_id         |
| rental        | idx_fk_customer_id          |
| rental        | idx_fk_staff_id             |
| payment       | PRIMARY                     |
| payment       | idx_fk_staff_id             |
| payment       | idx_fk_customer_id          |
| payment       | fk_payment_rental           |
| payment       | idx_payment01               |
+---------------+-----------------------------+
45 rows in set (0.00 sec)
```

练习 15-2

编写查询，生成可用于创建 sakila.customer 数据表全部索引的输出。输出应该具有下列形式：

```
"ALTER TABLE <table_name> ADD INDEX <index_name> (<column_list>)"
```

下列答案利用了 with 子句：

```
mysql> WITH idx_info AS
    ->   (SELECT s1.table_name, s1.index_name,
    ->     s1.column_name, s1.seq_in_index,
    ->     (SELECT max(s2.seq_in_index)
```

```
        ->        FROM information_schema.statistics s2
        ->        WHERE s2.table_schema = s1.table_schema
        ->          AND s2.table_name = s1.table_name
        ->          AND s2.index_name = s1.index_name) num_columns
        ->    FROM information_schema.statistics s1
        ->    WHERE s1.table_schema = 'sakila'
        ->      AND s1.table_name = 'customer'
        ->  )
        ->  SELECT concat(
        ->    CASE
        ->      WHEN seq_in_index = 1 THEN
        ->        concat('ALTER TABLE ', table_name, ' ADD INDEX ',
        ->              index_name, ' (', column_name)
        ->      ELSE concat(' , ', column_name)
        ->    END,
        ->    CASE
        ->      WHEN seq_in_index = num_columns THEN ');'
        ->      ELSE ''
        ->    END
        ->    ) index_creation_statement
        -> FROM idx_info
        -> ORDER BY index_name, seq_in_index;
+----------------------------------------------------------------+
| index_creation_statement                                       |
+----------------------------------------------------------------+
| ALTER TABLE customer ADD INDEX idx_email (email);              |
| ALTER TABLE customer ADD INDEX idx_fk_address_id (address_id); |
| ALTER TABLE customer ADD INDEX idx_fk_store_id (store_id);     |
| ALTER TABLE customer ADD INDEX idx_full_name (last_name        |
|  , first_name);                                                |
| ALTER TABLE customer ADD INDEX idx_last_name (last_name);      |
| ALTER TABLE customer ADD INDEX PRIMARY (customer_id);          |
+----------------------------------------------------------------+
7 rows in set (0.00 sec)
```

读过第 16 章之后，也可以像下面这样解决：

```
mysql> SELECT concat('ALTER TABLE ', table_name, ' ADD INDEX ',
    ->   index_name, ' (',
    ->   group_concat(column_name order by seq_in_index separator ', '),
    ->   ');'
    -> ) index_creation_statement
    -> FROM information_schema.statistics
    -> WHERE table_schema = 'sakila'
    ->   AND table_name = 'customer'
    -> GROUP BY table_name, index_name;
+------------------------------------------------------------------------+
| index_creation_statement                                               |
+------------------------------------------------------------------------+
| ALTER TABLE customer ADD INDEX idx_email (email);                      |
```

```
| ALTER TABLE customer ADD INDEX idx_fk_address_id (address_id);         |
| ALTER TABLE customer ADD INDEX idx_fk_store_id (store_id);             |
| ALTER TABLE customer ADD INDEX idx_full_name (last_name, first_name);  |
| ALTER TABLE customer ADD INDEX idx_last_name (last_name);              |
| ALTER TABLE customer ADD INDEX PRIMARY (customer_id);                  |
+-----------------------------------------------------------------------+
6 rows in set (0.00 sec)
```

B.14 第 16 章

对于本章的所有练习，使用下列来自 Sales_Fact 数据表的数据集：

```
Sales_Fact
+---------+----------+-----------+
| year_no | month_no | tot_sales |
+---------+----------+-----------+
|    2019 |        1 |     19228 |
|    2019 |        2 |     18554 |
|    2019 |        3 |     17325 |
|    2019 |        4 |     13221 |
|    2019 |        5 |      9964 |
|    2019 |        6 |     12658 |
|    2019 |        7 |     14233 |
|    2019 |        8 |     17342 |
|    2019 |        9 |     16853 |
|    2019 |       10 |     17121 |
|    2019 |       11 |     19095 |
|    2019 |       12 |     21436 |
|    2020 |        1 |     20347 |
|    2020 |        2 |     17434 |
|    2020 |        3 |     16225 |
|    2020 |        4 |     13853 |
|    2020 |        5 |     14589 |
|    2020 |        6 |     13248 |
|    2020 |        7 |      8728 |
|    2020 |        8 |      9378 |
|    2020 |        9 |     11467 |
|    2020 |       10 |     13842 |
|    2020 |       11 |     15742 |
|    2020 |       12 |     18636 |
+---------+----------+-----------+
24 rows in set (0.00 sec)
```

练习 16-1

编写查询，检索 Sales_Fact 中的所有行，并添加一列，根据 tot_sales 列的值生成一个排名。最高的值排名第 1，最低的值排名第 24。

```
mysql> SELECT year_no, month_no, tot_sales,
    ->   rank() over (order by tot_sales desc) sales_rank
    -> FROM sales_fact;
+---------+----------+-----------+------------+
| year_no | month_no | tot_sales | sales_rank |
+---------+----------+-----------+------------+
|    2019 |       12 |     21436 |          1 |
|    2020 |        1 |     20347 |          2 |
|    2019 |        1 |     19228 |          3 |
|    2019 |       11 |     19095 |          4 |
|    2020 |       12 |     18636 |          5 |
|    2019 |        2 |     18554 |          6 |
|    2020 |        2 |     17434 |          7 |
|    2019 |        8 |     17342 |          8 |
|    2019 |        3 |     17325 |          9 |
|    2019 |       10 |     17121 |         10 |
|    2019 |        9 |     16853 |         11 |
|    2020 |        3 |     16225 |         12 |
|    2020 |       11 |     15742 |         13 |
|    2020 |        5 |     14589 |         14 |
|    2019 |        7 |     14233 |         15 |
|    2020 |        4 |     13853 |         16 |
|    2020 |       10 |     13842 |         17 |
|    2020 |        6 |     13248 |         18 |
|    2019 |        4 |     13221 |         19 |
|    2019 |        6 |     12658 |         20 |
|    2020 |        9 |     11467 |         21 |
|    2019 |        5 |      9964 |         22 |
|    2020 |        8 |      9378 |         23 |
|    2020 |        7 |      8728 |         24 |
+---------+----------+-----------+------------+
24 rows in set (0.02 sec)
```

练习 16-2

修改练习 16-1 中的查询，生成两组从 1 到 12 的排名，其中一组针对 2019 年的数据，另一组针对 2020 年的数据。

```
mysql> SELECT year_no, month_no, tot_sales,
    ->   rank() over (partition by year_no
    ->               order by tot_sales desc) sales_rank
    -> FROM sales_fact;
+---------+----------+-----------+------------+
| year_no | month_no | tot_sales | sales_rank |
+---------+----------+-----------+------------+
|    2019 |       12 |     21436 |          1 |
|    2019 |        1 |     19228 |          2 |
|    2019 |       11 |     19095 |          3 |
|    2019 |        2 |     18554 |          4 |
```

```
|  2019 |        8 |     17342 |           5 |
|  2019 |        3 |     17325 |           6 |
|  2019 |       10 |     17121 |           7 |
|  2019 |        9 |     16853 |           8 |
|  2019 |        7 |     14233 |           9 |
|  2019 |        4 |     13221 |          10 |
|  2019 |        6 |     12658 |          11 |
|  2019 |        5 |      9964 |          12 |
|  2020 |        1 |     20347 |           1 |
|  2020 |       12 |     18636 |           2 |
|  2020 |        2 |     17434 |           3 |
|  2020 |        3 |     16225 |           4 |
|  2020 |       11 |     15742 |           5 |
|  2020 |        5 |     14589 |           6 |
|  2020 |        4 |     13853 |           7 |
|  2020 |       10 |     13842 |           8 |
|  2020 |        6 |     13248 |           9 |
|  2020 |        9 |     11467 |          10 |
|  2020 |        8 |      9378 |          11 |
|  2020 |        7 |      8728 |          12 |
+--------+----------+-----------+------------+
24 rows in set (0.00 sec)
```

练习 16-3

编写查询，检索 2020 年的所有数据，并加入一列，其值为前一个月的 tot_sales 值。

```
mysql> SELECT year_no, month_no, tot_sales,
    ->   lag(tot_sales) over (order by month_no) prev_month_sales
    -> FROM sales_fact
    -> WHERE year_no = 2020;
+--------+----------+-----------+------------------+
| year_no | month_no | tot_sales | prev_month_sales |
+--------+----------+-----------+------------------+
|  2020 |        1 |     20347 |             NULL |
|  2020 |        2 |     17434 |            20347 |
|  2020 |        3 |     16225 |            17434 |
|  2020 |        4 |     13853 |            16225 |
|  2020 |        5 |     14589 |            13853 |
|  2020 |        6 |     13248 |            14589 |
|  2020 |        7 |      8728 |            13248 |
|  2020 |        8 |      9378 |             8728 |
|  2020 |        9 |     11467 |             9378 |
|  2020 |       10 |     13842 |            11467 |
|  2020 |       11 |     15742 |            13842 |
|  2020 |       12 |     18636 |            15742 |
+--------+----------+-----------+------------------+
12 rows in set (0.00 sec)
```

关于作者

艾伦·博利厄（**Alan Beaulieu**）从事数据库设计和定制数据库的构建工作已有 25 年以上。他目前经营着自己的咨询公司，主要在金融服务领域提供超大型数据库的设计、开发和性能调优服务。在闲暇的时候，他喜欢与家人共度时光，与乐队一起打鼓，弹奏他的男高音尤克里里，或者在与妻子远足时寻找有美景的地点享受午餐。他拥有康奈尔大学工程学学士学位。

关于封面

本书封面上的动物是安第斯袋树蛙（*Gastrotheca riobambae*）。顾名思义，这种在黄昏和夜间活动的青蛙原产于安第斯山脉的西坡，广泛分布于从里奥班巴盆地以北至伊瓦拉。

在求偶期，雄蛙会发出"哇可——啊可——啊可"的叫声以吸引雌蛙。如果一只怀孕的雌性被吸引，雄蛙就会爬到雌蛙背上完成常见的青蛙交配动作（称为抱对）。当卵从雌性的泄殖腔中排出时，雄蛙用脚抓住卵并完成授精，然后将其放入雌蛙背上的孵化袋中。一只雌蛙平均可孵化 130 多枚卵，这些卵在孵化袋中持续发育 60～120 天。在孵化期间，雌蛙身体明显膨胀，背部皮肤下会出现肿块。当蝌蚪孵化出来时，雌蛙将它们放入水中。两三个月之后，这些蝌蚪就变成了青蛙，七个月后进入了生育期，又开始"哇可——啊可——啊可"了。

雄蛙和雌蛙的前后趾上都有吸盘，这有助于它们攀爬树木等垂直表面。成年雄蛙体长约 5 厘米，而雌蛙则能达到约 6.4 厘米，身体颜色有时为绿色，有时为褐色，有时为这两种颜色的混合色。幼年期的树蛙在生长过程中会逐渐由褐色变为绿色。

受到来自农业、入侵物种和病原体、气候变化和污染的威胁，安第斯袋树蛙的种群数量已经减少，现在它们被世界自然保护联盟红色名录列为濒危物种。

封面上的彩色插图由 Karen Montgomery 基于 The Dover Pictorial Archive（多佛画报档案）中的一幅黑白版画创作而成。